内蒙古自治区优质校建设成果精品教材

马铃薯生产加工丛书

# 马铃薯生长与环境

主　　编　郝伯为　　彭向永

副主编　王秀芳　　赵玉娟　　史向东

编　　者　李　军　　陈建保　　张祚恬

丛书主编　张祚恬

丛书主审　陈建保　　郝伯为

武汉理工大学出版社

·武　汉·

# 内 容 提 要

本书是"马铃薯生产加工丛书"之一,主要阐述了水、肥、气、热、光、土、气候等环境因子与马铃薯生长的关系以及合理调控马铃薯生长发育的科学依据。

本书可作为马铃薯生产加工专业的教学用书,也可作为相关从业人员的专业培训教材及参考用书。

## 图书在版编目(CIP)数据

马铃薯生长与环境/郝伯为,彭向永主编.—武汉:武汉理工大学出版社,2019.9
ISBN 978-7-5629-6120-8

Ⅰ.①马… Ⅱ.①郝… ②彭… Ⅲ.①马铃薯-植物生长-研究 Ⅳ.①S532

中国版本图书馆 CIP 数据核字(2019)第 211676 号

项目负责人:崔庆喜(027-87523138)　　　　　　　责 任 编 辑:雷　蕾
责 任 校 对:楼燕芳　　　　　　　　　　　　　　排　　　　版:天成图文
出 版 发 行:武汉理工大学出版社
社　　　　址:武汉市洪山区珞狮路 122 号
邮　　　　编:430070
网　　　　址:http://www.wutp.com.cn
经　　　　销:各地新华书店
印　　　　刷:武汉市宏达盛印务有限公司
开　　　　本:787×1092　1/16
印　　　　张:11
字　　　　数:271 千字
版　　　　次:2019 年 9 月第 1 版
印　　　　次:2019 年 9 月第 1 次印刷
印　　　　数:1000 册
定　　　　价:33.00 元

凡使用本教材的教师,可通过 E-mail 索取教学参考资料。
E-mail:wutpcqx@163.com　1239864338@qq.com
凡购本书,如有缺页、倒页、脱页等印装质量问题,请向出版社发行部调换。
本社购书热线电话:027-87384729　87664138　87165708(传真)

# 总　　序

马铃薯是粮、菜、饲、加工兼用型作物，因其适应性广、丰产性好、营养丰富、经济效益高、产业链长，已成为世界粮食生产的主要品种和粮食安全的重要保障。马铃薯在我国各个生态区都有广泛种植，我国政府对马铃薯产业的发展高度重视。目前，我国每年种植马铃薯达550多万公顷，总产量达9000多万吨，我国马铃薯的种植面积和产量均占世界马铃薯种植面积和产量的1/4。中国已成为名副其实的马铃薯生产和消费大国，马铃薯行业未来的发展，世界看好中国。

马铃薯是内蒙古乌兰察布市的主要农作物之一，种植历史悠久，其生长发育规律与当地的自然气候特点相吻合，具有明显的资源优势。马铃薯产业是当地的传统优势产业，蕴藏着巨大的发展潜力。从20世纪60年代开始，乌兰察布市在国内率先开展了马铃薯茎尖脱毒等技术研究，推动了全国马铃薯生产的研究和发展，引起世界同行的关注。全国第一个脱毒种薯组培室就建在乌兰察布农科所。1976年，国家科学技术委员会、中国科学院、农业部等部门的数十名专家在全国考察，确定乌兰察布市为全国最优的马铃薯种薯生产区域，并在察哈尔右翼后旗建立起我国第一个无病毒原种场。近年来，乌兰察布市市委、市政府顺应自然和经济规律，高屋建瓴，认真贯彻关于西部地区"要把小土豆办成大产业"的指示精神，发挥地区比较优势，积极调整产业结构，把马铃薯产业作为全市农业发展的主导产业来培育。通过扩规模、强基地、提质量、创品牌，乌兰察布市成为全国重点马铃薯种薯、商品薯和加工专用薯基地，马铃薯产业进入新的快速发展阶段。与此同时，马铃薯产业科技优势突出，一批科研成果居国内先进水平，设施种植、膜下滴灌、旱地覆膜等技术得到大面积推广使用。乌兰察布市的马铃薯种植面积稳定在26万公顷，占自治区马铃薯种植面积的1/2，在全国地级市中排名第一。马铃薯产业成为彰显地区特点、促进农民增收致富的支柱产业和品牌产业。2009年3月，中国食品工业协会正式命名乌兰察布市为"中国马铃薯之都"。2011年12月，乌兰察布市在国家工商总局注册了"乌兰察布马铃薯"地理标志证明商标，"中国薯都"地位得到进一步巩固。

强大的产业优势呼唤着高水平、高质量的技术人才和产业工人，而人才支撑是做大做强优势产业的有力保障。乌兰察布职业学院敏锐地意识到这是适应地方经济、服务特色产业的又一个契机。学院根据我国经济发展及产业结构调整带来的人才需求，经过认真、全面、仔细的市场调研和项目咨询，紧贴市场价值取向，凭借既有的专业优势，审时度势，务实求真；学院本着"有利于超前服务社会，有利于学生择业竞争，有利于学院可持续发展"的原则，站在现代职业教育的前沿，立足乌兰察布市，辐射周边，面向市场；学院敢为人先，申请开设了"马铃薯生产加工"专业，并于2007年10月获得教育部批准备案，2008年秋季开始正式招生，在我国高等院校首开先河，保证专业建设与地方经济有效而及时地对接。

该专业是国内高等院校首创，没有固定的模式可循，没有现成的经验可学，没有成型的教材可用。为了充分体现以综合素质为基础、以职业能力为本位的教学指导思想，学院专门建立了以马铃薯业内专家为主体的专业建设指导委员会，多次举行研讨会，集思广益，互相磋商，按照课程设置模块化、教学内容职业化、教学组织灵活化、教学过程开放化、教学方式即时化、教学手段现代化、教学评价社会化的原则，参照职业资格标准和岗位技能要求，制订"马铃薯生产加工"专业的人才培养方案，积极开发相关课程，改革课程体系，实现整体优化。

由马铃薯行业相关专家、技术骨干、专业课教师开发编撰的"马铃薯生产加工丛书"，是我们在开展"马铃薯生产加工"专业建设和教学过程中结出的丰硕成果。丛书重点阐述了马铃薯从种植到加工、从产品到产业的基本原理和技术，系统介绍了马铃薯的起源、栽培、遗传育种、种薯繁育、组织培养、质量检测、贮藏保鲜、生产机械、病虫害防治、产品加工等内容，力求充实马铃薯生产加工的新知识、新技术、新工艺、新方法，以适应经济和社会发展的新需要。丛书的特色体现在：

一、丛书以马铃薯生产加工技术所覆盖的岗位群所必需的专业知识、职业能力为主线，知识点与技能点相辅相成、密切呼应形成一体，努力体现当前马铃薯生产加工领域的新理论、新技术、新管理模式，并与相应的工作岗位的国家职业资格标准和马铃薯生产加工技术规程接轨。

二、丛书编写格式适合教学实际，内容详简结合，图文并茂，具有较强的针对性，强调学生的创新精神、创新能力和解决实际问题能力的培养，较好地体现了高等职业教育的特点与要求。

三、丛书创造性地实行理论实训一体化，在理论够用的基础上，突出实用性，依托技能训练项目多、操作性强等特点，尽量选择源于生产一线的成功经验和鲜活案例，通过选择技能点传递信息，使学生在学习过程中受到启发。每个章节（项目）附有不同类型的思考与练习，便于学生巩固所学的知识，举一反三，活学活用。

该丛书的出版得到了马铃薯界有关专家、技术人员的指导和支持；编写过程中参考借鉴了国内外许多专家和学者编著的教材、著作以及相关的研究资料，在此一并表示衷心的感谢；同时向参加丛书编写而付出辛勤劳动的各位专家与教师致以诚挚的谢意！

张　策

2019 年 5 月 16 日

# 前　言

本书是根据教育部《关于加强高职高专教育教材建设的若干意见》的文件精神,结合马铃薯生产加工专业人才培养目标与规格,依据我国马铃薯生产加工行业职业岗位的任职要求而编写的。在选材和编写中力求以实际应用能力为主旨,以强化技术能力为主线,以高职教学目标为基点,以理论知识必需、够用、管用、实用为纲领,做到基本概念解释清楚,基本理论简明扼要,贴近一线生产实践,注重培养学生的应用能力和创新精神。

"马铃薯生长与环境"是马铃薯生产加工专业的一门专业基础课,主要内容包括马铃薯的器官形态建成与生长发育的基本原理,马铃薯生长发育与环境条件(土壤、水分、温度、光照、养分、气候)的关系,如何通过生长环境的改变影响马铃薯的生长发育进程等。学习本课程的目的为在遵循马铃薯生长发育自然规律的前提下,通过环境条件(管理措施)的改变,影响马铃薯的生长状态,让马铃薯更好地为人类服务。本书每个项目后面都安排了思考与练习以及课外实践活动,突出岗位职业能力训练,注重体现工学结合、校企合作的教学需要。

本书的具体编写分工如下:乌兰察布职业学院郝伯为编写绪论、项目三、项目四的任务三;曲阜师范大学彭向永编写项目六、项目八;乌兰察布市农牧业科学研究院王秀芳编写项目一的任务二、任务三、任务四;乌兰察布职业学院赵玉娟编写项目二、项目五;乌兰察布职业学院史向东编写项目四的任务一、任务二,实训;乌兰察布职业学院李军编写项目七的任务一、任务二;乌兰察布职业学院陈建保编写项目七的任务三、任务四;乌兰察布职业学院张祚恬编写项目一的任务一、任务五。

在本书的编写过程中,编者借鉴和参考了大量文献资料,在此谨对有关作者表示衷心的感谢。

本书可作为高职高专马铃薯生产加工专业的教学用书,也可作为马铃薯行业培训及马铃薯行业从业人员的参考用书。

由于编者水平有限,加之时间仓促,收集和组织材料有限,本书难免存在错误和不足之处,敬请同行专家和广大读者批评指正。

编　者

2019 年 7 月

# 目　　录

# 绪　　论

## 一、马铃薯的起源

马铃薯(Solanum tuberosum L.)是茄科茄属多年生草本块茎植物。据科学家考证,马铃薯有两个起源中心:马铃薯栽培种主要分布在南美洲哥伦比亚、秘鲁、玻利维亚的安第斯山山区及乌拉圭等地,其起源中心以秘鲁和玻利维亚交界处的"的的喀喀"湖盆地为中心区;野生种的起源中心则是中美洲及墨西哥,那里分布着具有系列倍性的野生多倍体种,即 $2n=24$、$2n=36$、$2n=48$、$2n=60$、$2n=72$ 等种。

马铃薯栽培种作为栽培作物在南美洲的栽培历史非常悠久。据考古学家们研究:南美洲秘鲁以及安第斯山麓智利沿岸、玻利维亚等地,都是马铃薯的故乡。远在新石器时代人类刚刚创立农业的时候,当时被饥饿所迫的原始人在野外寻找可食性植物便发现了马铃薯,印第安人就在这里用木棒石器掘松土地,首先栽种了马铃薯。

公元 1536 年,继哥伦布之后到新大陆的西班牙探险队员,在哥伦比亚的苏洛科达村发现了一种新作物——马铃薯。卡斯特朗诺所著《格兰那达新王国史》一书中记述:我们看到印第安人种植玉米、豆子和一种奇怪的植物,它开着淡紫色的花,根部结球,含有很多的淀粉,味道很好。这种块茎有很多用途,印第安人把生薯切片敷在断骨上疗伤,擦额上治疗头疼,外出时随身携带预防风湿病,或者和其他食物一起吃,预防消化不良。印第安人还把马铃薯作为互赠礼品。从这段记述同样可以断定,在西班牙人到达新大陆之前,印第安人在当地栽培马铃薯已有悠久历史。

## 二、马铃薯在我国的栽培简史

我国科学家对资料进行搜集、整理与考证后认为:马铃薯最早传入中国的时间是明朝万历年间(1573—1619 年),京津地区是亚洲最早见到马铃薯的地区之一。另外,较早传入和种植的地区还有台湾和闽、粤沿海各省,主要是由荷兰及各国殖民主义者、传教士、商人、探险家等,经水路从欧洲、南洋等地传入我国。从全国范围来看,马铃薯在 19 世纪末至 20 世纪初已有广泛栽培,但主要集中在西南地区的云南、贵州、四川和中南地区的湖北鄂西、湖南的黔阳与江华山区一带;西北地区的陕西、甘肃、宁夏、青海;华北地区的山西、河北等省。东北三省在清末年间才逐渐有较大面积栽培。沿海各省,以广东和福建两省的栽培面积较大,除供大城市做蔬菜用之外,还销往香港、澳门等地。

中华人民共和国成立后,1950 年全国马铃薯栽培面积为 156 万公顷,总产鲜薯 87 亿千克,平均亩产为 372 千克;1960 年全国马铃薯栽培面积为 304 万公顷,总产鲜薯 255 亿千克,平均亩产为 558 千克;20 世纪 70 年代中期,西南地区和中原二作区马铃薯生产发展较快,1976 年全国马铃薯栽培面积为 417 万公顷,总产鲜薯 379 亿千克,平均亩产为 606 千克。进入 20 世纪 80 年代以来,全国各省(自治区、直辖市)调整农作物布局,有些主产省(自治区、直辖市)的播种面积有所下降,非主产区的播种面积有所上升。

### 三、马铃薯生产性能的分析

马铃薯是一种产量高、适应性强、分布广、营养丰富、经济价值高的宜粮、宜菜、宜饲、宜做工业原料的经济作物。

**(一)高产性能和适应性**

马铃薯是一种块茎作物,地上茎叶通过光合作用所同化的碳水化合物,能够在生育的早期就直接输送到块茎这一贮藏器官中去,其"代谢源"与"贮藏库"之间的关系,不像许多谷类作物那样要经过开花、授粉、受精、结实等一系列复杂的过程。这样,在形成产品的过程中就可以节约大量的能量消耗。同时,马铃薯对外界环境条件的反应极为敏感,在适宜的环境条件下,叶面积能迅速扩展,相应地贮藏同化产物的库——块茎也能迅速膨大形成,块茎就可以随膨大而积累、贮藏干物质,这就是马铃薯的速熟特性。在单位时间和单位土地面积上,马铃薯比小麦、水稻、玉米能获得更多的碳水化合物、蛋白质和维生素,其光合效率较高。马铃薯制造碳水化合物的"工厂"与贮藏产品的"仓库"的关系比较协调,这是马铃薯在生理上具有丰产性的主要原因。

我国马铃薯的生产水平比世界发达国家的生产水平偏低,其主要原因是我国栽培面积大,多分布在不适于稻谷种植的生育期短、土壤贫瘠的地块或山区;精耕细作、集约化栽培等不及荷兰、瑞士等发达国家。但从作物布局总体上看,把马铃薯安排在山区或瘠薄的土地上栽培又有它的合理性,因为这些地方只适于种植马铃薯,若改种粮食作物,将难以达到马铃薯的产量。

从生态习性方面看,马铃薯要求比较凉爽的气候环境,喜强光照以及疏松、湿润、富含有机质的土壤。马铃薯野生种在原产地要求短日照条件,引到欧洲后,经长期人工驯化和选择,现在的栽培种已适应了长日照条件。强烈的光照有利于马铃薯的光合作用,凉爽的气候条件和昼夜较大的温差有利于光合产物向块茎中输送和积累。由于马铃薯具有广泛的适应性,因此在世界各地的分布极其广泛,我国南北方各省均有栽培。

**(二)具有较高的营养价值**

马铃薯是一种营养价值很高的食物,它的块茎中除含有丰富的淀粉(8%～25%)以外,还含有人体不可缺少的营养素,如蛋白质、脂肪、糖类、矿物质、盐类、粗纤维和各种维生素。马铃薯所含维生素种类之多,是任何作物所不及的。它含有维生素 A(胡萝卜素)、维生素 $B_1$(硫胺素)、维生素 $B_2$(核黄素)、维生素 $B_3$(泛酸)、维生素 PP(尼克酸或烟酸)、维生素 $B_6$(吡哆醇)、维生素 C(抗坏血酸)、维生素 H(生物素)、维生素 K(凝血维生素)、维生素 M(叶酸)等。这些营养素中尤以淀粉、蛋白质、铁、维生素 C、维生素 $B_1$、维生素 $B_2$ 等的含量最为丰富,均显著高于小麦、水稻和玉米中的含量,是营养丰富的粮食与蔬菜。由于它较其他蔬菜耐贮藏,则成为北方人民冬季食用的重要菜类,特别是北方高寒山区,冬季缺乏水果的情况下,马铃薯是维生素 C 的主要来源。

农产品是人类食物蛋白质的主要来源,大量生产优质的蛋白质是现代农业生产的重要任务。植物蛋白质的食用和饲用价值是由其氨基酸的成分,首先是人类必需的氨基酸含量所决定的。马铃薯富含人类必需的赖氨酸、亮氨酸和其他有价值的氨基酸。马铃薯的蛋白质与其他植物来源的蛋白质比较更容易被人和动物吸收,所以是更有价值的蛋白质。

在人类食物和动物的饲料中,有六种维生素起着重大作用,即水溶性的维生素 C、维生

素 $B_1$、维生素 $B_2$、维生素 PP 和脂溶性的维生素 A、维生素 D。马铃薯中就含有维生素 C、维生素 $B_1$、维生素 $B_2$、维生素 PP 等主要维生素。维生素 C 在马铃薯块茎中的含量丰富,每 100g 鲜块茎中的含量高达 15.86mg,高于柑橘的含量,比去皮苹果的含量高 50%,相当于胡萝卜含量的 2 倍,白菜含量的 3 倍,番茄含量的 4 倍。欧美一些国家人民维生素 C 的需要量有 50% 以上由马铃薯提供。我国西北和西南广大山区人民维生素 C 的主要来源也靠马铃薯,因为禾谷类粮食作物都不含维生素 C。

综上所述,马铃薯的营养成分是丰富而齐全的,它除了作为人类富有营养价值的食物外,在发展畜牧业方面,也是最优质的饲料,不仅块茎可做饲料,茎叶亦能做青贮饲料。用马铃薯做饲料饲养的家畜,肉质肥而不腻,品质极佳。一些畜牧业发达的国家,如德国、波兰、澳大利亚等,一半以上产量的马铃薯用作饲料。我国马铃薯主产区也将相当部分马铃薯作为饲料。

（三）具有多种用途

马铃薯在国民经济中具有多种用途,它既是粮食又是蔬菜,也是发展畜牧业的良好饲料,还是轻工业、食品工业和医药制造业不可缺少的重要原料之一,它在农业生产上是轮作制中良好的前茬,并适于和其他作物间套种,也是很好的救荒作物,其茎叶还可充作绿肥。

1. 马铃薯既是粮又是菜

在我国农作物生育期短的北方和高寒山区,当地人民多以马铃薯为重要粮食。此外,马铃薯还可通过烹饪制成多种食品,作为菜肴具有特殊的优美风味。它的营养价值远超过一般蔬菜,不仅含有丰富的蛋白质(以干物质计,含量达 10% 以上)、维生素和各种矿物质,而且所产生的热量比一般蔬菜产生的热量高数倍。

2. 马铃薯是发展畜牧业的优质饲料

在发展畜牧业方面,马铃薯是一种最好的饲料,我国广大农村的薯农多将屑薯或带机械损伤的块茎煮熟后喂猪,用鲜薯做多汁饲料喂牛和羊,把块茎切碎,混拌上糠麸充作家禽饲料等。马铃薯可获得的饲料单位和可消化的蛋白质是一般作物所不及的。

3. 马铃薯在农业生产中具有重要地位

马铃薯在作物轮作制中是肥茬,宜做各种作物的前作。这是因为农民在种植马铃薯时素有施有机肥的习惯,有效地改善了土壤的理化性,增加了养分,同时马铃薯是中耕作物,要进行中耕除草和培土,消灭了杂草,疏松了土壤,在作物轮作制中成为良好的前茬作物。马铃薯生育期短,播种期伸缩性大,一般早熟品种从出苗到收获仅 60d 左右,晚熟品种从出苗到收获也只有 100～120d。只要能保证其生育日数,可随时播种,因而在其他作物生育期间遭受严重自然灾害而无法继续种植时,马铃薯则是最好的补救作物。

4. 马铃薯有很强的适应性

马铃薯对土壤的要求不甚严格,土壤 pH 值在 4.8～7.0 之间都能正常生长,肥沃的沙质土壤最为适宜,在较黏重的土壤上也能发育生长;它对温度和日照的适应范围也在不断扩大。在我国长期栽培的农家品种中,既有适应长日照的,也有适应短日照的;有的品种对温度的适应范围也很广,过去认为不适宜种植马铃薯的地区也有了很大的发展,而且产量不低。马铃薯在农业生产上还较其他作物具有耐旱与抗冰雹灾害的能力;由于用块茎作种,块茎中含有大量水分,在春季干旱的情况下,它比其他作物容易出苗;马铃薯的茎因有很强的再生能力,遇上冰雹灾害后可以再生,重新发棵,这些都充分说明马铃薯对不良环境条件的适应性是比较强的。同时,马铃薯在农业生产中还是非常适宜与粮棉等其他作物实行间、套、复种的作物,从而有效地提高了土地利用率和单位面积上的总产量。这是因为马铃薯根系在土壤中的分布较浅,可与粮棉等根系分布较深的作物搭配,合理、有效地利用不同层次的土壤养分,以充分发挥地力。此外,马铃薯具有生育期短、成熟快和喜冷凉的特性,为与各种作物实行间、套、复种提供了可能。由于间、套作的广泛应用与推广,许多地方的马铃薯栽培由原来的一年两熟变成了一年三熟,也有的创造了一年四种三收和一年五种四收的间、套作形式。马铃薯间、套种的发展,增加了粮食总产量,对农业的发展起到了积极的作用。

马铃薯茎叶还适合作绿肥,一般每亩马铃薯可产鲜茎叶 2000kg,可折合优质化肥 20kg,其氮、磷、钾的含量比绿肥紫云英的相应含量还要高,很受农民的欢迎。

5. 马铃薯是轻工业原料,可制作多种产品

马铃薯是制造淀粉、糊精、葡萄糖和酒精的主要原料;淀粉又是纺织工业、医药制造工业、香肠和罐头工业、铸造工业所需要的原料。据资料介绍:每吨马铃薯可制成干淀粉 140kg 或糊精 100kg,或 40 度的酒精 95L,或合成橡胶 15~17kg。我国马铃薯的传统加工业主要是淀粉、粉条与粉丝的加工。近年来,随着国际马铃薯加工业的发展,我国马铃薯加工业也有了相应的发展,有快餐方便食品的生产,如冷冻食品、油炸食品、脱水制品、膨化食品等;有全粉的生产,避免了块茎中的养分损失,保持了马铃薯块茎的原有风味;特别是马铃薯变性淀粉及淀粉衍生物诸多产品的生产,对国民经济的发展起到了重要作用。国内外的实践经验证明,马铃薯的经济效益随着加工业的发展有显著提高,深度加工后的产品价值比鲜薯的价值高 20 倍以上。马铃薯的深度加工产品,即以淀粉为原料,经物理、化学方法或酶制剂的作用,改变其溶解度、黏度、凝胶性、渗透性、吸水性等理化性能,所产生的一系列不同性能的淀粉,也即变性淀粉和淀粉衍生物。变性淀粉改变了淀粉的原有性能而产生了新的性状,从而使每种变性淀粉各具特殊用途。

马铃薯的其他工业产品包括饴糖、麦芽糖、果葡糖浆、果糖、马铃薯蛋白、饲料酵母、谷氨酸钠、赖氨酸、柠檬酸、糖色、酱油、酶制剂等。

### 四、马铃薯的分布与生态环境

马铃薯在我国已有 400 多年的栽培历史,中华人民共和国成立后,栽培面积大幅度增长,其分布是极其广泛的。从北方的黑龙江畔到海南岛的五指山区,从东海之滨到天山脚下,全国每个省(自治区、直辖市)都有马铃薯栽培。目前我国马铃薯分布的特点是以东北、华北、西北和西南等地区为多,是我国重点产区;中原和东南沿海各地较少;山区分布较多,平原分布较少;杂粮产区多,水稻产区少。

在我国栽培马铃薯的主要生产省(自治区、直辖市)中,常年栽培面积在 400 万亩以上的有四川、黑龙江和甘肃;350 万亩以上的有内蒙古、山西和湖北;300 万亩以上的有陕西、云南和贵州;250 万亩以上的有河南;100 万亩以上的有吉林和辽宁。四川省的栽培面积常年在 600 万亩左右,居全国之首。

根据我国各地气候、地理条件和栽培制度、栽作类型及品种类型等的不同,可将我国划分为四个马铃薯栽培区,即北方一作区、中原二作区、南方二作区和西南一、二季垂直分布区。

(一)北方一作区

本区包括东北地区的黑龙江、吉林二省及辽宁省(除辽东半岛外)大部,华北地区的河北

北部、山西北部、内蒙古全部,以及西北地区的陕西北部、宁夏全部、甘肃全部、青海东部和新疆的天山以北地区。本区的无霜期在 100～170d 之间,年平均温度不超过 10℃,最热月平均温度在 24℃ 以下,大于 5℃ 的年积温为 2000～3000℃,年降雨量为 50～1000mm,分布很不均匀。东北地区的西部、内蒙古的中南部和西部、宁夏的中南部、黄土高原的西北部为半干旱地带,降雨少而蒸发量大,干燥度在 1.5 以上;东北中部和黄土高原东南部则为半湿润地区,干燥度多为 1～1.5;而黑龙江和内蒙古东北部的大小兴安岭山地的干燥度只有 0.5～1。由于本区气候凉爽,日照充足,昼夜温差大,适于马铃薯生育,因此栽培面积较大,占全国总栽培面积的 50% 以上,有些交通较方便的地区,如黑龙江和内蒙古等地,因所产块茎种用品质好,已成为我国著名的种薯基地。

本区栽培马铃薯基本上是一年一熟,为春播秋收的夏作类型,一般为 4 月初至 5 月初播种,9 月上旬至 10 月上旬收获;多为垄作栽培方式,但在干旱地区也有平播的;适宜的品种以中熟和晚熟品种为主,并要求休眠期长,耐贮藏,抗逆丰产。

本区春季增温快,秋季降温快。增温快则使土壤蒸发强烈,容易失墒干旱;降温快则霜冻早,晚熟品种或收期晚即易受冻。故须注意播种适期、播深、播法和收获适期以及收后防冻等问题。

（二）中原二作区

本区包括辽宁、河北、山西、陕西四省的南部,湖北、湖南两省的东部,河南、山东、江苏、浙江、安徽、江西等 6 省的全部。

本区的无霜期较长,在 180～300d 之间,年平均温度为 10～18℃,最热月平均温度为 22～28℃,最冷月平均温度为 1～4℃,大于 5℃ 的年积温为 3500～6500℃,年降雨量为 500～1750mm。本区温度高、蒸发量大,在秦岭淮河一线以北地区,干燥度大于 1,栽培马铃薯时须有灌溉条件;此线以南的地区干燥度小于 1,故旱作不需灌水。

本区因夏季长、温度高,不利于马铃薯生长。为了躲过炎热的高温夏季,故行春、秋二季栽培,一年栽培两季,春季以商品薯生产为主,秋季以种薯生产为主。近年来,秋季也有部分商品薯生产。品种以早熟和中熟品种为主。本区虽因气候条件的限制,马铃薯栽培面积不足全国栽培面积的 5%,但因多采取与粮棉间套作的栽培形式,故本区马铃薯的栽培面积仍有扩大的趋势。

（三）南方二作区

本区包括广西、广东、海南、福建、台湾等省（自治区）,无霜期在 300d 以上,最长可达 365d,年平均温度为 18～24℃,最热月平均温度为 28～32℃,最冷月平均温度为 12～16℃,大于 5℃ 的年积温为 6500～9500℃,年雨量为 1000～3000mm。因马铃薯在本区系冬作,恰逢旱季,必须灌溉。

本区属海洋性气候,夏长冬暖,四季不分明。主要在稻作后,利用冬闲地栽培马铃薯。因其栽培季节多在冬、春二季,与中原春、秋二季不同,所以称为南方二作区。

本区虽非马铃薯的重点产区,其栽培面积也不足全国总面积的 1%,但因马铃薯生育期短,便于与许多作物间套复种,抗灾性强,产量高、品质好,可利用冬闲地,在供应市场蔬菜及外贸出口等方面均有重要意义;同时,收获后的菜叶可作为一季绿肥,对后作水稻有显著的增产作用,所以马铃薯在本地区也是颇受欢迎的作物。其主要品种类型为早熟或中熟品种,并要求具有抗晚疫病和青枯病的特性。

（四）西南一、二季垂直分布区

本区包括云南、贵州、四川、西藏、新疆天山以南地区及湖南、湖北两省的西部山区。本区多为山地和高原,区域广阔,地势复杂,海拔高度变化很大,形成了气候的垂直分布,影响到农业生产也有相应变化,故有立体农业之称,所以也影响到马铃薯在本区有一季作和二季作不同的两种栽作类型交错出现。在高寒山区,气温低,无霜期短,四季分明,夏季凉爽,云雾较多,雨量充沛,多为春种秋收,属一年一作,与北方一作区相同。在低山河谷或盆地,气温高,无霜期长,春早、夏长、冬暖、雨量多、湿度大,适于二季栽培,与中原或南方二作区相同。

本区地域辽阔,马铃薯栽培面积占全国总栽培面积的40%以上,是我国马铃薯的主要产区之一。由于海拔高度、地形地貌、气候、土壤等各种条件的复杂多变,因而栽培制度和品种类型也多种多样。

**五、环境条件对马铃薯生长的重要性**

马铃薯生长与土壤、光照、温度、水分、空气、肥料等环境条件有密切关系,只有处理和协调好各种环境因素的关系,才能发挥植物生产的总体效益。

（一）光对马铃薯生长的重要性

马铃薯生长所需的能量主要来自太阳光,其次来自各种不同的人工光源。光是马铃薯生长的基本条件之一。光在马铃薯生长中的重要性体现在:直接作用是影响马铃薯形态器官建成,如光可以促进马铃薯种子的萌发、幼叶的展开,影响叶芽与花芽的分化、马铃薯的分枝等;间接作用是马铃薯利用光提供的能量进行光合作用,合成有机物质,为自身生长发育提供物质基础。据估计,马铃薯体中90%以上的干物质是光合作用的产物。此外,光还会影响马铃薯的某些生理代谢过程,如糖、淀粉的合成与降解等,从而影响马铃薯产品的品质。

（二）温度对马铃薯生长的重要性

马铃薯的生长发育要求一定的温度。在马铃薯生产上,温度的昼夜和季节性变化影响马铃薯正常的生长发育,而且也影响马铃薯的干物质积累甚至产品的质量;马铃薯正常的生长发育过程必须在一定的温度范围内才能完成,而且各个生长发育阶段所需的最适温度范围不一致,超出这一范围的极端温度,就会使马铃薯受到伤害,生长发育不能完成,甚至过早死亡。

（三）水分对马铃薯生长的重要性

水是生命起源的先决条件,没有水就没有生命。马铃薯的一切正常生命活动都必须在细胞含有水分的状况下才能发生。马铃薯对水分的依赖性往往超过了任何其他因素。农谚"有收无收在于水"则充分说明了水对马铃薯生产的重要性。水是马铃薯的主要组成成分,也是多种物质的溶剂,能维持细胞和组织的紧张度,水还是光合作用的原料。此外,水可缓解马铃薯体内细胞原生质的温度变化,以使原生质免于受害或受害较轻。水是连接土壤-马铃薯-大气这一系统的介质。水通过形态、数量和持续时间的变化,对马铃薯的生长发育和生理生化活动产生重要的作用,进而影响马铃薯产品的产量和质量。

（四）土壤对马铃薯生长的重要性

土壤是马铃薯生长发育的主要"基地"。马铃薯生长发育的五个基本要素为日光（光能）、热量（热能）、空气（氧气与二氧化碳）、水分和养分,其中养分和水分都是通过根系从土壤中获得。一个良好的土壤系统应该使马铃薯能"吃得饱（养料供应充足）""喝得足（水分供应充足）""住得好（空气流通,温度适宜）""站得稳（根系伸展开,机械支撑牢固）"。土壤对马铃薯起着"营养库"的作用,在养分的转化和循环过程中有重要意义;土壤还具有雨水涵养作用和生物的支撑作用,并在稳定和缓冲土壤环境的变化方面起重要作用。

（五）肥料对马铃薯生长的重要性

我国农谚有"收多收少在于肥"的说法。肥料是马铃薯的"粮食",是土壤养分的主要来源,是重要的农业生产资料。肥料不仅可以促进马铃薯整株生长,也可促进其某一部位生长。据统计,肥料在提高马铃薯产量方面的贡献率为 40％～60％。肥料还在改善马铃薯的商业品质、营养品质等方面有着重要意义。在马铃薯生产中,常通过改良土壤来提高土壤的肥力,使马铃薯能更好地生长,以获得满足人类需要的高质量和产量的产品。

## 六、"马铃薯生长与环境"课程的学习方法

"马铃薯生长与环境"是一门综合性较强的马铃薯生产加工专业的必修课程,其学习目的在于学习马铃薯生长发育的一般规律,掌握影响马铃薯生长发育的内（马铃薯本身）外（环境）因素及马铃薯生长发育对环境条件的要求,在遵循马铃薯生长发育自然规律的前提下,通过环境条件（管理措施）的改变,影响马铃薯的生长状态,让马铃薯按着人们的目的与要求更好地生长,从而让马铃薯更好地为人类服务。本课程是一门专业基础课,为学习后续专业课程提供理论依据和基础,在学习过程中应当注意以下几个方面的问题:

（一）整体地把握课程内容

本课程包含了马铃薯形态解剖学、马铃薯生理学、土壤学、肥料学、农业气象学等学科的基本知识和基本理论,是以上各学科在研究马铃薯生长上的综合应用。因此,在教学过程中一定要遵循整体性原则,将各学科的知识融会贯通,整体地把握学习内容。只有这样,才能真正为学习专业（专门化方向）课程打好基础。

（二）注重理论与实践的紧密结合

本课程是一门理论性较强的课程,但学习理论的目的在于指导实践。因此,对本课程的学习一定要注意将所学的理论与马铃薯生产的实践紧密结合。例如,学习光合作用原理之后,应当找出提高本地区马铃薯光合产物积累的技术途径;学习合理施肥技术之后,应当针对本地区马铃薯在施肥过程中存在的问题,提出合理的施肥方法建议,同时进行实际操作,才能学以致用,学到真本领。

（三）从实际出发,因地制宜,灵活运用

就整体而言,马铃薯的生长发育过程具有共同的一般规律,但马铃薯生长发育的环境却是不尽相同的。因此,在学习过程中,一定要结合本地区的实际情况,灵活运用所学内容。例如,各地土壤条件和气候条件均不一致,在学习过程中,要结合本地的具体情况合理选择内容,同时教师可适当增加与当地实际情况相符的教学资料,使学生能够打下良好的基础。

（四）加强实践性教学环节和基本技能的培养

本教材中有一定数量的"实训",目的是使学生走出课堂,接触生产实际,启发学生思考,激发学习兴趣。每个项目所设的"知识目标""技能目标""思考与练习""课外实践活动"是为了巩固所学基本知识,提高学生分析问题、解决问题的能力及创新思维能力,同时加强基本技能训练,提高动手能力,培养科学态度。对教学要求中提到的"了解、理解、掌握"三个层次,要准确把握,并适度体现在教学过程之中。

# 项目一　马铃薯植株的生长发育

## 任务一　种薯萌芽及其与环境的关系

### 一、种薯萌芽及形态结构变化

马铃薯块茎上萌发的芽，由于品种和萌芽时的条件不同而异。一个块茎通常是顶芽先萌发，并且生长势强，幼芽粗壮；其次是块茎中部各芽从上而下逐个萌发，这些芽的长势较顶芽弱而纤细，而且接近基部的芽甚至不萌发而处于休眠状态，这种现象通常称为种薯的顶端优势。

马铃薯块茎内含有丰富的营养和水分，已通过休眠的块茎，只要有适宜的发芽条件，块茎内的酶就开始活动，把块茎内贮藏的淀粉、蛋白质分解成糖和氨基酸等，并通过输导系统运送至芽眼，于是幼芽便开始萌发。

### 二、种薯萌芽期间其内含物的变化

（一）不同种薯的物质含量

种薯内部贮藏物质的含量及性质不同，其生理机能就有差异，从而也就影响整个植株的生育状况和产量。块茎中干物质、淀粉、维生素 C 等物质含量，以老龄大薯为最高，幼龄小薯次之，感病退化薯最低；然而蛋白氮与非蛋白氮的比值则以幼龄小薯为最高，老龄大薯与感病退化薯相近（表1-1）。蛋白氮与非蛋白氮的比值愈大，则蛋白氮的含量愈高，种薯的生活力愈强，幼龄小薯正好具备这种特性。

表 1-1 马铃薯不同种薯的各种物质含量

| 项目 \ 种薯类别 | 年份 | 干物质（%） | 淀粉（%） | 维生素 C（mg/100g） | 蛋白质（%） | 非蛋白质（%） | 蛋白氮∶非蛋白氮 |
|---|---|---|---|---|---|---|---|
| 80～100g 老龄大薯 | 1982 | 27.08 | 17.87 | 12.00 | 0.58 | 0.47 | 1.23∶1 |
| | 1981 | 28.09 | 19.05 | | 0.54 | 0.58 | 0.93∶1 |
| 15～50g 幼龄小薯 | 1982 | 23.68 | 12.39 | 9.13 | 0.76 | 0.46 | 1.65∶1 |
| | 1981 | 22.30 | 12.05 | | 0.78 | 0.45 | 1.73∶1 |
| 50～100g 感病退化薯 | 1982 | 23.01 | 12.04 | 7.47 | 0.56 | 0.53 | 1.05∶1 |
| | 1981 | 20.70 | 8.40 | | 0.54 | 0.55 | 0.98∶1 |

（二）干物质、淀粉、蛋白氮含量的变化

在种薯发芽过程中，种薯内部物质进行一系列生理生化变化，首先表现在贮藏态养分与可给态养分含量及酶的活性变化。从表 1-2 可以看出，三种类型种薯的内含物——干物质、淀粉、蛋白氮的含量在整个发芽期间都是逐渐减少的，只是下降速度有区别。其中以幼龄小薯的下降速度最快，说明其内部生理活动最旺盛，而在芽尚未萌动之前，幼龄小薯中三种物质含量的下降速度最慢，这种生理现象正有利于种薯的发芽生长。感病退化薯与此相反，即在芽未萌动以前，三种物质的含量即已迅速下降，发芽后反而下降很慢，严重影响了种薯的萌芽生长。老龄大薯介于上述二者之间。

表 1-2 马铃薯种薯发芽期间几种物质含量的变化　　　　　　　　单位：%

| 种薯类别 | 测定日期（月/日） | 干物质 含量 | 干物质 各期增减百分率 | 淀粉 含量 | 淀粉 各期增减百分率 | 还原糖 含量 | 还原糖 各期增减百分率 | 蛋白氮 含量 | 蛋白氮 各期增减百分率 | 非蛋白氮 含量 | 非蛋白氮 各期增减百分率 |
|---|---|---|---|---|---|---|---|---|---|---|---|
| 80～100g 老龄大薯 | 1/15 | 27.08 | | 17.89 | | 1.83 | | 0.58 | | 0.47 | |
| | 3/1 | 26.98 | −0.37 | 17.57 | −1.79 | 2.31 | +26.23 | 0.57 | −1.72 | 0.47 | 0 |
| | 4/30 | 26.18 | −2.97 | 16.56 | −5.75 | 1.96 | −15.15 | 0.52 | −8.77 | 0.48 | +2.13 |
| | 5/29 | 20.70 | −20.93 | 12.66 | −23.55 | 5.01 | +155.61 | 0.32 | −38.46 | 0.35 | −27.08 |
| 15～50g 幼龄小薯 | 1/15 | 22.68 | | 12.39 | | 3.12 | | 0.76 | | 0.46 | |
| | 3/1 | 22.60 | −0.35 | 12.19 | −1.61 | 3.29 | +5.45 | 0.75 | −1.32 | 0.46 | 0 |
| | 4/30 | 21.89 | −3.14 | 10.89 | −10.66 | 3.88 | +17.93 | 0.64 | −14.67 | 0.53 | +15.22 |
| | 5/29 | 16.98 | −22.43 | 7.61 | −30.12 | 7.90 | +103.61 | 0.44 | −31.25 | 0.36 | +32.08 |
| 50～100g 感病退化薯 | 1/15 | 23.01 | | 12.01 | | 2.47 | | 0.56 | | 0.53 | |
| | 3/1 | 21.02 | −8.65 | 10.92 | −9.08 | 4.65 | +88.26 | 0.54 | −3.57 | 0.54 | +1.89 |
| | 4/30 | 20.10 | −4.38 | 9.76 | −10.62 | 3.55 | −23.66 | 0.51 | −5.56 | 0.52 | −3.70 |
| | 5/29 | 18.87 | −6.12 | 2.07 | −78.79 | 5.08 | +43.10 | 0.47 | −7.84 | 0.42 | −19.23 |

（三）还原糖、非蛋白氮的变化

从表 1-2 还可以看出，幼龄小薯在芽未萌动的休眠期间，还原糖和非蛋白氮含量的变化很小，说明这期间其生命活动不旺盛，有利于保持种薯的生活力；当芽开始萌动后，还原糖和非蛋白氮的含量迅速增加，从而保证了嫩芽生长有充分营养物质的供应。老龄大薯和感病退化薯则相反，在休眠阶段，其还原糖含量上升快，而在萌芽初期则有一个下降过程，这是不正常的生理状态。

（四）淀粉酶和抗坏血酸氧化酶活性的变化

种薯内的淀粉是通过淀粉酶的催化作用最后分解成葡萄糖的,所以整个发芽过程也是淀粉酶活性逐渐增高的过程。幼龄小薯在整个发芽期间,淀粉酶的活性最强,而抗坏血酸氧化酶的活性最弱;感病退化薯的淀粉酶活性最弱;老龄大薯的淀粉酶活性居中。由此可知,幼龄小薯比老龄大薯和感病退化薯具有更旺盛的生活力。

### 三、影响种薯萌芽的主要因素

（一）温度

影响幼芽萌发和根系生长的主要因素是温度,因为块茎内含有大量水分和营养物质,只要温度适宜它便可以萌发。在温度不低于4℃时,已通过休眠的块茎就能萌发,但幼芽不能伸长。在5~7℃时,幼芽开始萌发伸长,但非常缓慢,如长时间处于这种低温下,幼芽便形成极短的葡萄茎,顶端膨大形成小薯,或直接从块茎芽眼处长出仔薯,俗称梦生薯。当温度上升到10~12℃时,幼芽生长健壮而迅速,而以18℃为最适,超过36℃时,幼芽不易萌发,常造成大量腐烂。

马铃薯从播种到出苗所需积温,以10cm土层5℃以上温度计算,需要260~300℃;全生育期需总积温为1000~2500℃。在一定温度范围内,温度愈高,发芽出苗愈快。但在高温条件下发芽,幼芽虽然伸长快,但幼芽和根系生长细弱;相反,在较低温下发芽,虽发芽慢些,但幼芽健壮,根系发达。因此,生产上的春播,一般都在10cm土层温度稳定在7~8℃时进行。马铃薯幼苗不耐低温,幼苗在-1℃时就会受冻,-4℃时就会冻死。因此,在北方一作区确定播种期时要考虑晚霜危害,并做好防霜准备。夏播或秋播马铃薯,高温则是影响幼芽健壮生长的不利因素。

（二）光照

光线强弱能直接影响幼芽的生长状况。块茎在黑暗处生芽时,幼芽细长而无颜色;块茎在光照下生芽时,幼芽短壮并带有绿、红紫、蓝紫等色泽。幼芽的色泽是细胞汁液中的叶绿素和花青素造成的,是马铃薯极稳定的性状;幼芽的形状因品种而异,同时也与发芽时环境的光线、温度、湿度等条件密切相关。因此,在相同条件下进行发芽的幼芽色泽、形状、茸毛的疏密等,是鉴别品种的重要依据。

（三）种薯质量与栽培措施

种薯的质量与栽培措施对发芽出苗也有很大影响。土壤疏松、通气良好有利于发芽生根,促进早出苗,出壮苗;深播浅覆土比深播深覆土的地温增高快,通气好,出苗快,施用速效性磷肥作种肥,能促进发芽出苗。不同品种发芽出苗的早晚、整齐程度也不甚一致。特别是种薯质量对发芽出苗的影响尤为重要,幼龄健康的小整薯,组织幼嫩,代谢旺盛,生活力强,而且具有顶端优势,所以出苗齐、全、壮,出苗率高;经过催芽的种薯比未催芽的种薯出苗快而齐。研究发现,不同质量种薯的发芽状况有明显的差异,这种差异从芽开始萌动起就已表现出来。老龄大种薯芽的生长和叶片分化最快,幼龄小种薯次之,感病退化种薯最慢,显然老龄大种薯营养物质丰富起主导作用。

# 任务二 根系生长及其组织结构

马铃薯用块茎繁殖所发生的根均为纤细的不定根,无主侧根之分,称为须根系;用种子繁殖所发生的根,有主根和侧根之分,称为直根系。

马铃薯的根系量较少,仅占全株总量的1%～2%,比其他作物都少;一般多分布在土壤浅层,受外界环境变化的影响较大。但一些品种的根系能依水肥条件的变化而改变,如在干旱缺水的土壤条件下,其根系发育强大,入土也较深广;在水分充足的土壤条件下,根系发育却较弱。

## 一、须根的形成与生长

马铃薯由块茎繁殖的植株,形成了具有较强大分枝的须根系。须根系中,在初生芽的基部靠种薯处密缩在一起的3～4节上的中柱鞘所发生的不定根,又称芽眼根或节根,这是马铃薯在发芽早期发生的根系,分枝能力强,分布深而广,是马铃薯的主体根系。

薯块在萌动时,首先发芽,当幼芽伸长到0.5～1cm时,在幼芽的基部出现根原基;之后很快形成幼根,并以比幼芽快得多的速度生长,在出苗前就已形成了较强大的根群。在幼根的表面有大量的根毛,通过根毛吸收水分和养分。须根从四叶期开始至块茎形成末期,生长迅速,每主茎可发根20～40条,每条根还可发生1次、2次、3次支根,分枝根较短。

随着芽条的生长,在地下茎的中上部各节陆续发生的不定根称为匍匐根。匍匐根绝大部分在出苗前已发生。每节上发生的匍匐根,一般为4～6条,亦有2～3条或10条以上者。它们成群地分布在地下茎节腋芽的侧方。在地下茎各节不定根发生后,在每个节上便陆续发生匍匐茎。匍匐根分枝能力较弱,长度较短,一般为10～20cm,多分布在0～10cm的表土层内,生育期培土后,被埋入土中的基部茎节和近地面的茎节还能继续发生匍匐根,但这些后期发生的匍匐根长度更短,不分枝或分枝很少,绝大多数分布在表土层。

马铃薯的根系一般为白色,只有少数品种是有色的。主要根系分布在土壤表层30cm左右,多数不超过70cm。它们最初与地面倾斜向下生长,达30cm左右,然后折向下垂直生长。根系的数量、分枝的多少、入土深度和分布的广度,因品种而异,并受栽培条件影响。早熟品种根系生长较弱,入土较浅,数量和分布范围都不及晚熟品种。土壤结构良好、土层深厚、水分适宜的土壤环境都有利于根系发育,及时中耕培土、增加培土厚度、增施磷肥等措施都能促进根系的发育,特别是有利于匍匐根的形成和生长。

## 二、须根的解剖构造

马铃薯根的横切面为圆形,除保护组织外,明显地区分为皮层和中柱两部分。随着根系的不断生长,这两部分的比例亦随之改变,即老根的皮层部分逐渐相对变小,而中柱部分则相对变大。幼根尖端1～3cm之内,其表面有表皮,表皮上有许多单细胞的根毛,表皮细胞外壁增厚不明显,亦不形成角质层;离根尖3cm以外的表皮细胞,最初是相互分离的,以后细胞壁逐渐栓质化,并皱缩和枯萎,最后形成保护组织——木栓层。

内皮层由一层较小的细胞组成,排列紧密,形成一个封闭的环;内皮层和木栓层之间有一层由1～7层细胞组成的薄壁组织,皮层薄壁组织细胞的层数视根龄和根的粗细而定,一般老龄根和细根薄壁组织的细胞层数较少,幼龄根和粗根的层数较多。皮层的薄壁细胞较大,横切面呈四角形、多角形或圆形,在它们之间有细胞间隙,细胞壁很薄,并且含有大量淀粉粒;此外,在薄壁细胞里常有晶体,老龄根的皮层里还常可发现有石细胞。

幼根的中柱由2～3束(或4～5束)呈放射状排列的导管群组成,原生木质部的导管具有环纹与螺纹的加厚,位于中柱外缘;后生木质部的导管具有网纹与孔纹的加厚,位于原生木质部的内部。

在幼龄根中,形成层位于初生韧皮部群与初生木质部之间,形成波状的形成层环。在老根中,由于产生次生生长,形成层向内形成次生木质部,主要为孔纹导管;向外形成生韧皮部,因而形成层由于被次生木质部挤压而由波状环变成圆形环。经过次生生长之后,韧皮部就呈环状,把木质部包围起来。木质部对韧皮部的比率,随着根的成长而逐渐增加。

中柱的外层由细小的薄壁细胞组成中柱鞘,侧根和木栓形成层就是由中柱鞘产生出来的。

### 三、直根系

马铃薯由种子萌发产生的实生苗根系具有主根和侧根之分,称为直根系。

种子在萌发时,首先是胚根从种子的珠孔突破种皮伸出,长成一条较纤细的主根,其上生有短的单细胞的根毛。主根发生后,便垂直向地下伸展,生长十分迅速,当子叶展开出苗时,主根可长达1cm以上;当第一对真叶展开时,主根已长达3cm以上,这时,除子叶下部约1cm的长度(下胚轴)不生侧根外,在主根的各部位均已发生侧根,侧根上密生根毛,并与主根成一定角度,倾斜向下伸展。当5～6片真叶展开时,子叶脱落,侧根上又长出二级侧根。随着植株的不断生长发育,在二级侧根上还可长出三级侧根……最后形成了大量纤细的多级直根系,似网状般分布在土壤耕作层中。由于各级侧根的形成,又加上下部的主根也非常纤细,不易分清主根和侧根;尤其是经过移栽的实生苗,往往由于主根和侧根被切断,促使在埋入土壤中的茎节上及部分匍匐茎节上发生许多不定根,最后,实际上形成了与块茎繁殖相似的强大的网状根系。

马铃薯实生苗根系的横切面为圆形,与块茎繁殖的根系横切面相似,也明显地区分为皮层和中柱两部分,不过幼根的中柱部分的比率比块茎繁殖的要大。

### 四、影响根系发育的主要外界因素

马铃薯根系的发育直接受土壤的通气性、养分、水分、温度等条件的影响。在干旱的条件下,根系入土深、分枝多、总根量多、抗旱能力强;在水分充足的条件下,根系入土浅、分枝少、总根量亦少。因此,马铃薯生育前期降水量大或灌水多,土壤含水量高,后期发生干旱时,则抗旱能力降低,对产量影响较大。在疏松深厚、结构良好、富含有机养分的土壤上栽培马铃薯,其根系发达,总根量多,分布深而广,抗旱和抗涝能力均强。

马铃薯根系的发育除受外界条件的影响外,还因品种而异,一般晚熟品种比早熟品种根系发达,总根量多,在土壤中分布深而广。马铃薯根系的生长发育早于地上部茎叶的生长,一般在地上部茎叶达到生长高峰值前2～3周,根系已经达到了最大生长量,大体在块茎增长期根系便停止生长。在马铃薯开花初期至地上部茎叶生长量达到高峰期间,根系总干物重、茎叶总干物重与块茎产量之间存在着显著的正相关关系。因此,强大的根系是地上部茎叶生长繁茂,最后获得较高块茎产量的保证。

# 任务三 茎叶生长及其组织结构

## 一、茎的形成与生长

马铃薯由于种薯内含有丰富的营养物质和水分,在出苗前便形成了具有多数胚叶的幼茎。它是由块茎芽眼萌发的幼芽发育形成的,每块种薯可形成1至数条茎秆,通常整薯比切块薯形成的茎秆多,大整薯又比小整薯形成的多。栽培种的茎大多数是直立的,很少有弯向一侧或半匍匐状的;有些品种在生育后期略带蔓性或倾斜生长。马铃薯茎的高度和株丛繁茂程度因品种而异,受栽培条件的影响也很大,一般高度为 $30\sim100cm$。茎的节间长度也因品种而异,早熟品种一般较中晚熟品种为短,但在密度过大或施用氮肥过多时,茎长得高大而细弱,节间变长,有时株高可达 $2m$ 以上,生育后期常造成植株倒伏,茎基部叶片由于光照不足而迅速枯黄、脱落,甚至造成部分茎秆腐烂死亡,严重影响光合作用的正常进行。

马铃薯的茎具有分枝的特性。由于品种不同,分枝有直立与张开、上部分枝与下部分枝、分枝形成早与晚、分枝多与少之别。一般早熟品种茎秆细弱,分枝发生得较晚,在展开7~8片叶时,从主茎上发生分枝,总分枝数较少,且多为上部分枝;凡是丰产的中晚熟品种,多数茎秆粗壮,分枝发生得早,在展开4~5片叶时,从主茎的基部迅速发生分枝,分枝的发生一直延续到生长末期。

马铃薯的分枝多少还与种薯的大小有密切关系,通常每株有分枝4~8个,种薯大,则分枝多,一般整薯作种较切块作种的分枝亦多。

马铃薯茎的再生能力很强,在适宜的条件下,每一茎节上都可发生不定根,每节的腋芽都能形成一棵新的植株。所以在生产和科研实践中,利用茎再生能力强这一特性,采用"剪身扒豆""育芽掰苗""剪枝扦插""压蔓"等措施来增加繁殖系数,提高产量。特别是在茎尖组织脱毒生产无毒种薯工作中,利用茎再生能力强这一特性,采用脱毒茎切段的方法来加速繁殖,效果很好。

马铃薯出苗后,叶片的数量和叶面积增加迅速,但茎秆伸长缓慢,节间短缩,植株平伏地表,侧枝开始发生,总的生长量不大,在苗期茎叶干重只占一生总干重的 $3\%\sim4\%$。进入块茎形成期,主茎节间急剧伸长。进入块茎增长期后,地上部生长量达到最大值,株高达到最大值,分枝也迅速伸长,建立了强大的同化系统。

马铃薯块茎形成期是以茎叶生长为主,块茎增长期则是以块茎膨胀增大为主,从块茎形成期进入块茎增长期有一个转折阶段:早熟品种大致为现蕾到第一花序开花期间;晚熟品种大致为第一花序始花到第二花序盛花前后。在转折阶段存在着制造成养分(根、茎、叶的同化作用)、消耗养分(新生根、茎、叶的生长)和积累养分(块茎的生长)三个相互联系、相互促进和相互制约的过程,从而影响到该阶段生育进程的快慢,以致影响生物产量和经济产量的比例和产品器官的适期形成。因此,应在此期之前采取水肥措施,促进茎叶生长,使之迅速形成强大的同化体系,并要通过深中耕、高培土等措施达到控上促下的目的,使上述三个过程协调进行,促进生长中心由茎叶迅速向块茎转移。

密度过高、水肥过大,尤其是氮素肥料施用过量,会造成茎叶徒长,节间过度伸长,茎秆细弱倒伏,分枝减少,匍匐茎数量增加或串出地面形成地上枝条,匍匐茎结薯率降低,结薯期推迟,薯块小,产量低。在内蒙古赤峰西部山区马铃薯集中产区的调查显示,当地农民的习惯栽培密度为7000～9000株/亩(高度密植),当地土质肥沃,而农民每年还要施入大量化肥(例如有的农民每亩施入尿素50～60kg),在山区多雨季节到来时,造成茎叶严重徒长倒伏,地面平铺30cm以上厚度的茎叶,光线无法透入下层,有时地面还有积水,造成下部茎叶大量腐烂,因而产量不高。

**二、茎的解剖构造**

马铃薯地上茎的外面有一层蜡质的表皮,茎基部则是木栓形成层分化而形成的周皮。表皮上有气孔,细胞是活的,其内不含色素,横切面呈圆形或四角形,纵切面呈四角形或六角形,细胞壁由纤维素组成,笔直或稍有弯曲,外壁角质化,细胞的瘤状角质层绝大部分都清晰可见。马铃薯地上茎的表皮下面有一层富含叶绿体和其他色素的内表皮层,许多品种茎的颜色就是这层细胞含有的色素产生的。内表皮层细胞的横切面大部分都为近圆形。内表皮层的下面有一层厚角组织,一般由4～6层细胞构成。在茎翼生长的部位,厚角组织较薄,有时只有一层细胞。厚角组织细胞之间没有间隙,纵壁厚而横壁薄,它们互相紧密地结合在一起,形成一个封闭的环。

在厚角组织环的里面是皮层薄壁组织,由6层无色伸长的薄壁细胞组成;皮层薄壁组织有细胞间隙;在皮层薄壁组织内有含草酸钙结晶的细胞。薄壁组织最里面的一层细胞,即内皮层,其细胞比皮层薄壁组织细胞小,且含有淀粉粒,亦称淀粉鞘。

皮层和髓之间有一维管束环,幼茎的维管束被髓射线截然隔开,这些髓射线大部分由一列细胞构成,由两列或两列以上细胞构成的很少,这是茄科植物的特征。随着茎的不断生长,各维管束沿着茎的棱线聚合成若干组,以后当茎在第二次增粗时,维管束就形成了完整的环,茎的输导和叶柄、叶脉的输导束组成总的输导系统。幼茎的外韧皮部与木质部为形成层所隔开。

由于茎内维管束间形成层是部分髓射线细胞通过斜向分列而产生的,所形成的细胞呈扁平形,与邻近的细胞相接,构成一完整封闭的形成层环。茎在第二次增粗时,髓已缩小到几乎看不清的程度,这是因为髓的细胞壁木质化而细胞变成管胞状。

茎的木质部由导管、管胞、木质纤维和薄壁细胞组成。导管和管胞的共同点是均有增厚的木质化的细胞壁,薄壁组织的细胞壁很薄,细胞内含有淀粉粒。

导管有环纹导管、螺纹导管、孔纹导管和网纹导管,在初生木质部中,由环纹导管和螺纹导管组成;在次生木质部中,由孔纹导管和网纹导管组成。

管胞有管状管胞(与导管很相似)和纤维状管胞。管状管胞的细胞壁上有环纹、孔纹或其他结构,纤维状管胞的形状似纤维。次生木质部的管胞大多数是孔纹。管胞上的纹孔凸出程度不如导管上的纹孔那样明显,但它总具有单缘或双缘的纹孔。在初生木质部中不能形成纤维状管胞,但次生木质部中纤维状管胞则相当多,在茎次生生长时,纤维状管胞就大量形成。

许多研究者认为茄科植物的维管束属于真正的双韧维管束(然而另一些研究者认为,把属于一个集合体的外韧皮部、木质部、内韧皮部各自看成一个独立单位是不恰当的,因为很多内韧皮束常发生在各个束间区),绝大多数的研究者都同意内韧皮部分化晚于外韧皮部。

茎的韧皮部是由具有伴胞的筛管和薄壁组织构成的。此外,韧皮部往往还有死的厚壁细胞或纤维。筛管的功能是运输有机物质,当筛管被破坏,茎叶中的有机物质向下运输受到阻碍时,在地上茎上往往形成气生小块茎,作为养分的临时贮藏器官。伴胞横切面为四角形,纵切面为狭长形,其侧壁与筛管相连。韧皮部的薄壁组织是由直径很大且形状与筛管伴胞不同的细胞组成的。

在幼嫩的地上茎节间横切面上,有3个大的和3个小的双韧维管束。韧皮纤维常从维管束柱外围的初生韧皮部分化出来。初生木质部或束间区的次生木质部和内韧皮部群之间的细胞始终保持薄壁组织状态,并构成一个通称为环髓带的组织区,即淀粉鞘;淀粉鞘中的淀粉,白天转变成可溶性物质,夜间再转变成淀粉,所以,只有夜间才能观察到淀粉鞘中的淀粉。

淀粉鞘的内侧为髓。幼茎的髓为薄壁组织所填充。随着茎的增粗,髓的薄壁组织局部被破坏,最后形成髓腔。在髓的薄壁组织中,常可发现含有结晶体的细胞。

据研究,马铃薯早熟品种和晚熟品种茎的结构稍有不同,晚熟品种比早熟品种有较多的表皮气孔,外壁有较厚的表皮层,以及较粗的纤维柱状体。植株茎的结构还因生长的环境不同而改变。如生长在平原的植株,茎具有大量纤维并有较强的木质化程度;而生长在山区者,茎仅具有轻微木质化,皮层厚,厚角组织发达。又如生长在15℃条件下的植株茎部,皮层和韧皮部厚,但木质部少;而生长在20℃条件下者,茎有着更多的次生木质部,并具有大量纤维。

### 三、叶的形成与生长

马铃薯的叶为羽状复叶,在茎上呈旋状排列,而在空间的位置则接近水平排列,有些品种的叶片竖起或稍下垂。复叶由顶生小叶、侧生小叶、侧生小叶间的小叶、侧小叶柄上的小细叶和复叶叶柄基部的托叶构成。由于小叶着生的疏密不同,形成了紧密型和疏散型两种复叶。顶小叶的形状,侧小叶的对数,小裂叶和小细叶的数目、大小、颜色等,均为品种的特征。

马铃薯的离体叶可形成根,用激素处理可刺激发根。假若把叶片带着腋芽从植株上分离下来,则腋芽可发育成匍匐茎,在某种条件下最后可发育成块茎。

马铃薯无论用种子还是用块茎繁殖,最先发生的初生叶均为全缘单叶。

（一）叶的形成

用种子繁殖时,在发芽时首先生出两片对生的子叶,然后陆续出现3～6片互生的或不完全复叶(从第4～7真叶为不完全复叶),从第6～9真叶开始形成该品种的正常复叶。最初的幼叶较小,形状近桃形或卵形,叶正面密生茸毛,背面极少;当4～6片真叶展开时,子叶便失去作用而枯萎、脱落。子叶寿命一般可达50d以上,对于幼苗期的光合作用起着重要作用。

用块茎繁殖的马铃薯的叶原基是顶端分生组织侧面第二层细胞借助平周分裂形成的。幼叶的原基向顶生长。初生叶为单叶或不完全复叶,叶片肥厚,颜色浓绿,叶背往往有紫色,叶面密生茸毛。第一片叶为单叶、全缘,第2～5片叶皆为不完全复叶,一般从第5～6片叶开始即为该品种固有的复叶形状。复叶的侧小叶对数因品种而异,是鉴别品种的重要依据。

（二）叶的生长

1. 主茎叶片的生长

叶片是组成马铃薯光合结构的主要部分，是形成产量最活跃的因素。在整个生育期间，叶片的形成与解体在不断地进行，现以晋薯 2 号为例，说明主茎叶片的生长变化规律。

幼苗出土后，经过 3～5d，即有 4～5 片叶展开，叶面积可达 65cm² 以上，以后每隔 2～3d 展开 1 片；主茎中部的 8～10 片叶，每片叶展开的时间为 4～5d，该期正是块茎形成期（孕蕾），是由以茎叶生长为中心向以块茎生长为中心的转折时期，存在着营养制造分配、消耗和积累三者之间的矛盾，因而出现叶片生长速度减缓的现象。至植株顶部现蕾止，主茎叶片展开完毕，全株主茎叶面积约 1080cm²。至开花期，主茎叶面积达最大值，约为 2175cm²/株。

晋薯 2 号属中晚熟品种，主茎中片一般为 13～17 片。1～5 片为不规则叶形，从第 6 片叶开始为本品种正常叶形的大小。单个复叶面积以 1～5 片为最小，平均每个复叶为 50cm² 左右，尤以 1～3 片更小；7～14 片叶面积较大，一般平均每个复叶为 150～247cm²；而 15～17 片叶面积又逐渐变小。

晋薯 2 号主茎叶片的寿命：1～5 片和最后 2～3 片为 25d 左右，中部 6～11 片（主茎叶为 13 片时）或 11～14 片（主茎叶为 17 片时）为 35～40d。主茎叶片从开始展开到全部枯死约 60d，主茎叶面积占全株最大叶面积的 20% 左右。

2. 侧枝叶片的生长

晋薯 2 号的主要茎叶出现 7～8 片时，侧枝开始伸长，通常第 3～5 叶位侧枝最先伸长，随后各叶位的侧叶几乎都陆续发生，但最后形成枝条的往往只有 3～5 个；以基部 2～5 和上部 12～13 叶位的侧枝长成枝条者为多，其他各叶位的侧枝长到 10cm 左右便停止生长，并逐渐衰亡。从植株现蕾、主茎叶展开完毕开始，侧枝便迅速伸长，叶面积显著增大，平均每株约为 4824cm²，是主茎叶面积的 2.2 倍，是顶端分枝叶面积的 3.7 倍，占全株总叶面积的 58%～80%。这种优势一直保持到生育后期。马铃薯产量的 80% 以上是在开花后形成的，而这个时期的功能叶片主要是侧枝叶。因此，侧枝叶在马铃薯产量形成上是极其重要的。

晋薯 2 号马铃薯植株的顶端分枝是从开花期开始迅速生长的，其叶面积占全株总叶面积的 20%～40%。由于马铃薯顶端分枝属假轴分枝，因此分枝不断产生，植株越来越高，但最后能长成分枝的一般只有 2～4 个。

**四、叶的解剖构造**

马铃薯叶包括上表皮、栅状组织、海绵状组织和叶背表皮四层。其构造有许多特点，这些特点是由它所执行的生理功能所决定的。首先是叶面大而薄；其次是叶肉细胞有间隙；最后是叶子内可以合成有机物质。叶内形成的同化产物，经下行的输导系统，可以输送到植株各个部位去。

马铃薯叶的最外层为表皮，由一层细胞组成，表皮细胞互相紧密连接，细胞壁有折皱，其形状是不规则的，叶背表皮细胞壁的折皱比叶面更明显。叶表皮细胞折皱的程度因外界条件而异；同一品种，甚至同一植株内的叶表皮细胞壁的折皱程度也因叶龄不同而有差异，老龄叶片比幼龄叶片的折皱更明显。叶脉上的表皮细胞因叶脉的伸长而被拉长，故无折皱。

叶表皮细胞的大小是不相等的，由叶片中心向叶缘是逐渐变小的；叶背的表皮细胞较叶面的为小，通常叶表面每平方毫米有 284 个细胞，而叶背面每平方毫米有 383 个细胞。表皮细胞的外壁厚且有角质层,叶面表皮细胞的角质层较叶背上的为厚。

马铃薯叶的表皮和茎的表皮一样,具有两类附属物,即茸毛和腺毛,茸毛由 1～7 个单列细胞组成,长 $16\mu m$ 至 1.5mm;腺毛较短,由单列细胞组成的柄和并列细胞组成的头部构成。幼嫩的茸毛内充满了原生质,以后形成液泡;茸毛的密度视叶龄和生长条件而异,一般生长初期密布,以后随着组织的脉间生长而分散开来;在良好的栽培环境条件下生长的叶片,茸毛密度较大,反之则较小。马铃薯的这两种表皮毛,对于叶片利用空气中的水分有很大作用,而腺毛能将茸毛上凝聚着的水分吸收进入体内。腺毛头部的细胞内除有原生质外,还有一种淡黄色或淡棕色的挥发性物质,能通过头部与柄之间散发出特殊气味,茄科中的许多种植物具有气味,就是这个原因。

叶片表皮上的茸毛和腺毛,在叶片发育的初期,是由一部分表皮细胞变形而形成的;腺毛较茸毛形成略晚,排列也较稀疏;嫩叶上的茸毛和腺毛较老叶上的稠密,叶背较叶面的稠密。

叶片的上下表皮都有气孔。气孔由一对肾形的保卫细胞组成;保卫细胞的横切面为圆三角形,它与表皮细胞不同,含有叶绿素。气孔的作用是进行气体交换和水分蒸腾;气孔的缝隙因保卫细胞形状的改变而改变,可以张大,也可以缩小,在保卫细胞充水膨胀时,气孔即张开,而当保卫细胞失水萎缩时,气孔即自动闭合。气孔数目的多少和大小,因品种、叶龄、部位或栽培环境条件而异,一般叶表面气孔数为 24～34 个/mm²,而叶背面气孔数则为 136～268 个/mm²。

在叶片的上表皮下面有一层栅状薄壁组织,栅状薄壁组织的下面是海绵状薄壁组织。栅状薄壁组织较海绵状薄壁组织发育差。栅状薄壁组织由一层与叶面垂直的圆柱状的细胞组成;在强光下生长的植株,其栅状薄壁组织的细胞大而长,含有丰富的质体,并有较多的韧皮部和厚角组织。马铃薯因空气污染而受害的叶片,首先受影响的是栅状薄壁组织细胞,呈坏死状态,进一步海绵组织也受影响。在气孔的下面,栅状薄壁组织细胞稍向内缩,形成表皮间的气腔,在叶脉的附近,栅状薄壁细胞比较短;在栅状薄壁组织细胞中有大量互相紧密连接的叶绿体。

海绵状薄壁组织是由 3～5 列形状不同的细胞组成的。细胞间有宽阔的细胞间隙,细胞壁薄而光滑,细胞中含有少量互不连接的叶绿体草酸钙的结晶和花青素等。

叶子主脉的构造为:表皮的下面为由 2～3 层细胞形成的角状厚角组织,这层组织不形成完整的环,在某些细胞中含有叶绿体;厚角组织的下面是薄壁组织。主脉的中心部分有维管束,并被薄壁组织彼此隔开。叶柄的每一维管束,均由木质部和上下韧皮部组成,上韧皮部不如下韧皮部发达,而且在叶柄的纤维分枝上则完全消失;但下韧皮部甚至在纤细的叶脉上仍然存在。

维管束的木质部是由导管和管胞组成的,与上韧皮部相接的老导管是环纹和螺纹的,而较幼嫩的导管是孔纹和网纹的。叶脉的分枝上没有孔纹和网纹导管(已消失),叶脉最细的末端却仍保留着螺纹和环纹导管。

韧皮部是由筛管和伴胞组成的。伴胞内含有很多核糖体、线粒体和高尔基体,但没有稠密的细胞质。在主脉的下部常有典型的韧皮纤维。维管束所有各部分都是从叶基逐渐向叶尖和叶缘缩小的。

### 五、影响茎叶生长的主要外界因素

（一）温度

马铃薯的光合作用最适宜的温度范围为 16～20℃。这个温度也是马铃薯生长发育的最适宜温度。一般温度增高可促进茎的伸长和叶片的展开，但温度过高会使生育受到不良影响；特别是在高温而光照不足的情况下，叶片会变得大而薄，茎秆显著伸长，节间变细，极易倒伏。茎生长最适宜的温度是 18℃，6～9℃ 伸长极缓慢，茎的最大日增重量就发生在18℃时。叶片在 16℃ 较低温度比在 27℃ 较高温度下生长得快；叶片生长最低温度是 7℃；虽然叶片的数量在低温条件下比在高温条件下少，但低温条件下小叶面积大而平展。叶片生长的适温为 12～14℃，且叶片增重最大时期也发生在 12～14℃ 时。昼夜温差对茎的生长没有影响，叶片生长则以夜温较低最适宜。17～23℃ 土温对茎叶生长较适宜，土温升高，则叶片面积会变小，茎的干物率升高。

（二）光照

光照强度不仅影响马铃薯的光合作用，而且对茎叶的生长有密切的关系。马铃薯的光饱和点为 3000～4000 lx，在此范围内，光照强度大，茎叶生长繁茂，光合作用强度高，块茎形成早，块茎产量和淀粉含量均较高。研究人员曾对马铃薯的男爵品种进行遮光试验，即使光照强度减少到自然光的 75%、53% 和 30%，结果全株总干物重随着光照强度的降低而减少，在自然光照为 30% 的处理区内，干物重减产 60%～67%。叶和茎的干物重也随着光强的减弱而减少，当光照进一步减弱时，叶片变薄，叶面积增大，茎秆也有徒长现象发生。光照强度还对光合产物在各器官中的分配有影响，茎叶在旺盛生长的情况下，如果光照变弱，向茎叶中分配的光合产物的量增高，相反，向块茎中积累的光合产物减少，从而使块茎增长速度降低。主要原因是弱光影响了光合作用的强度，使光合产物减少。

每天日照长短，不仅对块茎形成和增长产生影响，对地上部茎叶的生长也有很大影响。每天日照超过 15h（长日照条件），茎叶生长繁茂，匍匐茎大量发生，但块茎延迟形成，块茎产量下降；每天日照 12h 以下（短日照条件），块茎形成提早，同化产物向块茎运转快，块茎产量高，同时茎秆伸长速度快，并提前停止生长，茎秆长度、叶片数目、茎重量减少，生育期显著缩短。一般早熟品种对日照反应不敏感，特别是极早熟品种，即使在长日照条件下也能结薯，获得一定的产量；晚熟品种则必须在短日照条件下才能形成块茎，获得较高的产量。

日照长度、光照强度和温度三者相互影响。高温一般可促进茎的伸长，而不利于叶片的生长和块茎的形成，特别是在弱光条件下，这种影响更显著。但高温的不利影响可被短日照抵消，短日照可使茎短壮、叶片肥大、块茎形成提早。因此，在高温短日照条件下块茎的产量往往比高温长日照条件下的高；在高温弱光照和长日照条件下，茎叶徒长，块茎几乎不能形成，匍匐茎过度伸长并形成地上枝条。马铃薯开花则需要强光、长日照和适当高温。

综上所述，马铃薯各个生育时期对产量形成最有利的条件是：幼苗期短日照、强光和适当高温，有利于促进根系生长发育、壮苗和提早结薯；块茎形成期长日照、强光和适当高温，有利于建立强大的同化系统；块茎增长期及淀粉积累期短日照、强光、适当低温和较大的昼夜温差，有利于块茎形成、增长和同化产物向块茎中的运转，促进块茎高产。

（三）水分

马铃薯的蒸腾系数一般为 400～600，是需水较多的作物。在严重干旱的条件下（田间最大持水量达 30% 时),地上部生长受阻,植株矮小,叶面积小,块茎产量降低;当田间最大持水量在 40% 以上时,对地上部生育和产量的影响较小;但在长期高温干旱的条件下,则生育停止,以后再降雨,地上部和块茎同时恢复生长,往往使块茎产生二次生长,形成畸形块茎,从而降低产量和品质。全生育期间,土壤湿度保持在田间最大持水量的 60%~80% 最为适宜。生育期间每天供水 3~5mm 便可满足马铃薯的水分要求,故生育期间降水 300~500mm 以上的地区,在没有灌溉的条件下,都可以栽培马铃薯。

(四)土壤及养分

马铃薯对土壤的要求虽不严格,但以表土层深厚、结构疏松、排水通气良好和富含有机质的土壤最为适宜,特别是孔隙度大、通气良好的土壤,才能满足根系发育和块茎增长对氧气的需要。在沙壤土上栽培马铃薯,出苗快而整齐,茎叶生长繁茂,块茎形成早,薯块整齐,薯皮光滑,产量和淀粉含量均高。

马铃薯对土壤酸碱度的要求以 pH=4.8~7.0 最为适宜,土壤含盐量达到 0.01% 时,植株表现敏感。

对马铃薯地上部生育影响较大的营养元素是氮素。氮素不足时,植株矮小,叶面积变小,光合作用规模和强度降低,因而块茎产量不高。相反,有些地区过量施用氮素肥料,刺激大量合成蛋白质,使地上部茎叶迅速而大量生长,茎叶过于繁茂,过量地消耗光合产物,推迟了茎叶鲜重和块茎鲜重的平衡期,使块茎的形成和增长得不到足够的营养供给,因而造成块茎产量降低,薯块变小,品质变劣。

# 任务四 花、果实和种子的发育及其组织结构

## 一、花序及花的构造

马铃薯是聚伞花序,花序轴着生在叶腋或叶枝上。有些品种因花梗分枝缩短,各花柄几乎着生在同一点上,又好似伞形花序。

花梗上有茸毛,其分枝处常有小苞叶 1 对。每个花序有 2~5 个分枝,每个分枝上有 4~8 朵花,着生在长短不等的花柄上;在花柄的中上部有一凸起的离层环,称为花柄节,花柄节上有色或无色,节上部和下部的花柄长度之比通常较稳定,是鉴别品种的重要依据之一。

马铃薯的花器比其他作物的花器大。每朵花由花柄、花萼、花冠、雄蕊和雌蕊五个部分构成。

花萼基部联合为筒状,顶端 5 裂,绿色和多毛,其尖端的形状因品种而异。花冠基部联合为漏斗状,顶端 5 裂,并有星形色轮;某些品种在花冠的内部或外部形成附加的花瓣,称为"内重瓣"或"外重瓣";花冠的颜色有白色、浅红色、紫红色及蓝色等,栽培品种以白色冠为多,雄蕊 5 枚,与合生的花瓣互生,短柄基部着生于冠筒上,5 枚花药抱合中央的雌蕊,形状不一,成熟时,雄蕊短,花丝坚挺,花药长,花粉通过花药顶端小孔散发出去。花药颜色有黄、橙黄、淡黄和淡绿等色;淡黄和淡绿色花药多数无花粉或具有少量花粉,且往往不育;马铃薯的雄性不育是相当普遍的。黄色和橙黄色的花药则能形成大量正常花粉,其中橙黄色的花药产生花粉的生殖能力最强。雌蕊 1 枚,着生在花的中央,并具有长的花柱和两裂的柱头,子房上位由两个连生的心皮构成,中轴胎座,胚珠多枚,子房的形状有梨形和椭圆形之分,其

横断面中心的颜色、花冠基部的颜色与块茎的皮色一致,因此,生育期间可通过解剖花器,根据子房横断面中心的颜色或花冠基部的颜色来判断块茎的皮色。

花冠及雄蕊的颜色、雌蕊花柱的长短及姿态(直立或弯曲)、柱头的形状等皆为品种的特征。

每个萼片和花瓣各有 3~5 个维管束,中央的最大。雄蕊具有 1 个维管束。在花萼和心皮内有含草酸钙晶体的大细胞。在发育过程的花瓣原基中有边缘分生组织。

### 二、开花习性

马铃薯从出苗至开花所需的时间因品种而异,也受栽培条件的影响。一般早熟品种从出苗至开花需 30~40d;中、晚熟品种需 40~55d。在我国的中原或南方二作区,秋、冬季栽培的马铃薯,因日照和温度等原因,常不能正常开花。

马铃薯的花一般在上午 5~7 时开放,下午 4~6 时闭合,开花有明显的昼夜周期性,即白天开放,夜间闭合,第二天再继续开放。每个花序每日可开放 2~3 朵花,每朵花的开放时间为 3~5d,一个花序开放的时间可持续 10~50d。早熟品种一般只抽一个花序,开花持续的时间也短,当第一花序开放结束后,植株即不向上生长;有时虽然第一花序下方一节的侧芽继续向上生长,并分化出第二花序,但早期便脱落而不能开花。中、晚熟品种能抽出数个花序,而且侧枝也能抽出花序,所以花序多,花期长,每个植株可持续开花达 50d 以上。开花的顺序是:第一花序、第二花序依次开放。但不是第一花序开放结束后第二花序才开放,而是第一花序开放数朵花后,第二花序即开始开放,第三、第四……以此类推。每一个花序是基部的花先开放,然后由内向外依次开放。开花后雌蕊即成熟,成熟的雌蕊柱头呈深绿色,具油状发光,用手触摸有黏性感觉。雄蕊一般开花后 1~2d 成熟,也有少数品种开花时与柱头同时成熟或开花前即已成熟散粉;成熟的花药顶端开裂两个小孔,裂孔边缘为黄褐色,花粉即从裂孔散出。

马铃薯受精发生在授粉后 36h 或 40~45h,通常的双受精方式也存在。胚乳核在授粉后 60~70h 分裂;授粉后大约 7d,通过进一步分裂形成 4 细胞的原胚,进而原胚的顶细胞产生胚的子叶部分,下一个细胞产生胚轴和中柱的原始细胞;大约 10d 形成棍形胚,12d 左右形成圆形胚。

马铃薯是自花授粉作物,天然杂交率极低,一般在 0.5% 以下。花无蜜腺,但亦有土蜂采食其花粉而作传粉媒介者。品种间开花结实的情况差异很大,一般生育期长的品种比生育期短的品种开花期长,开花繁茂。但也有的品种不开花,这主要是由花粉和胚珠育性的遗传性和某些栽培环境条件所决定的。所以,有些品种的结实率很高,而有些品种的结实率很低,甚至根本不能开花结实。

马铃薯花粉不育现象是非常普遍的现象。其中重要的原因之一就是环境条件,如较高的温度会造成花粉母细胞分裂不正常,从而形成不育花粉;病毒和真菌也会造成某些花粉粒不育。

### 三、果实与种子

马铃薯的果实为浆果,呈圆形或椭圆形,果皮为绿色、褐色或深紫色,有的果皮表面着生白点,果实内有色或无色,一般为二室,三室或三室以上者极少。每果实有种子 100~250

粒,多者可达500粒,少者则只有30～40粒,也有无种子的果实。

马铃薯开花授粉后5～7d子房开始膨大,形成浆果;经30～40d浆果果皮由绿色逐渐变成黄白或白色,由硬变软,并散发出水果香味,即达充分成熟。马铃薯种子很小,呈扁平卵圆形,黄色或暗灰色,表面粗糙,胚弯曲状,包藏于胚乳中;千粒重为0.4～0.6g。

刚采收的种子一般有6个月左右的休眠期,充分成熟的浆果或经充分日晒的后熟过程,其种子休眠期可以缩短。当年采收种子的发芽率一般仅为50％～60％,贮藏2年种子的发芽率达到最高。

### 四、影响开花结实的外界环境条件

马铃薯开花结实除与品种有密切关系外,对温度、湿度和光照等条件十分敏感。一般开花期的日平均气温为18～20℃,空气相对湿度为80％～90％,每日光照时数不低于12h时,开花繁茂,结实率较高;低温、干旱或连阴雨等都会影响开花结实。12℃时能形成花芽,但不开花;15～20℃的条件下,马铃薯可产生较多的正常可育花粉;当气温达到25～35℃时,花粉母细胞减数分裂不正常,花粉育性降低。因此,在一天内上午6—8时开花最盛,下午开花少,中午与夜间花冠闭合。当条件适宜时,花冠张开非常迅速,大约几秒钟或2～3min便张开;当条件不适宜时,则立即停止开放。此外,在花柄节处形成离层,从而造成花蕾、花朵、果实脱落,也是开花不稳的原因之一;雄性不育、遗传与生理不育或胚珠退化等,都能影响正常开花结实。

加强田间管理等农业技术措施,可以促进开花结实。播种时,预先施用氮、磷、钾复合肥料,可促进幼苗生长和花芽分化。现蕾前如遇天气干旱,应采取人工小水勤浇,以增加田间的湿度、降低土温。这一措施对提高结实率的效果十分显著。因为当气温高达25～35℃时,花粉母细胞减数分裂受到严重影响,使花粉育性降低。通过浇水可调节田间小气候,使气温降到15～20℃,相对湿度达到70％以上。我国中原二季作地区,如河南、安徽的北部地区,采取此项管理措施后,使马铃薯早熟品种丰收白、白头翁等在低海拔、低纬度、气温较高的条件下也能正常开花结实。

此外,摘除花序下部的侧芽,可减少养分消耗,相对地使养分集中到花序上部,能促进开花结实,在孕蕾期用20～50ppm赤霉素喷洒植株,也可防止花芽产生离层,刺激开花结实;在花柄节处涂抹0.2％萘乙酸羊毛脂,可以防止落花落果;在根外喷施微量元素或磷酸二氢钾,亦可促进开花结实。有条件的地区可适当增加氮肥施用量,促进茎叶及花序生长或实行喷灌,提高空气湿度,都可促进开花结实。

## 任务五　各生育时期的生育特点及其与环境条件的关系

马铃薯具有有性和无性两种繁殖方式,当前生产上应用的主要是无性繁殖方式,即通过播种块茎,经过一系列生育过程,再收获大量的优质块茎。这种无性繁殖作物的生育时期,不能像禾谷类作物那样按照营养生长和生殖生长的相互关系来划分,而应根据其无性繁殖的生育特点来划分。目前国内外对马铃薯生育时期的划分标准不统一,有的把马铃薯从播种至收获划分为出苗前生长、茎叶生长和块茎生长三个阶段;有的根据块茎形成过程划分为匍匐茎伸长期(簇生期)、块茎形成期、块茎膨大期和块茎完熟期等四个时期;还有的根据农民栽培经验和马铃薯生育过程的形态、生理变化的分析,将马铃薯生长发育过程划分为三段五期,即发芽期(主轴的第一段生长)、幼苗期(完成主轴第二段生长)、发棵期(完成主轴第三段生长)、结薯期、休眠期。

本书根据马铃薯茎叶生长与产量形成的相互关系,并结合地上部形态变化与北方一作区的生育特点,把马铃薯的生长发育过程划分为六个生育时期:芽条生长期、幼苗期、块茎形成期、块茎增长期、淀粉积累期、成熟收获期。现将各生育时期的生育特点、器官形成中心和对主要环境条件的要求分述如下。

### 一、芽条生长期

马铃薯的生育从块茎萌芽(播种)开始。从块茎萌芽至幼苗出土为芽条生长期。

块茎萌芽时,像其他作物的茎一样,首先形成明显的幼芽,其顶部着生一些鳞片状小叶,即胚叶。幼芽是靠节间的连续发生并伸长扩展而生长的。随着幼芽的生长,根和匍匐茎的原基在靠近芽眼幼茎基部的6~8节处开始发育。其中近芽眼幼茎最基部的3~4节处形成的根系是马铃薯的主体根系,叫芽眼根或初生根。幼根出现后,便以较快的速度在土壤中伸展;最初沿水平方向伸展,长到30cm左右再垂直向下分布,深度可达60cm或更深,但大量的根系集中在30cm土层中。

该期器官建成的中心是根系形成和芽条的生长,同时伴随着叶、侧枝和花原基等的分化。所以,这一时期是马铃薯发苗、扎根、结薯和壮株的基础,也是获得高产稳产的基础。

影响马铃薯根系形成和芽条生长的主要外界因素是土壤温度、含水量、矿质营养和空气状况等,其内因便是种薯是否通过休眠、是否带病带毒,以及种薯生理年龄和自身养分含量等。

在温度不低于4℃时,已通过休眠的马铃薯块茎,其内部各种酶开始活动,可吸收养分,开始沿输导系统向芽眼部位移动。温度达到5~7℃时,芽眼开始萌发,但非常缓慢。当温度上升到10~12℃时,幼芽和根系生长迅速而健壮,但以18℃为最适宜。在中原或南方二作区,播种时如温度超过36℃,则块茎芽眼不萌发,常造成大量烂种现象。

在芽条生长期,凭种薯自身的含水量就足够该期耗用,但当土壤极端干燥时,种薯虽能萌发,幼芽和幼根却不能伸长,也不易顶土出苗。所以播种时要求土壤应保持适量的水分和具有良好的通气状态,以利芽条生长和根系发育。

芽条生长期,促进种薯中的养分迅速转化并供给幼芽和幼根的生长,以养成壮苗,是十分重要的。矿质营养及其相互配合,对这一转化过程有不同的促进作用,如穴施过磷酸钙作种肥者,播种后20d有9.3%的淀粉转化为糖;穴施过磷酸钙和硝酸铵作种肥者,有6.7%的淀粉转化为糖;穴施过磷酸钙、硝酸铵和氯化钾作种肥者,有4.6%的淀粉转化为糖;而不施种肥者,仅有1%的淀粉转化为糖。由此可知,施用速效磷肥作种肥,有促进发芽出苗的作用。

此外,种薯质量、品种和栽培措施,对发芽出苗也有很大的影响。适合当地栽培的优良品种及优质无病(毒)的健康小整薯,由于组织幼嫩,生理年龄小,含病毒少,生活力强,而且具有顶端优势,因此出苗齐、全、壮。经过催芽的种薯出苗快而整齐;深播浅覆土的地温高,通气好,出苗快。可见,马铃薯芽条生长期的长短及幼苗健壮与否,可因播种时期的温湿度条件、种薯质量、矿质营养和栽培措施等而不同。一般北方一作区从播种到出苗需30d左右;二作区夏播或秋播需 10～15d;二作区冬前播则长达 50～60d。

在马铃薯芽条生长期,关键在于把种薯中的养分、水分和内源激素等充分调动起来,供发根、长叶和原基分化需要。在北方一作区,由于春季低温少雨,因此该期的农业措施是在选用优质种薯的基础上,以提高地温和保墒为中心,部分地区可采用起垄栽培,以提高地温,部分地区则需采用平作保墒;还要采用苗前耙地或锄地,出苗后及时松土、灭草、保墒等一系列农业技术措施,以促进早出苗、出壮苗和多发根。在二季作区则以降低土温为中心,保持土壤水分适宜,防止种薯腐烂,促进快出苗、出齐苗、出壮苗。

### 二、幼苗期

出苗至现蕾,整个芽条生长期,芽条和根系生长是依靠种薯提供全部的营养物质。出苗后 5～6d 便有 4～6 片叶展开,通常在叶面积达到 200～400cm² 时转入自养方式,但种薯内的贮藏物质仍继续向外转移。种薯内的干物质、淀粉和氮、磷,大部分在出苗后的 15d 左右转移出去。如果用整薯作种,可一直延续到出苗后 45～50d(开花盛期),还有少量营养物质向外转移。可见,马铃薯种薯的营养供给在幼苗期,甚至到块茎形成期都在起作用。

马铃薯幼苗转为自养的同时,还从种薯内源源不断地得到营养补给,故主茎叶片生长速度很快,平均 2d 就发生一片。在该期内,茎叶分化已全部完成,根系继续向深广发展,侧枝开始发生。匍匐茎在出苗的同时或不久开始发生,并向水平方向伸展。匍匐茎原属主茎上的侧枝,之所以向水平方向生长,是受赤霉素与吲哚乙酸两种激素平衡关系的控制所致。当主茎出现 7～13 张叶片时,主茎生长点开始孕育花蕾,同时匍匐茎顶端停止极性生长,开始膨大形成块茎,即标志着幼苗期的结束和块茎形成期的开始。幼苗期经历 15～25d。马铃薯的成苗速度与粮棉和蔬菜作物的成苗速度相比(粮棉等作物要 60～70d 以上)要快得多。这种速熟特性是块茎繁殖作物生物学上的重要优点,它有利于争天时、夺地利,充分、有效地利用光能,以便在单位时间内、在单位土地面积上制造比其他粮食作物更多的有机物质。

马铃薯幼苗期是以茎叶生长和根系发育为中心的时期,同时伴随着匍匐茎的形成伸长,以及花芽和部分茎叶的分化。茎叶生长总量不大,仅占全生育期的 1/5～1/4。该期积累的干物质占一生总干重的 3%～4%,所以,对水肥要求的量亦不大,仅占全生育期需肥水总量的 15% 左右。但该期是承上启下的时期,一生的同化系统和产品器官都在该期内分化建立,是进一步繁殖生长、促进产量形成的基础。因此,此时期对水肥十分敏感,要求有充足的氮肥,适当的土壤湿度和良好的通气状况。氮素不足会严重影响茎叶生长,缺磷和干旱会直接影响根系的发育和匍匐茎的形成。因此,该期的农业措施要以壮苗促棵为中心,早浇苗水和追肥,并加强中耕除草,以提温保墒,改善土壤通透状况,从而促使幼苗迅速生长。实践证明:苗高 15～16cm 前适当干旱,以后及时灌水,保持田间最大持水量的 60%～70%,有利于根系的发育和光合效率的提高。

幼苗生长的适宜温度为 15～21℃,一般短期出现 -1℃ 的低温会受冻,-4℃ 会导致全株冻死。因此,在决定播种期时,要考虑到早、晚霜的危害,并做好防霜工作。

### 三、块茎形成期

现蕾至开花期,进入块茎形成期,主茎开始急剧拔高,使株高达到最大高度的 1/2 左右,主茎及茎叶已全部建成,并有分枝和分枝叶的扩展,叶面积达到最大叶面积的比例:早熟品种为80％以上,晚熟品种为50％以上,主茎顶部开始孕育花蕾,匍匐茎停止伸长,顶端开始膨大。髓部薄壁细胞的迅速分裂增殖和细胞的相继增大,迫使维管束环向外弯曲;与此同时,皮层维管束部分的薄壁细胞也加速分裂和增大。当匍匐茎尖端膨大到绿豆粒大小时,表皮破裂形成周皮,表明块茎已具备雏形。

该期的生长特点是:由以地上部茎叶生长为中心转向以地上部茎叶生长和块茎形成同时进行。虽然块茎增长的速度还不快,但由于块茎大量形成,营养物质的需要量骤然增多,出现植株营养物质供应暂时脱节现象,即地上部茎叶生长出现一段暂时缓慢的时期,一般为7～10d。这段时期延续的长短,取决于植株当时的营养状况,营养状况愈好,缓慢生长期愈短,减缓的程度愈小;反之,缓慢期则长,影响生长的程度也大。因此,该期应充分满足水肥的需要,使植株尽快渡过暂缓生长期,迅速进入旺盛生长和达到最大叶面积时期。

块茎形成期是决定单株结薯多少的关键时期。马铃薯地下茎(结薯部位)一般为6～8节,每节都能形成1～3个匍匐茎;同一植株匍匐茎大都在该期内膨大而形成块茎,一般地下茎中部偏下或下部节位的匍匐茎着生的部位不同,其营养条件和所处环境的温湿度等亦不同,所以至后期生长有很大差异:中部节位匍匐茎形成的块茎生长最迅速,形成较大块茎;其他部位的块茎生长较缓慢,尤其是最上部节位的块茎,始终停留在早期阶段,形成较小块茎。

该期一般经历20～30d。当植株茎叶干物重和块茎干物重达到平衡时,标志着块茎形成期的结束,开始进入了块茎增长期。这时最大块茎的直径已达3cm,植株干重已达总干重的50％左右,早熟品种大致从现蕾到初花,晚熟品种从始花到盛花初。在由块茎形成期向块茎增长期转变的阶段,存在着养分制造(合成)、消耗(茎叶生长)、积累(块茎增长)三者相互联系、相互促进和相互矛盾的过程。该期若氮肥供应过多,以及高温多雨、长日照、密度过大等,都会促进养分大量消耗在茎叶的生长上,甚至造成茎叶徒长,推迟干、鲜重平衡期的出现,降低块茎产量;与此相反,限制茎叶的生长,则会提早达到干、鲜重平衡期,最终也会造成块茎减产。因此,在转折阶段,要根据苗情采取促控相结合的农业技术措施,以保证三个生理过程协调进行,既要促进茎叶具有强盛的同化机能,又要控制其徒长,以减少非生产性的养分消耗,促进养分向块茎运转积累,将块茎形成期迅速转入到块茎增长期。

温度对块茎的形成有很大的影响,以16～18℃土温对块茎的形成和增长最为有利。当土温超过25℃时,块茎几乎停止生长;当土温达到29℃以上时,茎叶生长也严重受阻,光合强度降低,叶片皱缩,甚至灼烧死亡,造成大幅度减产。因此,不同地区中马铃薯栽培季节的选择是十分重要的,一般7月份平均气温在21℃及以下的地区,如黑龙江、内蒙古、青海、甘肃、宁夏等省、自治区,马铃薯宜在春、夏季栽培;7月份平均气温高达25℃以上的中原地区,则应躲过夏季高温季节,实行春、秋二季栽培;而夏季高温期特别长的华南地区,4月中旬至10月中旬均不适宜马铃薯生长,所以多采用冬、春二季栽培。

随着块茎的形成和茎叶的生长,水肥的需要量不断增加,并要求土壤经常保持疏松通气的良好状态,才有利于块茎形成、根系扩展和壮苗发棵。该期以维持田间最大持水量的70％～80％为宜,至该期结束时,土壤水分应适当降低,以利于转入块茎增长期。

该期氮肥对加速根、茎、叶的生长起着十分重要的作用,同时还能使叶片的蒸腾率降低40％～50％,比磷、钾肥配合施用提高1～2倍,而稍低于氮、磷、钾配合施用的作用。

块茎形成期的主要农业技术措施是多次中耕除草,及时追肥灌水,以满足植株迅速生长对水、肥、气、热的需要,为高产打下良好的基础。

#### 四、块茎增长期

盛花至茎叶衰老，从马铃薯茎叶和块茎干重平衡期到茎叶和块茎鲜重平衡期止，为块茎增长期。在北方一作区，马铃薯块茎增长期与开花期（早熟品种）、盛花期（中、晚熟品种）一致，即以每株最大块茎直径达到3cm以上、植株进入盛花期为标志。

该期是以块茎体积和重量增长为中心的时期，是决定块茎大小的关键时期，是干物质分配用以建造地上部有机体为主转向建造块茎为主的阶段。茎叶和块茎的生长都非常迅速，在适宜条件下，每穴马铃薯块茎每天可增重10～50g，是块茎形成期的5～9倍，如早熟品种白头翁，每天每穴可增重10～20g；中、晚熟品种晋薯2号，每天每穴可增重15～40g。植株每天可生长2～3cm，单株茎叶鲜重的日增量可达15～40g。叶面积和茎叶鲜重都在该期内达到一生中的最大值。该期一般持续15～22d。

在茎叶生长高峰以前，块茎鲜重的增长与茎叶鲜重的增长呈正相关关系；生长高峰之后，茎叶停止生长并逐渐衰老，但块茎鲜重仍继续增加，茎叶鲜重的增长与块茎鲜重的增长呈负相关关系。鲜重平衡期的出现，标志着块茎增长期的结束和淀粉积累期的开始。鲜重平衡期出现的早晚与品种栽培技术有密切的关系，一般早熟品种比中、晚熟品种出现得早。同一品种鲜重平衡期出现的早晚是衡量农业技术措施优劣的重要标志之一，即在优良农业技术的前提下，植株生长健壮、正常，鲜重平衡期适期出现，有利于结薯和增产；相反，植株长势较弱、鲜重平衡期提早出现或植株长势过旺、鲜重平衡期推迟出现，甚至到了霜期还达不到鲜重平衡期，就说明农业技术措施不合理，造成地上部和地下部生长失调，使产量和品质降低。

在块茎增长期，马铃薯植株和块茎都迅速增长，形成大量干物质。据有关研究人员证明，马铃薯全生育期所形成的干物质总量中，有40％～75％是在该期内形成的。所以，该期是马铃薯一生中需肥、需水最多的时期，吸收的钾肥比块茎形成期多1.5倍，吸收的氮肥多1倍左右，占全生育期需肥总量的50％以上，达到一生中吸收肥、水的高峰。因此，充分满足该期对肥、水的需要，是获得块茎高产的重要保证。

块茎的增长与外界条件有密切的关系。首先是温度的高低和光照的强弱，直接影响到光合作用的进行及光合产物的积累，当光照强度提高时，最适宜的光合作用温度也随之提高。一般马铃薯光合作用最适宜的温度范围：在全日光强下是14～24.5℃；在25％的日光强下是13.5～19℃。马铃薯的光合强度也受日照长短的影响，据有关研究资料表明：12h日照下要比19h日照下的光合强度提高50％。这可能与糖分向块茎中输送的速度有关，在12h光照下比19h光照下，糖分向块茎中输送的速度要快5倍。此外，光合产物向块茎中输送的量随着夜间气温的增高而减少。夜间较低的气温比较低的土温对结薯更为重要，对块茎的种性影响也很大。例如：用人工气候室栽培马铃薯，地下部土温保持在20～30℃时，地上部夜温在12℃时能结块茎，而地上部夜温在23℃时则不能结块茎。这可能是因为糖分向块茎中输送要求较低的夜间气温。另外，块茎形成激素产生于叶部，它也要求较低的夜间气温条件。

块茎增长要求土壤有丰富的有机质，并且呈微酸性、通气状况良好，土壤通气状况尤为重要。根据盆栽试验，加砂的黏土由于通气性改善，根数、根长、根重与地上重比值分别比不加砂的增高100％、60％和40％左右，块茎产量提高88％。在以细胞分裂为主的块茎形成期,要求土壤有充足的氧气和适当的水分;以细胞体积增大为主的块茎增长期,除要求土壤疏松透气以减少块茎生长过程中挤压土壤所消耗的能量外,还要经常保持土壤有充足的水分供应,因为细胞的增大、细胞壁的伸展与其弹性有关,而对细胞壁弹性有影响的除了胞壁结构物质纤维素、果胶以及钙的供给外,细胞内液胞的充水有重要作用。对土壤缺水最敏感的时期是块茎增长初期。所以,在块茎增长期应使土壤始终保持田间最大持水量的80%~85%是最适宜的。该期土壤水分供应不匀及温度剧烈变化都会使块茎形态的正常建成受到影响,形成畸形块茎,从而造成产量和品质降低。

**五、淀粉积累期**

终花期至茎叶枯萎,一般早熟品种在盛花末期,中、晚熟品种在终花期,茎叶生长即停止,植株基部的叶片开始衰老、变黄,茎叶与块茎的鲜重达到平衡,即标志着进入了淀粉积累期。该期茎叶不再生长,但还继续制造和大量向块茎中转移有机物质,块茎的体积虽基本不再增大,但干物质继续增加,因此块茎总重量也随之增加。研究表明,块茎中30%~40%的干物质是在这一时期积累形成的。这也是决定块茎品质好坏的重要时期。随着块茎中淀粉的不断积累,其周皮细胞壁的木栓组织愈益加厚,薯皮愈加牢固,内外气体交换受阻。当茎叶全部枯萎时,块茎便达到了充分成熟,并逐渐进入休眠状态。

该期的生育特点是以淀粉运转积累为主,块茎内的淀粉含量迅速增加,淀粉积累速度达到一生中的最高值。淀粉日增量最高达 $1.25g/(d \cdot 100g$ 干重$)$。蛋白质、灰分元素同样也在增加,糖分和纤维素则逐渐减少。块茎中淀粉的积累一直进行到茎叶全部枯死以前,甚至在收获前 $3 \sim 4d$ 割去未枯死的茎叶,也会影响块茎的淀粉含量。因此,该期栽培上的中心任务是:防止茎叶早衰,尽量延长茎叶绿色体的寿命,增加光合作用时间和强度,使块茎积累更多的有机物质。为此,应保持土壤含水量为田间最大持水量的 $50\% \sim 60\%$,防止土壤板结和过高的湿度,否则易造成块茎皮孔细胞增生,皮孔开裂,使薯皮粗糙,病菌容易侵入,从而不耐贮藏。在土壤过湿、严格缺氧的情况下,甚至会使块茎窒息,引起田间烂薯,以致大幅度减产,造成丰产不丰收。在氮肥施用过量的情况下,也会造成植株贪青晚熟,推迟鲜重平衡期的出现,影响有机物质向块茎中转移的积累,影响块茎周皮木栓化过程。此外,在北方一作区还要做好预防早霜的工作。

**六、成熟收获期**

在生产实践中,马铃薯没有绝对的成熟期,一般根据栽培马铃薯的目的和生产安排的需要,只要达到商品成熟期之后(或达到种用标准),随时可以收获。北方一作区,由于一年一熟,在正常条件下,植株绝大部分或全部枯死,块茎周皮木栓化程度较高,开始进入休眠状态,即达到生理成熟期。

成熟的块茎要及时收获,以免因呼吸消耗而造成块茎淀粉含量的降低。收获时要选择晴天,以防晚疫病菌等病害传染块茎。留种田在收获前可提前割除地上部茎叶,并应提早收获,以减少病毒侵染块茎的机会。

## 思考与练习

1. 马铃薯种薯萌芽期间的内含干物质有何变化？

2. 影响马铃薯萌芽的主要因素有哪些？如何影响？

3. 马铃薯一生分为几个时期？各时期的特点是什么？

## 课外实践活动

将全班分为若干组,每组利用业余时间进行下列调查活动,并写出调查报告:

1. 实地观察、收集马铃薯植株。

2. 在田间或实验室观察马铃薯植株的形态特征。

# 项目二　马铃薯块茎的生长发育

1. 了解马铃薯匍匐茎的生长发育过程及机理；
2. 了解马铃薯块茎的结构及形成过程；
3. 了解激素对马铃薯块茎形成的作用；
4. 掌握环境因素对块茎形成的影响；
5. 掌握马铃薯块茎形成的时间和部位；
6. 掌握马铃薯块茎增大、增重的机理。

1. 熟悉常见马铃薯品种的形态鉴别；
2. 能够进行各种激素对马铃薯块茎形成作用的研究；
3. 熟知各种环境因素对马铃薯块茎形成的影响。

马铃薯块茎是由匍匐茎顶端膨大形成的。匍匐茎的形成是块茎形成的第一阶段，匍匐茎顶端的膨大是块茎形成的第二阶段。这两个过程受不同因素的控制，有它们各自独立的一面，但块茎是在匍匐茎的基础上发展起来的，匍匐茎的生育状况直接影响到块茎的生长发育，所以在研究块茎的生长发育之前，必须先对匍匐茎有一定的认识。

## 任务一　匍匐茎的生长发育

### 一、匍匐茎的形态结构

匍匐茎实际上是马铃薯地下茎节上的腋芽水平生长的侧枝，它具有许多与地上茎侧枝相似的特点。匍匐茎一般有 12～14 个节间，其中有 2～4 个节间伸长拉开一定的距离，而其余节间紧缩在顶部，在节上有鳞片状小叶成螺旋状排列，约有 9 个鳞片叶原基在弯钩之上，位于弯钩以下的鳞片叶就会自行脱落。匍匐茎节上的腋芽还可水平生长形成二级匍匐茎，二级匍匐茎上又可长出三级匍匐茎。在匍匐茎节上可长出 3～5 条不定根，称匍匐根。匍匐茎顶端又可分为顶端分生组织部分、次顶部分（块茎生长时的肥大部分）和伸长部分。匍匐茎尖弯曲成钩状，这是因为顶芽以上最末一个节间两侧细胞长度不一样，一侧的细胞长，另一侧的细胞短小，于是就被压迫成弯钩状，弯曲的程度因两侧细胞长度的差异程度而异。匍匐茎钩的方位有周期性变化，它与最新扩展的鳞片叶的位置有关。

匍匐茎与地上茎的不同之处是无叶绿素,一般呈白色,也有呈紫色的,因品种而异。匍匐茎斜向水平伸长,靠近地表的匍匐茎在见光条件下会穿出地面而变成地上茎。

匍匐茎的顶端圆拱直径较小,顶端分生组织明显层积化。匍匐茎的表面是一层辐射向伸长和垂直面偏化的表皮细胞,气孔旁边的表皮细胞大都细小而且直径相等,这种细胞外壁略有褶被,且较侧壁为厚,通常没有角质层,气孔很少。其表皮层很快就被2～6层细胞组成的周皮所代替,在原气孔所在地方形成皮孔,这时就通过皮孔进行气体交换。周皮下是5～16层不甚规则的薄壁细胞所组成的皮层,皮层薄壁组织外层的1～2层细胞有厚角现象,但不显著,皮层内层的薄壁细胞切向伸长,并含有淀粉粒,在皮层里面是尚未连成环的成束状排列的维管束,细胞很小,木质部和韧皮部呈放射状排列,外韧皮部在外围,内韧皮部位于外韧皮部对称的内侧,只有几个木质部导管,但韧皮部十分发达,筛管很多,并且直径也大,筛管之间发生相当多的联结,形成一个网络,内韧皮部和外韧皮部都有韧皮纤维的分化,内韧皮部,尤其是束间区,由薄壁细胞组成的环髓区把它们与木质部分开。由束内和束间区发育的维管形成层,产生一些次生维管组织,茎的最中心部分是髓,由许多满壁细胞所组成,细胞排列不规则,内含有淀粉和石细胞。成熟匍匐茎各部分的相对比例一般为:皮层厚度为0.34mm,约占匍匐茎直径的34%;维管束厚度为0.19mm,约占匍匐茎直径的19%;髓部厚度(直径)为0.95mm,约占匍匐茎直径的47%。细弱匍匐茎能够承担块茎生长所需全部养分和水分的运输,是一个结构上极其有效的运转器官。研究人员对匍匐茎内韧皮部的面积和一定时刻内须由韧皮部运转的碳水化合物进行估算表明,流动速率大约为50cm/h。

## 二、匍匐茎的生长

用块茎繁殖的匍匐茎一般在出苗后7～10d开始发生,此时地上部多已长出5～10个叶片,但发生的时间因品种、播种期和种薯年龄、环境条件等而有很大差异。早熟品种发生较早,一般有5～7个叶片时发生匍匐茎;晚熟品种形成较迟,要到8～10个叶片时才发生。就是同一熟性的不同品种,匍匐茎发生早晚也相差很大,低温下厚成匍匐茎早于高温,种薯生理年龄愈大,匍匐茎发生得愈早。播种时芽条生长锥已到花芽分化阶段的种薯,有的在播种时就已有匍匐茎形成。匍匐茎发生后经过15～20d即停止伸长,顶端开始膨大而形成块茎,所以匍匐茎形成得越早,块茎形成得也越早。在出苗后15d左右就已形成了全生育期最高匍匐茎数的50%以上,以后也一直有匍匐茎的形成。匍匐茎顶端膨大而形成块茎,但不是所有的匍匐茎都能形成块茎。各时期所形成块茎的匍匐茎数只占匍匐茎总数的60%～87%,最后成熟收获时匍匐茎数和块茎数都比生长中期为少。由于营养竞争不力,匍匐茎和块茎在生育期间都有自行消亡的情况发生。在一个植株上,匍匐茎通常在地下茎中下部最先发生,然后向下、向上逐渐发育,以地下茎节1～6节上发生的匍匐茎数最多。一个主茎上形成的匍匐茎数量的多少,因品种、栽培技术、环境条件而异,早熟品种一般有6～7层匍匐茎,能成薯的为3～4层;中、晚熟品种一般有9～12层匍匐茎,能成薯的为6～9层。培土高度、土壤干湿程度、温度、营养面积、播种深度等对匍匐茎的形成数量都有影响,分层分次培土、增加培土高度、把地上茎节埋入土内,就可使茎节上的腋芽伸长成匍匐茎。营养面积大、光照充足、植株生长繁茂,使匍匐茎显著增多。通常低温比高温形成的匍匐茎多,适当增加播种深度可使匍匐茎数增多,但并不是愈深愈多。随着播种深度的增加,下层结的匍匐茎数减少,可能与空气不足的关系最大。播种深度对马铃薯匍匐茎生长的影响如表2-1所示。

匍匐茎数与播种期早晚没有明显的相关性。匍匐茎只有向地背光性,黑暗、潮湿有利于匍匐茎的发育,培土不及时或干旱、高温不仅使匍匐茎形成数量减少,还使已形成的匍匐茎穿出地面而形成叶枝。

表 2-1 播种深度对马铃薯匍匐茎生长的影响

| 播种深度 (cm) | 地下主茎节数 (个) | 各节位发生的匍匐茎生长的茎数 | | | | | | | | | |
|---|---|---|---|---|---|---|---|---|---|---|---|
| | | 1 | 2 | 3 | 4 | 5 | 6 | 7 | 8 | 9 | 总计 |
| 3 | 5.86±0.201 | 1.20 | 1.20 | 1.53 | 1.63 | 1.45 | 0.65 | 0.43 | | | 8.09 |
| 6 | 6.20±0.190 | 1.10 | 1.30 | 1.13 | 1.53 | 1.48 | 1.12 | 0.12 | 1.00 | | 8.78 |
| 9 | 6.57±0.179 | 0.83 | 1.20 | 1.13 | 1.60 | 1.26 | 1.04 | 0.53 | 0.66 | | 8.25 |
| 15 | 7.91±0.211 | 0.93 | 0.90 | 1.13 | 1.13 | 1.23 | 1.46 | 1.19 | 0.93 | 0.43 | 9.33 |
| 平均 | 6.64±0.195 | 1.02 | 1.15 | 1.23 | 1.47 | 1.36 | 1.07 | 0.57 | 0.65 | 0.11 | |

匍匐茎的长度因品种和环境条件而变化。高温、长日照、弱光、高氮有利于匍匐茎的伸长,一般长度为 3~10cm,短者不足 1cm,长者可达 30cm 以上,野生种甚至可达 1~3m。匍匐茎入土不深,大部分集中在地表以下 0~20cm 土层内。

### 三、匍匐茎形成的机理

许多实践和试验都证明,主茎上任何一个侧芽都具有发育成为匍匐茎或叶枝的潜在可能性。单节切段快速繁殖就是很好的例证:一棵正常生长的植株,在有顶端优势存在的情况下,潮湿、黑暗的条件有利于匍匐茎的形成,如果切去顶芽和除去全部地上部的侧芽,则匍匐茎就长成叶枝穿出地面,成为地上枝条。若在茎顶切口表面用吲哚乙酸(IAA)和赤霉素(GA)处理,侧芽发育成横向地性的匍匐茎,研究人员把 GA 用于完整的植株的茎顶能使茎顶区发生气生匍匐茎。可见,在有天然的或补给的 IAA 时,GA 都能刺激匍匐茎的发育。顶端分生组织合成生长素类物质,IAA 自顶端向基部的运输具有严格的极性,GA 虽然没有严格极性,但具有刺激芽萌发和节间伸长的作用。远离茎顶的地下茎上的匍匐茎发育又是从基部先开始,这可能与茎顶的顶端优势的作用及根系输送来的物质有关系。试验证明,如果去顶及去地上芽,也不用 IAA 和 GA 处理切口,只是在地下茎节上及时除去长出的根系,匍匐茎照样正常横向水平生长。但如果不及时除去根系,在有根系生长的情况下,匍匐茎则会叶枝化而穿出地面。在有顶端优势的存在下,即使有根系,也可能发育成匍匐茎。一株有顶尖和侧芽的正常植株,如果在地下匍匐茎尖用激素处理,匍匐茎也会变成叶枝,由此可见细胞分裂素类激素对侧芽的发育作用与赤霉素相反,马铃薯主茎上侧芽究竟发育成叶枝还是匍匐茎,取决于体内细胞分裂素和生长素之间的适当比例。在正常生长的情况下,根系合成的细胞分裂素类物质在生长素的影响下通过木质部自下而上同顶运送,不至于使细胞分裂素类物质积聚匍匐茎尖,同时又保证了茎顶分生组织细胞分裂的进行,在不具顶端优势的情况下,细胞分裂素类物质就会在茎尖聚积而使之叶枝化。许多资料表明,长日照(16h)、夜间高温(25℃以上)以及弱光照都会使植株叶片的 GA 含量增加,而短日照(8h)、低温条件以及强光照使 GA 含量减少,这可能就是长日照高温只促进匍匐茎伸长而抑制块茎形成的原因。以上分析可以说明,匍匐茎的生长取决于植物体内激素的适当比例,环境因素的变化引起植物体内激素种类质和量的变化,最终引起匍匐茎形态的变化。

# 任务二 块茎的生长发育

## 一、块茎的形态结构

马铃薯块茎是由匍匐茎顶端停止生长,由顶芽与倒数第二个伸长的节间膨大发育而成的,由于贮藏了大量的营养物质,膨大成块状,因此称为块茎。块茎实际上是一个缩短而肥大的变态茎,并具有地上茎的各种特征。在块茎生长初期,在表面每个节上还可见到相当弱小的鳞片状小叶,无叶绿素,呈黄白色或白色,随着块茎的生长,鳞片状小叶凋萎脱落,残留的叶痕呈弯月状,称芽眉。芽眉有隐显、宽窄、长短、弯直之分,芽眉里面内凹陷处着生有 3 个或 3 个以上未伸长的芽,它们不是复合芽,而是鳞片状叶的原始腋芽,称为主芽。主芽最初的叶原基的次生腋芽,称为副芽。每个主芽通常伴生着两个副芽,把芽眉和里面的主芽和副芽合称为芽眼,所以芽眼实际是一个叶痕连同腋内节间不发达的腋芽。芽眼数量的多少主要取决于品种特性和块茎大小,每个块茎的芽眼数,差不多是块茎大小的函数。对于一般品种,每个块茎的芽眼数为 13～17 个。在较高的温度下,芽眼数相对较多,退化块茎的芽眼数一般也较多。芽眼有有色和无色、深浅或凹凸之分,除受品种特性所控制之外,还因栽培环境而异。土壤养分供给不均衡,或块茎退化,往往使芽眼凸出。芽眼在块茎上呈螺旋状排列,顶端密,发芽势强,发芽早;基部稀,发芽势弱,发芽晚。芽眼在块茎上的分布和地上部叶茎的排序相同,呈 2/5 或 3/8 或 5/13 的螺旋排列。块茎上的顶芽实际上也是匍匐茎的顶芽,块茎和顶芽是匍匐茎的一部分,块茎与匍匐茎的连接处称为脐,是块茎的基部。在块茎的表面可以看到许多小斑点,即皮孔。成熟块茎主要通过皮孔才能和外界进行气体交换。皮孔通常为圆形,在块茎表面形成一个凹坑,坑中央可能有一高台或圆拱,在中部的细胞间能看到很多小孔,气体交换就在这儿进行。这些小孔侧旁的细胞上有蜡质的凸出物,好似纤细的丝绒,可能起着调节水分损失的功能。每个块茎的皮孔数介于 70～140 个。皮孔数量和大小,不仅因品种不同而异,更受土壤种类和天气及栽培条件的影响。高温下皮孔变大,而且凸出外面,这可能是高温下过分呼吸活动的结果。土壤疏松透气,干湿适宜,皮孔就密而光。如土壤黏湿,板结,通气性差,就会导致皮层细胞的膨大,使栓皮层折裂,从而使皮孔张开,于是在块茎表面形成了许多极不美观的小疙瘩(这些小疙瘩是由许多排列疏松的薄壁细胞堆砌而成的)。此种块茎极不耐贮藏,严重影响了块茎的食用品质和种薯质量。

块茎的形状各异,由长度、宽度和厚度三个要素组成,因长、宽、厚的比例不同,大致可归纳为四种主要基本类型,即圆形、长形、椭圆形、梨形,其余形状都是在这四种基本类型基础上的变形。圆形块茎的纵横直径几乎相等;长形块茎的纵向直径超过横向直径的一倍半以上;椭圆形块茎居于圆形块茎和长形块茎之间,梨形块茎似梨状,顶部粗、基部细。圆形中长、宽、厚相等为圆球形;长宽相等,但宽大于厚则为扁圆形(表 2-2)。块茎的不同形状,是在块茎形成过程中,细胞向各方向分裂增大的速度不同造成的。在正常条件下,每一品种的成熟块茎都具有本品种所固有的一定形状,但也受土壤、气候条件及栽培环境的影响。不良生态条件会导致块茎畸形:土质黏重紧实,导致块茎凹凸畸形;干湿交替的土壤环境则产生次生现象,形成链球状、多子型等畸形薯块。块茎在高温下变长,在低温下变短。

表 2-2　马铃薯块茎的形状鉴别

| 基本型 | 形状 | 标准 | 举例 |
|---|---|---|---|
| 圆形 | 圆球形<br>扁圆形 | 长＝宽＝厚<br>长＝宽＞厚 | 红纹白、乌盟 601、<br>男爵、多子白 |
| 椭圆形 | 椭圆形<br>扁椭圆形 | 长＞宽＞厚 | 荷兰薯、西北果、<br>七百万、朝鲜白 |
| 长形 | 长棒形 | 长≥宽≥厚 | 五月后 |
| 梨形 | 梨形 | 长≥宽＞厚,顶部稍粗、脐部稍细 | 北京小黄山药,小叶子 |

在块茎的横剖面上,可以明显地辨认出薯皮和薯肉两个部分,最外面是薯皮,也叫周皮,保护着里面的薯肉。薯肉由皮层、维管束环和髓部组成。

刚形成的幼嫩块茎外面的薯皮是表皮,它由两层表皮细胞组成,当块茎长到直径达 0.5cm 左右时,表皮和皮层的外层细胞形成木栓形成层,它具有长期保持生长和分裂的能力,木栓形成层朝切线方向分裂,生出 9～17 层矩形木栓细胞组成周皮。周皮先在块茎的脐部开始形成,然后向块茎顶部扩展,逐渐代替了原来的表皮。在块茎老化或遇到干旱或贮藏过程中,周皮细胞逐渐被纤维素和木栓质所填充,木栓质具有高度的抗透性,不透水,不透气,木栓细胞内的空腔充满空气,具有隔热作用,所以周皮是块茎很好的防护系统,能减少块茎水分蒸发,防止块茎干瘪,减少薯肉与空气的接触,降低呼吸养分的消耗和病菌的感染。木栓形成层形成之后,块茎就通过皮孔与外界进行气体交换。周皮的厚薄因品种和生态条件的不同而变化,过分潮湿会阻止木栓化的形成。在不同温度下栽培,周皮细胞层数不同,据有关研究,栽培种 Russet Burbarnk 在 4.4～10℃ 下栽培,周皮是 7～12 层细胞,厚 100～140mm;在 23.9～26.7℃ 下栽培,周皮为 10～28 层,厚 125～270mm。在高温下生长的块茎,周皮龟裂并分割成许多厚组织斑块,薯皮显得粗糙,皮色灰暗。周皮里面是皮层,皮层由大的薄壁细胞和筛管组成,某些品种的皮层中还含有石细胞。皮层薄壁细胞中充满淀粉粒,故称含淀粉薄壁组织,有时还有立方体的蛋白质晶体。在有色块茎内,皮层上层或一部分周皮细胞中还有色素。皮层的薄壁细胞是基本分裂组织之一,依靠薄壁细胞本身的分裂和增大,使皮层扩大。皮层里面是维管束环,它是马铃薯的输导系统,大部分由木质部导管和皮部筛管组成,它们与匍匐茎维管束相连,并通向各芽眼,是输导养分、水分的主要场所。在幼小的块茎中,维管束环被薄壁细胞所横贯,外侧有形成层,形成层的活动产生韧皮部和木质部,由于次生生长的结果,靠皮层一面形成外韧皮部,而靠髓一面形成了内韧皮部,外韧皮部比内韧皮部发达。块茎的木质部不甚发达,形成层不连续。块茎中央部分为髓部。它由含水较多的呈星芒状的内髓、原生木质部和内韧皮部之间的薄壁细胞组成的外髓组成,外髓占块茎大部分,在块茎生长过程中,内韧皮部被外髓区的薄壁细胞分裂成许多韧皮束。外髓的薄壁细胞也成为贮藏淀粉的主要场所。外髓的淀粉比内髓的多,但较皮层的少。髓部细胞有时含有晶状内含物,并有放射状导管群和筛管群,水分和养分就是通过这些器官输送到块茎和芽中去的。

## 二、块茎形态的建成过程

匍匐茎顶端开始膨大标志着块茎形成的开始。匍匐茎顶端膨大,首先是从顶端以下弯钩处的一个节间开始膨大,接着是稍后的第二个节间也结合进块茎的发育之中,由于这两个节间的辐射状扩大,钩状的顶端变直,此时匍匐茎节和顶部有鳞片状小叶时,一方面着生于发育着的块茎基部或附近,另一方面着生于块茎的中上部,随后在匍匐茎顶端已经存在的节间和侧芽逐渐被结合并膨大。当匍匐茎顶端膨大成球状,剖面直径达 0.5cm 左右时,在块茎上已有 4～8 个芽眼明显可见,并成螺旋眼排列,在块茎顶部也可看到 4～5 个顶芽密集在一起。当块茎直径达 1.2cm 左右时,鳞片状小叶消失,表明块茎的雏形建成,此后块茎在外部形态上,除了体积的增大外,再没有明显的变化。

块茎的生长是一种向顶生长运动,最先膨大的部分位于块茎的基部,最后膨大的节间位于块茎的顶部。块茎及其顶芽是匍匐茎主轴的一部分,其上着生的侧芽(即芽眼)是次生轴。块茎主轴上的每个芽眼自下而上逐渐停止生长,当芽眼停止生长时,该芽眼下面的块茎组织也很快停止生长,当顶芽停止生长时,整个块茎也就停止生长了。块茎基部芽眼生长的提早停止,可能是顶芽及其上部侧芽的生长对它们产生抑制作用的结果。而顶芽生长的停止可能是缺乏光合产物供应所致。所以就一个块茎来看,顶芽最年轻,基部最老。一个块茎从开始到停止生长经 80～90d,就单一植株块茎生长来看,要到地上部茎叶全部衰亡后才停止,但植株上的部分块茎则可能在这之前就已停止。可见,植株上的块茎成熟程度是很不一致的。

块茎的建成过程,从组织学上看,是由匍匐茎顶端分生组织不断增殖分化生长,形成层的不断分裂分化生长以及皮层薄壁细胞、束间薄壁细胞、髓部薄壁细胞恢复再分裂的结果。

### 三、调控块茎始成的因素

虽然块茎是由匍匐茎顶端膨大发育而成的,但并不是所有的匍匐茎顶端都能膨大结薯,也不是在所有条件下膨大的匍匐茎顶部都能形成块茎,这说明,匍匐茎形成块茎是有条件的。人们对环境因子,如温度、光照、营养等,以及这些环境因子所控制的刺激块茎形成的本质都做了研究。最初有一种学说认为,结薯是由于植株体内同化产物加强,向匍匐茎中输送并积累。另一种学说则认为,马铃薯体内存在着某种诱导结薯的刺激物质(成薯素)。目前比较一致的看法是,块茎形成的直接原因是诱导块茎形成的多种激素参与过程,是多种激素综合调节的结果,而环境因子刺激植株体内激素成分和比例的变化。

(一)激素对块茎形成的调控

1. 赤霉素(GA)

赤霉素抑制块茎形成的作用已被大量试验所证明。用赤霉素处理剪枝插条,以及在继代培养的匍匐茎培养基上与试管薯的培养中增加赤霉素的处理,都会严重抑制块茎的形成。用赤霉素处理植株,即使在短日照下也会延迟块茎的形成,还会使结薯减少,甚至使块茎变成匍匐茎。同样,从已结薯的植株中提取出来的 GA 要比不结薯的植株少。老化块茎形成芽薯时,芽内 GA 就减少,但把老化块茎浸渍在 GA 中,芽薯的形成就完全被抑制。研究人员在试管苗培养液中加入 GA,均无微型薯形成,而脱落酸和乙烯的处理都会促进块茎的形成。在匍匐茎形成块茎时,内源赤霉素活性大大降低的事实也足以说明赤霉素对块茎形成的副作用。

2. 脱落酸(ABA)

有关试验结果表明:①在培养基中加入 ABA,对结薯数和成薯指数都有促进,但都未达到显著水平。②单节插条接受一定短光照后可形成块茎,但去除插条的叶片后块茎不会形成,如喷施 ABA 或嫁接一个经短日照诱导的叶片,又可形成块茎。但如果是生长在长日照条件下的插条,ABA 或嫁接叶片均不会形成块茎。③ABA 对不同品种的效果不同,有时甚至抑制和抵消由细胞分裂素所诱导的块茎,ABA 促进块茎形成的作用,只有在特定条件下才发生。可见 ABA 本身并不诱导块茎形成,它的主要作用可能是抵消 GA 的活性,植株本身 GA 活性降低时 ABA 的作用就减弱。

3. 细胞分裂素类(CTK)

许多试验都证明细胞分裂素类对块茎的形成有显著的促进作用。①细胞分裂素在无菌条件下进行诱导结薯,被诱导植株的地上部中,细胞分裂素含量比对照组高 10 倍,6d 后地下部的含量达到最高值,而 8～10d 地下部便开始结薯。使用各种细胞分裂素时,以激动素的处理最为有效,诱导结薯率高达 80%～100%。用有标志的第 8 个碳位 8-C14 激动素来培养匍匐茎,可观察到有标记物质聚集在结薯部位。②细胞分裂素所试各浓度对块茎的形成数和成薯指数虽成抛物线形式变化,但都有促进。

以上结果都证明,细胞分裂素是刺激块茎形成的物质,但也有试验证明,用细胞分裂素处理叶-芽插条会抑制无柄块茎的生长,推迟块茎的形成。

4. 生长素类

一般认为 IAA 和 NAA 可以增大块茎体积,但不能诱导结薯。但在有关激素对微型薯影响的试验中,IAA 和 NAA 对块茎形成都达到显著或极显著的促进作用(表 2-3)。IAA 对块茎形成和膨大的促进作用,可能与 IAA 促进细胞纵向分裂的作用有关。

表 2-3　生长素对马铃薯微型薯形成的影响

| 处理 | 浓度(ppm) | 结薯数（个） | 显著性 | | 成薯指数 | 显著性 | |
|---|---|---|---|---|---|---|---|
| | | | 5% | 1% | | 5% | 1% |
| IAA | 0 | 0 | cd | BCD | 0 | Bcd | BCD |
| | 1 | 1.625 | b | AB | 0.546 | ab | AB |
| | 2 | 3.000 | a | A | 1.013 | a | A |
| | 3 | 1.125 | bo | AC | 0.417 | abc | ABC |
| NAA | 0 | 2.429 | bo | ABC | 1.235 | bcd | BCD |
| | 1 | 2.000 | cd | BCD | 1.526 | bc | BC |
| | 2 | 3.500 | ab | AB | 1.955 | b | AB |
| | 3 | 3.625 | a | A | 3.625 | a | A |

5. 乙烯

人们对乙烯对块茎形成影响的看法很不一致。有的试验证明乙烯有促进块茎形成的作用。将乙烯施到土壤中,能抑制匍匐茎的伸长而促进增粗,增加结薯。但在有的试验中发现由乙烯促进增粗的匍匐茎中不含淀粉,增粗部位也不完全集中在匍匐茎顶端。所以,关于乙烯对块茎形成影响的机制及因素是尚需进一步研究的问题。

6. 生长调节剂

赤霉素抑制块茎形成,人们试图利用阻抑赤霉素合成的方法促进块茎的形成。目前用得较多的方法有以下几种:

在有关试验中用 1000ppm 矮壮素(CCC)处理植株,除幼苗期和齐苗期对结薯率的影响不显著外,块茎形成期的单株结薯率增加 12.4%,块茎增长期增加 16.3%,均达显著差异,并增加了块茎产量。矮壮素促进块茎的作用,很可能是因为矮壮素调节了植株体内激素的平衡作用。矮壮素是赤霉素生物合成的强有力的抑制剂,同时矮壮素能刺激细胞分裂素的产生并促进细胞分裂素由其生物合成的根部向外输送。此外,矮壮素还能影响糖类代谢中各种酶的活性。

除了矮壮素之外,还有多效唑(PP333)、香豆素(Coumarin)、比久(B9)等生长延缓剂,一般外部施用,在一定范围内都能抑制植株生长、促进块茎形成,其作用可能是抑制生长、促进衰老,加强营养物向成薯部运送和转化。BR 是一种新型植物调节剂,它不仅能促进植株生长,而且能促进细胞分裂和愈伤组织增殖,但抑制分化。它能促进块茎形成,与 IAA 的作用相似。

(二)碳水化合物的代谢与块茎形成

块茎是光合产物的贮藏器官,光合产物主要以淀粉的形式贮藏在块茎中。在块茎形成之前,首先看到的是光合产物以溶态糖的形式在匍匐茎顶端积聚,当匍匐茎顶端膨大成块茎时,糖分迅速减少而淀粉含量迅速增加。因此,匍匐茎顶端膨大形成块茎的最可靠标志是光合产物向匍匐茎顶端积聚,并以淀粉的形式贮藏起来。这种光合产物运行的方向可以用赤霉素处理茎叶所逆转,这时光合产物向块茎运行的量下降到仅占总量的 10%,而大部分光合产物向地上茎叶运行,抑制了块茎的形成。研究发现,在只有 6% 蔗糖而没有激动素的情况下,匍匐茎顶端没有淀粉的积累;只有激动素存在时,匍匐茎顶端才会有淀粉的积累而形成块茎。研究人员在茎节继代培养诱导液 MS 中加入糖类,在低浓度糖分(蔗糖为 0～10% 或葡萄糖 0～5%)中无块茎形成,而以 25% 和 20% 的浓度为最好,形成块茎的数量多。麦芽糖不能促进块茎形成。如果蔗糖与 BA 配合使用,即使蔗糖的浓度仅 6%,也同样能结薯。据推测,激动素可能是通过提高淀粉合成酶的活性和抑制淀粉水解酶的活性而对块茎形成起作用的。与此相反,赤霉素对这两类酶的活性起着相反作用,因而抑制块茎的形成。由此可见,块茎的形成必须要有充足的碳水化合物和淀粉的合成。

(三)环境因子的影响

1. 温度

马铃薯在其系统发育过程中形成了喜欢冷凉的特性,许多资料都指出只有在冷凉条件下才有利于块茎的形成。7～21℃ 就能形成块茎,形成块茎的最适温度是 15～18℃,超过 21℃ 就会受到抑制,块茎生长速率显著降低。在高温下形成的块茎,形状不整齐,表皮粗糙,表皮色深。日平均温度超过 24℃,块茎形成就严重受抑,29℃ 就停止。试验证明,将植株置于 7℃ 或 7℃ 以下,7d 就能诱导块茎发育;在 18℃、25℃ 和 27℃ 栽植马铃薯,25℃ 下块茎产量降低 15%,而在 27℃ 下块茎产量降低达 40%,且夜间温度比白天温度的影响更大。夜温 10℃,白天温度 17～30℃ 对块茎的影响不大;而夜温 23℃,白天温度 17℃,块茎的生长受控制。温度的影响又受光周期所制约。在长日(16h)下,低温的作用更为显著,白天温度 17℃,夜温 10℃,长日下照样能形成块茎,但 17℃ 以上就不能形成块茎(表 2-4)。试验还证明,夜间较低的气温比土温对结薯的影响更大。将马铃薯根保持在 10℃、20℃ 和 30℃ 的恒温中,这些植株栽培在蛭石钵内,置于夜温 12℃ 和 23℃ 的温室,收成最好的是夜温 12℃ 的温室,可见主要是地上部叶子处在低夜温下,根系周围的温度没有影响。所以,为了使马铃薯地下部能结薯,只能在夜间温度低的季节栽培。这就是要在高纬度、高海拔或者选择冷凉季节栽培马铃薯的道理。试验证明,温度的影响是通过对激素平衡产生影响而起作用的,高温下赤霉素的含量增加。同时温度的影响也可以被一些生长调节剂所逆转。

表 2-4    温度和光周期对马铃薯块茎形成的影响

| 温度(℃) | | 块茎产量(g) | | 块茎数量(个) | |
| --- | --- | --- | --- | --- | --- |
| 日中 | 夜温 | 短日(8h) | 长日(16h) | 短日(8h) | 长日(16h) |
| 17 | 23 | 159 | 0 | 9.7 | 0 |
| 30 | 17 | 365 | 0 | 4.25 | 0 |
| 17 | 10 | 565 | 392 | 6.5 | 19.75 |
| 30 | 10 | 540 | 15 | 6.5 | 4 |

2. 光周期

块茎形成与光周期有极为密切的关系。S. andigina 种的结薯,绝对需要短日照;而普通栽培种 S. tuberosum,虽然在一定光照强度和连续光照的长日照下也可产生块茎,但比在短日照下结薯晚 3～5 周。植株给予 9h 短日照处理 25～30d 可形成块茎。有关试验证明,诱导作用需要至少有 14d 的短日照。如果短日照 14d 后继续 14d 长日照,这种诱导作用又会消失。感受刺激的区域是顶芽,这种刺激能缓慢地向植株其他部分转移。有人做了这样一个试验:将植株摘顶,只保留近顶部的两个侧枝,一个侧枝用短日照处理,另一个侧枝用长日照处理,结果短日照处理的侧枝结薯,而长日照处理的侧枝未结薯。试验指出,光周期的刺激作用能穿过嫁接部位:将经短日照处理植株作接穗,嫁接到长日照处理的砧木上,14d 后砧木就开始结薯了;而用长日照处理的植株作接穗,则不能结薯。光周期所产生的刺激作用,以及所引起的块茎形成对光周期的反应,无特殊的发育阶段性,因为只要光周期适宜,即使只有一个叶片的单节枝条,也一样能形成块茎。

3. 其他环境因子

块茎形成除受温度和光周期影响外,还与土壤水分、养分及种薯有关。块茎形成期土壤水分充足,氮肥不可过多,特别是硝态氮。据有关报道,磷钾肥等可以促进块茎形成,钙可能对块茎形成也有一定作用,硫的含量应适量降低。

关于环境因子的作用实质,一般认为,光周期、温度、营养成分等对块茎形成所起的作用是通过体内诱导结薯的物质而起作用的。这种物质可能是几种刺激物质共同作用的结果,在 16h 长日和 25℃ 以上高温或弱光照的环境,都会使叶片赤霉素的含量增加,向地下部运行,促进了匍匐茎的伸长,抑制块茎的形成;相反,在低温短日照处理下,叶中赤霉素的含量急剧减少,匍匐茎停止伸长,块茎很快形成。在短日照 8h 下,如果添加 50ppm 赤霉素,会使匍匐茎伸长,不结薯。

**四、块茎形成的数量**

马铃薯植株形成块茎数量的多少,主要取决于每个块茎上发生的匍匐茎数以及匍匐茎形成块茎的条件,所以一切影响匍匐茎和块茎形成的条件都会影响块茎形成的数量。马铃薯在整个生育期间都有块茎形成,单株结薯数的多少主要取决于品种的遗传基因,同时受自然环境条件和栽培水平的影响。不同品种之间,单株形成块茎数量有很大差异,比如内蒙古农家品种"老两口",单株结薯数少,一般为 2～4 个,而晋薯 2 号单株平均结薯 8～10 个。一般来说,结薯数多的品种对外界环境条件的反应较敏感,结薯少的品种比较迟钝。相对来说结薯数少的品种适应性比较强。单株结薯数受种植密度的影响大,不同种植密度下单株结薯数随着密度的增加而减少,随着每穴主茎数的增加而减少,而且较低肥力地块的结薯数比高肥力地块的少,显然营养状况对结薯数的影响较大。单株结薯数与降雨灌溉密切相关,特别是块茎形成期的降雨对结薯数的影响最大。据有关调查,当块茎形成期的降雨量不足15mm 时,Frsting 品种的单株结薯数为 11.5 个;降雨量达 20mm 以上时,单株结薯数增加到 22 个。有关试验表明,结薯期浇水比不浇水的单株结薯数增加 21.8%。此外,增加磷肥的施用,特别是氮磷的配合,也可使结薯数增多。

### 五、块茎形成的时间和部位

马铃薯块茎几乎可以在马铃薯生长的任何时间形成,如在窖藏期间,或在播种后尚未出苗前,就可以由种薯芽条直接生成细小块茎。而有的马铃薯甚至到植株开花后也不形成块茎。有的植株生长十分旺盛,1～2m 高才形成块茎;也有的只有一片小叶或一个节时就能形成块茎。在马铃薯整个生育期间的任何时候把地上枝条埋入黑暗潮湿的土壤中,在适宜的温度和光照下,都可形成块茎;在植株生长茂密、遮阴、潮湿的条件下,还可由地上茎叶的腹芽直接形成气生块茎。由此可见块茎的形成可以在马铃薯生育期间任何时间和茎节上的任何部位,不论长势和发育程度的差别多大。在大田正常条件下,一般在出苗后 20～25d 开始形成块茎,经过催芽的一般只需 15d 左右就开始形成块茎。真正有经济价值的大、中型块茎是在块茎形成的早期,即出苗后 20～50d 内形成的。各时期的总块茎数并不完全等于或大于前一期的总块茎数,且最后收获的块茎数也只占生育期间最高块茎数的 70%。因此,并不是所有新形成的块茎最后都能发育成新块茎,其中有 10%～30%不能成长成新块茎而在中途消亡。

块茎开始形成的时间,不同品种之间有很大差异,有的品种在地上部尚未现蕾时(出苗后 6～15d)就有块茎形成,比如紫花白、丰收白、东农 303 等;而有的品种需 25～30d,一直到开花期才开始形成块茎,比如 7432—2 品系、内薯 5 号等。块茎形成时间更受环境条件的影响,高温长日照延迟块茎的形成,氮肥过多也推迟块茎形成。磷肥则有促进块茎提早形成的作用,土壤干旱也推迟块茎的形成;而影响块茎形成早晚的最主要因素是种薯的年龄,老龄种薯使块茎形成明显提早,如在 13～17℃室温散光下催芽 30d 的种薯,比未催芽处理的植株,形成块茎可提早 3～12d。

### 六、块茎的增大与增重

块茎形成的同时,块茎的体积也不断增大。如在呼和浩特对晋薯 2 号块茎生长的观察显示:单个块茎从开始形成之日起至停止增大经 80～90d。从全株块茎体积来看,以出苗后40～80d 的增长最快,该期的增长速率是块茎初期和后期的 2～2.8 倍。

同一植株上的不同块茎,其生长速率也是不同的,且随时间而变化。块茎最后的大小与其最初的大小无显著的相关性,最后收获的块茎也并不是形成最早和生长时间最长的块茎。所以任何时刻长得最大的块茎也并不一定具有最大生长速率。我们常看到一些晚熟品种的块茎并不比生长期短的早熟品种的块茎大。块茎的最后体积与块茎绝对生长率的加权平均数具有极显著的直线相关。

块茎的增大依靠细胞的分裂和细胞体积的增大,所以块茎的增大速率与细胞数量和细胞增大速率直接相关。影响块茎细胞分裂的因素是控制块茎大小的关键。从块茎增大过程的剖面细胞结构变化中可以看出,细胞体积的增大,特别是髓部和皮层部分细胞体积的增大,在块茎增大过程中占有重要地位。

  块茎的重量(无论是鲜重还是干重)自始至终都在增长,只是各时期的增长速率不同,从块茎形成淀粉累积期的2个多月时间内所积累的重量占总重量的40%～60%,而淀粉累积期至成熟的后1个月左右内也同样积累了总重量的40%～60%。块茎整个生长过程,增重最高速率是在生育中后期,茎叶生长已达高峰阶段;而块茎形成的早期和后期接近成熟阶段,增长速率较低,但重量增加可以一直持续到茎叶完全枯萎时止。所以在茎叶未完全枯萎前收获马铃薯,都会降低块茎的重量。有时还会出现生长到最后的块茎重量仍有下降的情况(表2-5),这多发生在植株贪青晚熟和成熟后未及时收获的情况下,在田间由于呼吸的消耗和水分的蒸发而产生重量的减少。

表 2-5 不同品种马铃薯块茎增长规律

| 月/日 | 白头翁(早熟) | | | | 乌盟 601(中熟) | | | | 晋薯 2 号(中晚熟) | | | |
|---|---|---|---|---|---|---|---|---|---|---|---|---|
| | 茎叶 | | 块茎 | | 茎叶 | | 块茎 | | 茎叶 | | 块茎 | |
| | g/株 | g/天 | g/株 | g/天 | g/株 | g/天 | g/株 | g/天 | g/株 | g/天 | g/株 | g/天 |
| 6/18 | 4.00 | — | 0.8 | — | 3.40 | — | 0.60 | — | 5.60 | — | 0.30 | — |
| 7/9 | — | 0.56 | — | — | 23.10 | 0.94 | 13.50 | 0.61 | 32.40 | 1.28 | 10.00 | 0.46 |
| 7/20 | 22.00 | 0.80 | 34.00 | 1.04 | 34.00 | 0.99 | 38.00 | 2.23 | 40.00 | 0.69 | 30.00 | 1.82 |
| 7/30 | 30.00 | — | 50.20 | 1.68 | | | 58.90 | 2.09 | 50.00 | 1.00 | | |
| 8/8 | 9.80 | 1.13 | 56.00 | 0.58 | 32.00 | 0.11 | 96.64 | 4.64 | 94.00 | 4.89 | 120.00 | 4.74 |
| 8/24 | — | — | 62.00 | 1.88 | 32.00 | 0.11 | 156.00 | 3.75 | 50.00 | −2.75 | 140.00 | 1.25 |
| 10/9 | — | — | — | — | — | — | — | — | 23.00 | −3.88 | 182.00 | 2.47 |

  马铃薯块茎增重,主要取决于光合产物的积累。因此,一切影响光合产物的因素及光合产物的转分配因素都会影响块茎增大、增重。块茎中的干物质90%以上来自光合作用同化产物。所以块茎的生长随时都在竞争所产生的同化产物,表现出一个植株上不同块茎之间及块茎生长与茎叶生长之间的矛盾,即促进了茎叶生长往往就会抑制块茎的生长,但一旦块茎形成之后,较大的茎叶生长量和较高的光合产物就能在较长时间内保持高速率的块茎生长,块茎生长逐渐占优势又会阻碍地上茎叶生长,最后导致茎叶的衰亡,块茎生长也就终结。所以一般情况下,块茎始成时叶面积小的植株,块茎膨大增重速率相对低,时间短,最后产量也低;相反,块茎始成期是在较大叶面积之后,块茎膨大增重率就高,持续时间也长,块茎产量就高。因此,凡是促进茎叶生长的因素,在推迟块茎形成的同时又会有更多的同化物供应块茎始成之后迅速持续生长的需要,而使块茎增大、增重率提高。这一切都受控于遗传基因、种质基础,以及环境条件与栽培技术水平。一般早熟品种和中熟品种的茎叶生长量少,块茎生长时间短,地上部与地下部鲜重平衡值低,所以块茎增长相对低于晚熟和中晚熟品种。早熟大块茎品种,一般在块茎形成之后即进入高速率的增长;而晚熟大块茎、干物率高的品种,在整个生长期间都维持较高的增长速率,且维持时间长。相反,晚熟小块茎品种,整个期间都以较低的增长速率增长。

  块茎始成之后的增长阶段对光周期不敏感,而充足的光照是增加光合产物累积的重要保证,但并不是光照愈长愈好,如对于糖分输送到块茎的速度,12h光照比19h光照快5倍;块茎增大、增重最适温度为16~20℃,尤其是夜间低温更为有利,温度超过30℃加上水分亏缺,会使块茎上面的芽生长出来,长成匍匐茎。所以适当低温,尤其夜间的低温是块茎增大、增重的重要条件。

随着块茎的生长,需水量逐渐增多,块茎增长的迅速阶段也是需水量最多、对水分相当敏感的阶段。块茎生长期最适宜的水分,是保持土壤水分含量为田间持水量的60%~80%,迅速膨大增重期应保持75%~80%,到生育后期逐渐降到60%。块茎生长期间水分的亏缺对块茎增大、增重的影响最大,水分不足使块茎产量显著降低,土壤湿度过大会引起块茎的腐烂,干湿交替常造成块茎次生生长。土壤氮肥过多,植株地上部贪青晚熟,或者干湿交替,使生育后期地上部重新恢复生长,就会造成营养物质倒流向茎叶的生长,而减少向块茎的物质提供量,或者由于土壤贫瘠造成植株过早衰亡等,都会影响块茎的增大、增重。

## 思考与练习

1. 简述马铃薯匍匐茎的形态特征。
2. 简述马铃薯块茎的形态特征。
3. 马铃薯块茎形成的影响因素有哪些?

## 课外实践活动

将全班分为若干组,每组利用业余时间进行下列调查活动,并写出调查报告:
调查当地的主要马铃薯品种类型并识别其形态特征。

# 项目三 马铃薯生长与土壤环境

1. 了解土壤肥力的概念；
2. 了解土壤矿物质、有机质和生物等固相组分的特点；
3. 了解土壤空气和土壤水分的特点；
4. 了解土壤质地的分类；
5. 了解土壤质地对马铃薯等植物生长的影响；
6. 了解土壤容重的概念与用途，熟悉土壤孔隙性对植物生长发育的影响；
7. 了解土壤结构的概念，熟悉常见结构体的类型；
8. 掌握土壤物理机械性能，熟悉常见土壤耕性类型；
9. 掌握土壤胶体的组成和特点，熟悉土壤吸收性能及阳离子交换作用；
10. 掌握土壤酸碱性，熟悉土壤酸碱性对肥料及马铃薯等植物的影响；
11. 掌握土壤形成，熟悉马铃薯产区的土壤资源及土壤退化的基本知识。

1. 能够熟练进行土壤样品的采集与制备；
2. 能够进行土壤有机质的测定，并进行调控；
3. 能够对土壤的质地进行调查、分类；
4. 能够进行土壤容重的测定和孔隙度的计算；
5. 能够进行土壤结构体的判断和不良结构体的改良；
6. 能够进行土壤酸碱度的测定。

　　土壤是重要的农业资源之一，是植物生长、繁育的主要基地，为植物的正常生长提供必需的条件，植物生长好坏、产量高低在很大程度上受土壤条件的制约。土壤是指覆盖在地球陆地表面上的能够生长绿色植物的疏松表层。它受成土母质、气候、生物、地形、时间等成土因素的制约。自然界尚未开垦种植的土壤称为自然土壤，而被人类开垦耕种和培育的土壤称为农业土壤。植物生长与土壤肥力密切相关。土壤肥力是指在植物生长发育过程中，土壤不断地供给和调节植物所必需的水、肥、气、热等物质和能量的能力。土壤肥力是植物生长的重要因素之一，而植物的生长对土壤肥力也会产生很大的影响。

　　马铃薯对土壤的适应范围较广，最适合生长的土壤是轻质壤土，这类土壤通透性好，生长的块茎形好，便于收获。黏重土壤保水保肥能力强，只要采用高垄栽培排水通畅就不易烂薯，严格掌握中耕培土合适墒情，不使其板结，可获得较高产量。沙性土壤保水保肥力差，栽培上应注意增施肥料,深种深盖土,不宜高垄栽培。马铃薯喜欢弱酸性土壤,最适 pH 值为 4.8～7.0,强酸植株易早衰,强碱导致停止生长,石灰质含量高的土壤容易发生疮痂病。

# 任务一  土壤的基本组成

自然界土壤由土壤固相(矿物质、有机质、土壤生物)、土壤液相(土壤水分)和土壤气相(土壤空气)三相物质组成。土壤固相物质约占土壤总体积的一半,其中矿物质可占固相部分的 90％以上(按重量计)。它好似土壤的"骨架"。有机质好似"肌肉",包被在矿物质表面,土壤有机质在土壤中的含量虽然很少,但对土壤性状的影响很大。土壤生物主要包括动物、植物、微生物等。土壤液相部分主要是指土壤水分,它是含有极少量离子的稀溶液,存在并运动于土壤孔隙中,是土壤中最活跃的部分。土壤气相部分就是土壤空气,它充满那些未被水分占据的土壤孔隙。土壤水分和土壤空气是相互消长的,即水多气少,水少气多。水、气间的比例主要受水分变化的制约。土壤中三相物质的比例是土壤性质产生和变化的基础,调节土壤三相物质的比例,是改良土壤不良性状的手段,也是调节土壤肥力的依据。

## 一、土壤矿物质及土壤质地

(一)土壤矿物质的组成

土壤矿物质是土壤的主要组成物质,一般占土壤固相质量的 90％以上,它对土壤的理化性质有着重要影响,也是鉴定土壤类型、识别土壤形成过程的基础。土壤矿物质是岩石风化的产物,其颗粒大小差别很大。通常,肉眼可见的大颗粒多是破碎的原生矿物,而细小的土粒则是经过风化作用形成的次生黏土矿物。目前,各国对粒级的划分尚无统一标准,我国多采用苏联的卡庆斯基制(表 3-1)。

表 3-1  土粒分级表

| 粒级名称 | 石块 | 石砾 | 沙粒 | 粉粒 | 黏粒 |
|---|---|---|---|---|---|
| 粒径(mm) | >3 | 1～3 | 0.05～1 | 0.005～0.05 | <0.001 |

通常粒径在 0.01～1mm 的土粒又称物理性沙粒,而粒径小于 0.01mm 的土粒称为物理性黏粒,也即俗称的"沙"和"泥"。沙粒对于改善土壤通气性、透水性有益,而黏粒主要起着保蓄养分、水分的作用。不同粗细的颗粒,其所含的土壤矿物质是不同的,沙粒以原生矿物质为主,黏粒以黏土矿物质为主。其矿物质组成示意图如图 3-1 所示。原生矿物质是在风化过程中没有改变化学组成而遗留在土壤中的一类矿物质,主要有石英、长石、云母、辉石、角闪石、橄榄石等;次生矿物质是原生矿物质在风化和成土作用下重新形成的一类矿物质,主要有高岭石、蒙脱石、伊利石等次生铝硅酸盐矿物和铁、铝、硅等氧化物或含水氧化物(如三水铝石)。

(二)土壤质地

土壤中各种粒级的组合比例,即各种粒级在土壤中所占的质量分数,称为土壤质地,也称土壤沙黏程度。它是土壤的一种较稳定的自然属性,在生产实践中作为认土、用土和改土的重要依据。按苏联卡庆斯基制质地分级制,土壤质地可分为沙土、壤土和黏土三类(表 3-2)。

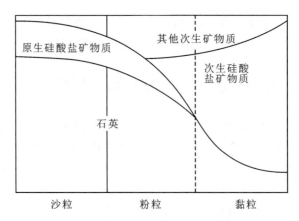

图 3-1　不同的土壤颗粒矿物质组成示意图

表 3-2　卡庆斯基制质地分级制

| 质地名称 | | 不同类型土壤<0.01mm 土粒含量(%) | | |
| --- | --- | --- | --- | --- |
| | | 灰化土 | 草原土、红黄壤 | 碱化土、碱、土 |
| 沙土 | 松沙土 | 0～5 | 0～5 | 0～5 |
| | 紧沙土 | 5～10 | 5～10 | 5～10 |
| 壤土 | 沙壤土 | 10～20 | 10～20 | 10～15 |
| | 轻壤土 | 20～30 | 20～30 | 15～20 |
| | 中壤土 | 30～40 | 30～45 | 20～30 |
| | 重壤土 | 40～50 | 45～60 | 30～40 |
| 黏土 | 轻黏土 | 50～65 | 60～75 | 40～50 |
| | 中黏土 | 65～80 | 75～85 | 50～65 |
| | 重黏土 | >80 | >85 | >65 |

1. 沙土

(1)性质:此类土壤沙粒多,大孔隙多,小孔隙少,故透水、通气性强,而保水、保肥性差;沙土含养分少,有机质分解快,易脱肥,施用速效肥料往往肥力猛而不长,俗称"一烘头";沙土因水少气多,土温升降速度快,昼夜温差大,称"热性土"。

(2)生产特性:种子出苗快,发小苗,不发老苗;易于耕作,但泡水后会淀浆板结,俗称"闭沙"。这类土壤宜种植生育期短,耐贫瘠,要求土壤疏松、排水良好的作物,如薯类、花生、芝麻、西瓜、果树等。

2. 壤土

(1)性质:此类土壤沙黏适中,介于沙土与黏土之间,兼有沙土与黏土的优点,通气、透水性良好,保水、保肥力强;有机质分解较快,供肥性能好;土温较稳定,耕性良好。

(2)生产特性:水、肥、气三相比较协调,适宜种植各种作物,既发小苗,也发老苗,是农业生产上比较理想的土壤质地。

3. 黏土

(1)性质:此类土壤黏粒含量较多,其粒间孔隙小而总孔隙度大,毛细管作用强烈,透水、通气性差,但保水、保肥性强;黏土矿物质养分丰富,加之通气不良,有机质分解缓慢,肥效稳长、后劲足;黏土水多气少,土温升降速度慢,昼夜温差小,称"冷性土"。

(2)生产特性:湿时泥泞,"天晴一把刀,落雨一团糟",耕后大坷垃多,作物不易做到全苗齐苗;土性冷,肥效稳长,发老苗、不发小苗。这类土壤宜种植生育期长、需肥量大的作物,如水稻、小麦、玉米、高粱、豆类等。

(三)土壤质地的鉴别

对土壤质地的鉴别,除了进行颗粒分析外,在田间则用手摸、眼看、耳听的办法加以区分(表3-3)。

表3-3　手测法测定土壤质地指标

| 质地名称 | 干时测定情况 | 湿时测定情况 |
|---|---|---|
| 沙土 | 干土块毫不费力即可压碎,沙粒明显可见,手捻粗糙刺手,有沙沙声 | 不能呈球形,用手握后即散在手中 |
| 沙壤土 | 干土块用小力即可捏碎 | 能搓成表面不光滑的小球,可形成不完整的细条 |
| 轻壤土 | 干土块用力稍加挤压可碎,手捻有粗面感 | 可搓成直径为3mm的土条,但提起后即会断裂 |
| 中壤土 | 干土块须用较大的力才能压碎 | 可搓成直径为3mm的土条,但弯成直径为2~3cm的圆环时断裂 |
| 重壤土 | 黏粒含量较多,沙粒少,干土块用大力挤压可捏碎 | 可搓成细土条,能弯成直径为2~3cm的圆环,但压扁时有裂纹 |
| 黏土 | 以黏粒为主,干土块很硬,用手指不能将它捏碎 | 可弯成直径为2~3cm的圆环,压扁后无裂纹 |

## 二、土壤生物和土壤有机质

(一)土壤生物

土壤生物生活在土壤中,对土壤形成和土壤性质改变起主导作用,也是衡量土壤质量和健康状况的重要指标之一。土壤生物包括土壤动物、土壤植物和土壤微生物,下面主要介绍土壤动物和土壤微生物。

1. 土壤动物

土壤中有许多小动物,如蚯蚓、线虫、蚂蚁、蜗牛、蠕虫、螨类等,它们撕碎、搅动和搬运土壤中的有机物残体,使这些残体与土壤均匀掺和,进一步促进了微生物的分解作用。它们还以有机残体为食料,将含有丰富养分的粪便排入土壤,从而提高土壤肥力。蚯蚓和蚂蚁在形成团粒结构方面有重要作用,常作为土壤肥力的标志之一。但有些动物的行为和分泌物对植物有害。

2. 土壤微生物

土壤是微生物生活和繁殖的良好栖息地,土壤微生物占土壤生物的绝大多数,种类多,数量大,是土壤生物中最活跃的部分。重要的类群有细菌、放线菌、真菌、藻类及原生动物等。每克土中约有几千万至几亿个微生物,且集中于耕作层。耕作层中又以根附近的微生物最多。土壤越肥,微生物越多。

土壤微生物的作用:

(1)分解有机质,形成植物可直接吸收的无机盐类,某些微生物还能分解农药等对环境有害的有机物质。

(2)分解矿物质,如磷矿粉、钾长石等,使其转化为植物可利用的形态。

(3)固定大气中的游离氮素,如根瘤菌、自生固氮菌等,增加土壤氮素养分。

(4)利用磷、钾细菌制成生物肥料,施入土壤,促进土壤磷、钾的释放。

(5)合成土壤腐殖质,培肥土壤。

(6)分泌大量的酶,如磷酸酶、脲酶等,促进土壤养分的转化。

(7)其代谢产物,如生长素、抗生素等,可刺激作物生长,抑制某些病原菌活动。

(二)土壤有机质

土壤有机质是指来源于生物(主要指植物和微生物),且经过土壤改造的有机化合物。虽然它只占土壤总质量的很小一部分,但它在土壤肥力、环境保护、农业可持续发展等方面有着重要的作用和意义,农业生产中常将其作为衡量土壤肥力高低的指标之一。

1. 土壤有机质的来源与组成

土壤有机质主要来源于所施用的有机肥料、作物的秸秆以及残留的根茬等。此外,土壤动物残体和微生物,一些生物制品的废弃物,工业废水、废渣及污泥等也是土壤有机质的重要来源。土壤有机质的主要元素组成是碳、氧、氢、氮,分别占 52%～58%、34%～39%、3.3%～4.8%和 3.7%～4.1%,其次是磷和硫。土壤有机质保留植物中的有机成分,包括糖类(单糖、多糖、淀粉、纤维素、果胶物质等)、木质素、蛋白质、树脂、蜡质等,占土壤有机质的 10%～15%。土壤中由于微生物的作用,还聚合形成一类特殊的高分子有机化合物,即土壤腐殖质,它占土壤有机质的 85%～90%,是土壤有机质的主体。

进入土壤中的生物残体发生两个方面的转化(图 3-2):一方面将有机质分解为简单的物质,如无机盐类、二氧化碳、氨气等,同时释放出大量的能量,这就是有机质的矿质化过程,它是释放养分和消耗有机质的过程;另一方面是微生物作用于有机物质转变为复杂的腐殖质,即腐殖化过程,它是积累有机质、贮存养分的过程。

2. 土壤有机质的作用及管理

土壤有机质的作用是多方面的,主要体现在:

(1)提供作物需要的养分。有机质矿化释放出植物所需的各种营养元素,如碳、氢、氧、氮、磷、钾、钙、镁、硫等大量元素和铁、硼、锰、锌、铜等微量元素,因而它是一种稳定而长效的肥源。

(2)增加土壤保水、保肥能力。腐殖质带正、负电荷,可吸附土壤中的阴离子、阳离子,避免养分随水流失。腐殖质的保水、保肥能力是矿质黏粒的十几到几十倍,故有机质含量高的土壤保水、保肥能力强。

(3)形成良好的土壤结构,改善土壤物理性质。腐殖质在土壤中主要以胶膜形式包被在矿质土粒的表面,团聚土粒,增加沙土的黏性,降低黏土的黏结性。有机质多的土壤松软、多孔,易形成疏松的团粒,从而改善土壤的透水性、蓄水性及通气性。

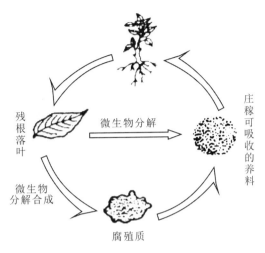

图 3-2 土壤有机质的分解与合成示意图

(4)促进微生物活动,促进土壤中的养分代谢。土壤有机质可为微生物生长繁殖提供充足的营养,而微生物活动旺盛可加速土壤营养物质的转化,提高供肥能力。

(5)其他作用。腐殖质有助于消除土壤中的农药残毒和重金属污染,起到净化土壤的作用。腐殖质中的某些物质,如胡敏酸、维生素、激素等,还可刺激植物生长。

由上所述,土壤有机质对土壤中的水、肥、气等各种肥力因素起重要的调节作用,因而是表示土壤肥力高低的一个重要指标(表 3-4)。

表 3-4 华北地区耕层土壤有机质含量与肥力水平的关系

| 肥力水平 | 低 | 较低 | 中等 | 较高 | 高 |
|---|---|---|---|---|---|
| 有机质含量(g/kg) | <5 | 5~10 | 10~12 | 12~15 | >15 |

在农业生产中,提高土壤有机质含量是可持续农业生产的技术途径之一,可通过增施厩肥、堆肥、种植绿肥、水田放养绿藻、秸秆还田等措施进行。如果结合耕作、排灌等措施,调节土壤水、气、热等状况,控制土壤有机质的矿质化和腐殖化的强度,还可促进有机质与矿物土粒的复合。

### 三、土壤水分和土壤空气

水分和空气存在于土壤孔隙中,二者彼此消长,即水多则气少,水少则气多。水分和空气是土壤的重要组成部分,也是土壤肥力的重要因素,是植物赖以生存的条件。

(一)土壤水分

土壤水并不是纯水,而是含有多种无机盐与有机物的稀溶液,是植物需水的最主要来源,也是自然界水循环的一个重要环节,处于不断变化和运动中。土壤水分还是土壤表现出各种性质和进行各种过程不可缺少的条件。

(二)土壤空气

土壤空气主要来源于大气,其组成与大气相似。但由于受土壤中各种生物、化学过程的影响,与大气相比,又有它的特点(表 3-5),主要表现在:①$CO_2$ 含量高于大气;②$O_2$ 含量低于大气;③水汽含量高于大气;④还原性气体含量高于大气;⑤土壤空气成分随时间、空间而变化。

表 3-5　土壤空气与大气组成的差异　　　　　　　　　　　单位：%

| 气体 | $O_2$ | $CO_2$ | $N_2$ | 其他气体 | 水汽 |
|------|-------|--------|-------|----------|------|
| 近地表大气 | 20.94 | 0.03 | 78.05 | 0.98 | 不饱和 |
| 土壤空气 | $18.00\sim20.03$ | $0.15\sim0.65$ | $78.80\sim80.24$ | 0.98 | 饱和 |

土壤空气与大气之间常通过扩散作用和整体交换形式不断地进行气体交换,这种性能称为土壤通气性。土壤通气性对植物生长发育有着重要影响,体现在:

(1)影响种子萌发。作物种子正常发芽所需氧气含量在10%以上。

(2)影响植物根系的发育与吸收功能。通气良好,根系生长健壮,根长而多,颜色浅,根毛也多;根系呼吸作用旺盛,供给作物吸收水分和养分的能量多,根系吸收的水分和养分也多。

(3)影响土壤养分状况。土壤通气性影响养分转化,从而影响到养分的形态及有效性。

(4)影响作物的抗病性。土壤通气性不良,易使致病的霉菌生长,植物抗病力下降,易感染病虫害。

农业生产上常通过深耕结合施用有机肥料、合理排灌、适时中耕等措施来调节土壤的通气状况,改善土壤水、肥、气、热条件,给植物生长创造适宜的环境条件。

# 任务二　土壤的基本性质

土壤的固相、液相、气相物质配比及其运动变化可决定土壤肥力,并直接或间接影响着土壤的物理性质、化学性质及生物性质。这三类性质紧密联系,相互制约,综合表现为土壤肥力(图 3-3)。

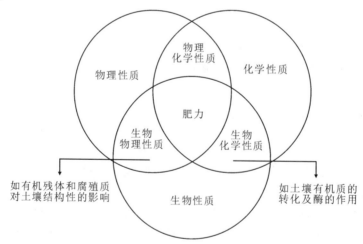

图 3-3　土壤性质与土壤肥力的关系

## 一、土壤孔隙性和结构性

(一)土壤孔隙性

土壤中的土粒与土粒、土团与土团之间形成很多弯弯曲曲、粗细不同、形状各异的孔隙,即土壤孔隙。土壤孔隙性(简称孔性)是指土壤孔隙总量及大小孔隙的分布,它对土壤肥力有多方面的影响。土壤孔性决定了土壤的质地、松紧度、有机质含量、结构等,是土壤结构性的反映。

土壤孔隙通常有三种类型:毛管孔隙、通气孔隙和非活性孔隙。毛管孔隙的主要作用是保水蓄水,通气孔隙的主要作用是通气透水,而非活性孔隙在肥力上没有意义。

测定土壤容重可看出土壤孔隙的多少。土壤容重是指单位体积原状土壤(包括土壤孔隙在内)的烘干土质量。土壤容重一般为 $1.0\sim1.8\mathrm{g/cm^3}$。而单位体积固体土粒(不包括土壤孔隙)的烘干土质量叫土粒密度,其平均值为 $2.65\mathrm{g/cm^3}$。由于土壤容重包含了土壤孔隙中的空气,因而变化较大,而且总是小于土粒密度。土壤孔隙度(简称孔度)是土壤孔隙体积占土壤总体积的百分比。土壤孔度一般可用下式算出:

$$土壤孔度 = \frac{孔隙体积}{土壤总体积} \times 100\% = \left(1 - \frac{土壤容重}{土粒密度}\right) \times 100\%$$

由上式可以看出,土壤孔度与土壤容重呈负相关。容重愈小,孔度愈大,说明土壤疏松多孔;反之,容重愈大,孔度愈小,说明土壤紧实板结。土壤的松紧直接影响土壤的肥力,因而影响植物的生长发育。过松的土壤,大孔隙占优势,虽易耕作,但根系扎不牢,保水能力差,易漏风跑墒。反之,过于紧实的土壤,小孔隙多,难耕作,通气、透水性差,影响种子出土和植物对空气、养分的需要。

适宜作物生长发育的土壤孔度指标是:耕层的总孔度为 $50\%\sim56\%$,通气孔度在 $10\%$ 以上,如能达到 $15\%\sim20\%$ 更好。毛管孔度与非毛管孔度之比以 $2:1$ 为宜。

土体内孔隙垂直分布为"上虚下实",耕层上部($0\sim15\mathrm{cm}$)的总孔度约为 $55\%$,通气孔度为 $10\%\sim15\%$;下部($15\sim30\mathrm{cm}$)的总孔度约为 $50\%$,通气孔度约为 $10\%$。"上虚"有利于通气透水和种子发芽、破土;"下实"则有利于保水和根系下扎。

不同作物对土壤孔度有不同要求。粮食作物适宜的土壤容重为 $1.10\sim1.30\mathrm{g/m^3}$;棉花、豆类等双子叶作物及多数蔬菜作物的土壤容重一般为 $1.10\sim1.24\mathrm{g/m^3}$。农业生产上常通过:①优化机械作业,防止土壤压实;②增施有机肥和合理轮作;③合理耕作,创造良好的耕层结构;④改造或改良铁盘土、砂姜土、漏沙土、黏土等障碍土层,创造良好的土壤孔隙状况,以利于作物生长发育。

(二)土壤结构性

土壤中的土粒相互团聚成形状、大小、数量和稳定程度都不同的土团、土块或土片等团聚体,这种团聚体称土壤结构(或结构体)。土壤结构性是指土壤结构体的形状、大小、排列和相应的孔隙状况等综合性状,它直接影响土壤水、肥、气、热状况,而且与土壤耕性也有密切关系,是土壤的重要物理性质。

1. 土壤结构的类型

依据结构体的几何形状、大小及其肥力特征,土壤结构可分为以下几种类型:

(1)块状结构。土块呈形状不规则的立方体,表面不平,界面与棱角不明显,其长、宽、高三轴大致相似,称为块状结构,俗称"坷垃"。块状结构可按大小再分为大块状结构($>10\mathrm{cm}$)和小块状结构。比小块状结构小的土块叫做碎块状结构($0.5\sim5\mathrm{mm}$),更小的则为碎屑状结构。块状结构一般出现在有机质含量少、质地黏重、耕性不良的土壤表层中。

一般来说,块状结构是一种不良结构,土体紧,孔隙小,通透性很差,微生物活动微弱;而土块与土块之间,则孔隙过大,易漏风跑墒,同时还会压苗,造成缺苗断垄现象。农民常说:

"麦子不怕草,就怕坷垃咬。"但盐碱地上的坷垃可使苗全苗旺,故有"碱地坷垃孩子妈"之说。降水或灌溉后耙耱、冬季冻后镇压土壤可减少坷垃,最有效的措施则是增加土壤有机质含量,改良土壤质地。

(2)核状结构。核状结构也是近立方体,所不同的是核状结构表面为胶膜,较光滑,结构紧实而稳定,界面与棱角明显、清晰,较块状结构为小,俗称"蒜瓣土"。这也是一种不良的土壤结构,多由石灰或氢氧化铁胶结而成,在土质黏重又缺乏有机质的心层土、底层土中多见。

(3)柱状结构和棱柱状结构。结构体的纵轴大于横轴,呈立柱状,俗称"立土"。其中棱角不明显者,称为柱状结构;棱角明显,有定型者,称为棱柱状结构。它们常出现在地下水位低而质地黏重、缺乏有机质的土壤心土层或底土层中,是在干湿交替作用下形成的。它坚硬紧实,内部只有细而无效的孔隙,外表常有铁、铝胶膜包裹,根系难以伸入,结构之间常有明显裂隙,漏水漏肥。

(4)片状结构。结构体呈扁平薄片状,俗称"卧土"。结构体稍弯曲的,称鳞片状结构。片状结构多由于水的沉积作用或机械压力而形成。如耕地的犁底层、华北平原土壤的黏夹层、地表结皮和板结等均属于片状结构。旱作时常采取逐年加深耕层的办法来打破犁底层的片状结构。但对于水稻土,犁底层的片状结构是有益的,它起着托水托肥的作用。而地表形成的结皮可通过覆盖和及时中耕予以破除,以防影响作物出苗和幼苗生长。

(5)团粒结构和粒状结构。团粒结构是指形状似圆球,水稳性和机械稳定性较强的一种土壤结构,其粒径为 0.25~10mm。粒径小于 0.25mm 的团聚体,称微团粒。粒径为 2~3mm 的团聚体是农业生产上最理想的结构,俗称"米糁子""蚂蚁蛋"。

粒状结构是指土粒团聚成棱角比较明显,水稳性与机械稳定性较差,大小与团粒结构相似的土团。它也是一种较好的土壤结构。

2. 团粒结构

团粒结构疏松多孔,多出现在东北草原土壤和肥沃菜园地土壤中。团粒内有毛(细)管孔隙,团粒间有非毛管孔隙,能使土壤既保水又透水,并保持适宜的土壤空气和温度,有利于作物根系伸展及对养分的保蓄和供应。团粒结构一般要经过多次(多级)的复合、团聚而形成,可概括为如下几步:单粒→复粒(初级微团聚体)→微团粒(二级、三级微团聚体)→团粒(大团聚体)。肥沃土壤中的团粒是由三至四级微团聚体构成的。

(1)团粒结构在土壤肥力上的作用

可从以下几个方面来说明:①团粒结构土壤的大小孔隙兼备。团粒结构具有多级孔性,不仅总孔度大,而且大小孔隙比例适当,为优化肥力奠定了基础。②能够协调水分和空气的矛盾。团粒内部的毛管孔隙保水能力强,起着"小水库"作用;团粒之间的大孔隙是良好的通气透水的通道,从而协调了水气矛盾。③能协调保肥与供肥性能。团粒之间氧气充足,好气微生物活动旺盛,有机质等迟效养分转化速度快,供肥能力强;团粒内部为嫌气条件,有利于养分的贮藏和积累,起着"小肥料库"的作用。④具有良好的物理性和耕性。由于水气协调,土温变化小而稳定,又由于团粒之间接触面较大,黏结性较弱,耕作阻力小,故宜耕期长,耕作质量好,土壤疏松,根系穿插容易。

总之,团粒结构是一种良好的结构,团粒结构较多的土壤能协调水、肥、气、热诸肥力因素,土壤肥力较高。

(2)促进土壤团粒结构形成的方法

主要方法是:①多施有机肥料,通过深耕,适当使用促进土壤团粒结构形成的方法,用耕、锄、耱、镇压等耕作措施,使土体破裂松散。②绿肥作物或牧草轮作,使土壤中增加新鲜腐殖质。③采用微灌、喷灌和地下灌溉等节水灌溉技术,并结合深耕进行晒垡、冻垡,充分利用干湿交替、冻融交替作用。④施用胡敏酸、树脂胶、纤维素黏胶等土壤结构改良剂。

## 二、土壤耕性

**(一)土壤剖面**

从地表向下所挖出的垂直切面叫土壤剖面。土壤剖面一般由平行于地表、外部形态各异的层次组成,这些层次叫土壤发生层或土层。土壤剖面形态是土壤内部性质的外在表现,是土壤发生、发育的结果。不同类型的土壤具有不同的剖面特征。

**1. 自然土壤剖面**

自然土壤剖面一般分为四个基本层次:腐殖质层、淋溶层、淀积层和母质层。腐殖质层为有机物质的聚集层,淋溶层是由于淋溶作用而使物质迁移和损失的土层,淀积层是淋溶层迁移和损失的物质聚集的土层,母质层是未受成土作用影响的土层。

**2. 耕作土壤剖面**

耕作土壤剖面是在不同的自然土壤剖面上发育而来的,因此也是比较复杂的。旱地耕作土壤剖面一般也分为四层,即耕作层(表土层)、犁底层(亚表土层)、心土层及底土层。

(1)耕作层:又称表土层、熟土层、活土层等,指经常被耕翻的土壤表层,厚15~20cm。此层一般受人类耕作活动影响最深,有机质含量高,疏松多孔,理化与生物学性状好,肥力较高。

(2)犁底层:是受农具耕犁压实,在耕作层下形成的紧实亚表层,厚约10cm。此层常呈片状结构,通气透水不良,影响耕作层与心土层之间的物质与能量交换传递,影响作物正常生长所需的根系环境。所以破除犁底层、增加耕作层厚度是改土培肥的重要任务。

(3)心土层:是介于犁底层和底土层之间的土层,也叫半熟化土层,一般厚度为20~30cm。该层是土体中保水保肥的重要层次,也是作物生长后期供应水肥的主要层次。

(4)底土层:位于心土层以下的土层,也叫生土层、死土层,一般在地表50~60cm以下,受外界因素的影响很小,但受降雨、灌排和水流的影响仍很大。

**(二)土壤耕性的含义**

土壤耕性是指耕作时土壤所表现的性质以及在耕作后土壤的生产性能。它是土壤各种理化性质,特别是物理机械性在耕作时的表现,同时也反映土壤的熟化程度。

**(三)土壤耕性的表现**

土壤耕性的好坏表现为以下三个方面:

**1. 耕作的难易程度**

这是指耕作时土壤对农机具产生的阻力大小,它影响耕作作业和能源的消耗。群众常将省工、省力、易耕的土壤形容为"土轻""口松""绵软",而将费工、费力、难耕的土壤形容为"土重""口紧""僵硬"。

**2. 耕作质量的好坏**

这是指耕作后的土壤对作物的影响。耕性良好的土壤,耕作时阻力小,耕后疏松、细碎、平整,有利于作物的出苗和根系的发育;耕性不良的土壤,耕作费力,耕后起大坷垃,不易破碎,会影响播种质量、种子发芽和根系生长。

### 3. 宜耕期的长短

宜耕期根据土壤含水量是否适合耕作来确定。适合耕作的时间长,说明土壤耕性良好;反之,则耕性较差。如沙质土宜耕期长,表现为"干好耕,湿好耕,不干不湿更好耕";黏质土则相反,宜耕期很短,表现为"早上软,晌午硬,到了下午锄不动"。在农业生产上,是靠眼看、手摸和试耕来确定宜耕期的。具体方法如下:①看土验墒。雨后或灌溉后,地表呈"喜鹊斑"状态,外白(干)里灰(湿),外黄里黑,半干半湿,水分正相当,即可耕。②手摸验墒。用手抓起 3～4cm 深处的土壤,紧握手中能成团,稍有湿印但不黏手心,不成土饼,呈松软状态。松开土团自由落地,能散开,即可耕。③试耕。耕后土壤不粘农具,可被犁开、抛散,即可耕。

### (四)土壤耕性的改良

影响土壤耕性的因素很多,主要有土壤的结持性(包括黏结性、黏着性、可塑性、胀缩性等土壤的物理性质)、土壤质地、土壤水分等。其中,土壤质地和土壤水分是主要影响因素。耕性与土壤水分状况的关系概括于表 3-6。

表 3-6　耕性与土壤水分状况的关系

| 土壤耕性 | 干 | 润 | 潮 | 湿 | 汪水 |
|---|---|---|---|---|---|
| 墒性状态 | 干土 | 灰墒 | 黄墒 | 黑墒 | 黑墒以上 |
| | 坚硬 | 酥软 | 可塑 | 黏质 | 松散 |
| 耕作阻力 | 大 | 小 | 大 | 小 | |
| 耕作质量 | 多坷垃 | 散碎平整 | 甩泥条 | 稀泥 | |
| 宜耕性 | 不宜耕 | 宜旱耕 | 不宜耕 | 宜水耕 | |

改良土壤耕性应从调节土壤质地和控制土壤水分着手,主要措施有:①增施有机肥。因为有机质可降低黏土的黏结性和黏着性,减少耕作阻力。②通过对黏土掺沙、沙土掺黏,改良土壤质地。③创造良好的土壤结构。④掌握宜耕含水量和宜耕时期。

## 三、土壤酸碱性和缓冲性

### (一)土壤酸碱性

土壤酸碱性是土壤重要的化学性质,是土壤肥力的重要指标。土壤酸碱性是指土壤溶液中的 $H^+$ 和 $OH^-$ 浓度比例不同所表现的酸碱性,常用 pH 值表示。pH 值是土壤溶液中氢离子浓度的负对数,即 $pH=-lg[H^+]$。

我国土壤的大多数 pH 值在 4.5～8.5 范围内。土壤在地理上有"南酸北碱"的规律性,即长江以南的土壤多为酸性或强酸性,长江以北的土壤多为中性或碱性。马铃薯喜欢偏酸性的土壤,pH 值为 5.5～7.0 的土壤都可种植马铃薯,而且生长正常。种植马铃薯最适宜的土壤 pH 值是 4.8～7.0。pH<4.0 时植株表现早衰、减产。pH 值为 5.5～6.5 时,多数品种生长良好。偏酸性的土壤中,块茎淀粉含量有增加的趋势。当土壤 pH 值达到 7.8 时,不抗盐碱品种的生长开始受到影响。pH 值为 8.5 的土壤种植马铃薯时,有些不耐盐碱的品种表现受害。土壤酸碱性通常可划分为如表 3-7 所示的等级。

表 3-7　土壤 pH 值和酸碱性反应的分级

| 土壤 pH 值 | <4.5 | 4.5～5.5 | 5.5～6.5 | 6.5～7.5 | 7.5～8.5 | >8.5 |
|---|---|---|---|---|---|---|
| 反应级别 | 极强酸性 | 强酸性 | 微酸性 | 中性 | 微碱性 | 强碱性 |

土壤酸碱性对微生物活动的影响很大。一般来讲,土壤细菌和放线菌均适宜于中性和微碱性环境,在此条件下其活动旺盛,有机质矿化快,固氮作用强。真菌可在较大的 pH 值范围内活动,在强酸性土壤中以真菌占优势。土壤酸碱性对土壤中氮、磷、钾等大量元素和微量元素的有效性影响很大(图 3-4)。一般来说,土壤中氮素养分在 pH=6~8 范围内的有效性最大;磷素在 pH=6.5~7.5 时的有效性最大;钾、钙、镁、硫在 pH=6~8 时的有效性最大;铁、锰、铜、锌、硼一般在酸性条件下的有效性最大。

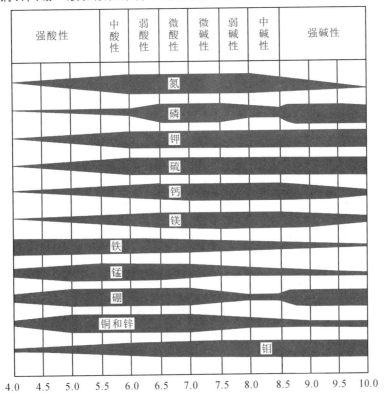

**图 3-4　土壤 pH 值对养分有效性的影响**

(带的宽度代表有效的影响)

不同种类作物适应酸碱的能力差异很大,大多数作物适宜中性至微酸性土壤(表 3-8)。有些植物对土壤的酸碱反应很敏感,根据其生长状况,可判断土壤的酸碱性,这类植物称为指示植物。映山红、石榴在酸性土壤中长势良好,是酸性土壤的指示植物;碱蓬、盐蒿、柽柳、羊毛草在盐碱土壤中长势良好,是盐碱土壤的指示植物。

**表 3-8　主要栽培植物适宜的 pH 值范围**

| 适宜范围 | 栽培植物 |
| --- | --- |
| 7.0~8.0 | 苜蓿、田菁、大豆、甜菜、芦笋、莴苣、花椰菜、大麦 |
| 6.5~7.5 | 棉花、小麦、大麦、大豆、苹果、玉米、蚕豆、豌豆、甘蓝 |
| 6.0~7.0 | 蚕豆、豌豆、甜菜、甘蔗、桑树、桃树、玉米、苹果、水稻 |
| 5.5~6.5 | 水稻、油菜、花生、紫云英、柑橘、芝麻、小米、萝卜、黑麦 |
| 5.0~6.0 | 茶树、马铃薯、荞麦、西瓜、烟草、亚麻、草莓、杜鹃 |

对于过酸或过碱而不适于植物生长的土壤,可采取相应的农业技术措施加以调节,使其

满足作物生长要求。

**（二）土壤缓冲性**

土壤具有抵抗外来物质引起酸碱反应剧烈变化的性能，称为土壤缓冲性。土壤的缓冲性有赖于多种因素的作用，它们共同组成了土壤的缓冲体系。

（1）土壤胶体的缓冲作用。进入土壤中的酸性或碱性物质可与土壤胶体吸附的阳离子进行交换，生成水和盐，从而使土壤不发生很大变化。

（2）弱酸及其盐类的缓冲作用。土壤中存在多种弱酸，如碳酸、磷酸、硅酸、腐殖酸和其他有机酸及其盐类，构成缓冲系统，它们对酸碱有中和作用，使外来的酸碱离子不会轻易改变土壤的酸碱环境。

（3）土壤中的两性物质作用。富里酸、氨基酸、蛋白质等有机质同时含有阴、阳离子，既能中和酸，又能中和碱，从而起到缓冲作用。

土壤缓冲性取决于黏粒含量、无机胶体类型、有机质含量等。土壤质地越细，黏粒含量越高，土壤缓冲性越强。无机胶体的缓冲次序：蒙脱石＞水云母＞高岭石＞铁铝氧化物及其含水氧化物。有机质含量越高，土壤缓冲性越强。

在农业生产中，可通过沙土掺淤、增施有机肥料和种植绿肥的方法提高土壤有机质的含量，增强土壤的缓冲性能。

## 四、土壤保肥性和供肥性

**（一）土壤胶体**

**1. 土壤胶体的概念和种类**

一种物质分散后颗粒直径为 1～100nm 的称胶体微粒。胶体微粒具有胶体的特性。胶体特性是随着粒径变小而逐渐显现的，所以这一微粒大小的界限不是绝对的，主要根据胶体性质的表现情况而定。土壤胶体是直径小于 1000nm 的土壤微粒分散在土壤溶液中构成的分散系。

构成土壤胶体的微粒由胶核和双电层组成。胶核是胶粒的基本部分，由矿物质、腐殖质等无机、有机分子组成；在胶核的外面，围绕着电性相反的两层离子，称双电层（图 3-5）。

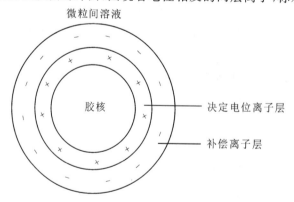

**图 3-5 胶体微粒结构示意图**

土壤胶体按其微粒组成和来源分为：

（1）无机胶体。无机胶体主要是指层状铝硅酸盐矿物，如高岭石、蒙脱石、伊利石等，以及无定形氧化物,如含水氧化硅和含水氧化铁、铝等。无机胶体对土壤吸肥、保肥的作用不大,而对土壤磷素固定和耕作的影响较大。

(2)有机胶体。有机胶体主要是腐殖质,以及各种大分子有机化合物,如蛋白质、纤维素、多糖等。有机胶体分子质量大,多带负电荷,吸附阳离子,由于易被微生物分解,要通过施用有机肥来补充。

(3)有机—无机复合胶体。土壤中的各种胶体很少单独存在,而是相互结合在一起形成的有机—无机复合体,这是土壤胶体的主要存在形式。土壤中的腐殖质或大分子有机化合物以胶膜的形式包被矿质土粒,或进入矿物质的晶层间,土肥相融,使土壤结构保持良好的稳定性,并能集中和保持氮、磷等养分。

2. 土壤胶体的性质

土壤胶体的性质与土壤保肥性和供肥性、酸碱反应、缓冲性能等有密切关系。其性质为:

(1)巨大的比表面积和表面能。在物质内部,分子受到周围分子的同等吸引力,这些引力互相抵消,合力为零。而在物质表面,分子与其周围分子所受到的力不均衡,合力不等于零,使表面分子对外产生多余的能量,这种产生于物体表面的能量称为表面能。

表面能的大小取决于表面积的大小。质量一定的物体,颗粒越细,总表面积越大,表面能也越大。土壤胶体微粒很细,表面能很大,使土壤具有吸附分子态养分的能力。故土壤质地愈黏,其保肥能力愈强。

(2)带电性。土壤胶体可带负电,也可带正电,一般以带负电为主。土壤的带电性与土壤酸碱性、缓冲性等密切相关。

(3)分散性和凝聚性。土壤胶体有两种存在状态:一是溶胶,即胶体颗粒均匀地分散在水中;二是凝胶,即胶体颗粒相互团聚在一起而呈絮状沉淀。由凝胶分散为溶胶称为胶体的分散作用,由溶胶联结成凝胶称为胶体的凝聚作用。

(二)保肥性与供肥性

土壤具有吸持各种离子、分子、气体和粗悬浮体的能力,即吸收、保蓄植物养分的特性,称为土壤保肥性。如混浊的水通过土壤后会变清,粪水通过土壤后臭味消失,海水通过土壤后会变淡等。土壤具有的这种特性称为土壤的吸收作用。土壤的吸收作用大致有五种形式。

1. 机械吸收

这是指具有多孔体的土壤对进入土体的固体颗粒的机械截留作用。如粪便残渣、有机残体和磷矿粉等主要靠这种形式保留在土壤中。据此,采取多耕多耙方法可以使土壤的孔隙增多,增强土壤的机械吸收作用,因而能较好地改良漏水田。

2. 物理吸收

这是指土壤胶体依靠其巨大的表面能对分子态养分(如氨、氨基酸、尿酸等)的吸收能力。如圈肥、人粪施到大田与土壤混合后,就闻不到臭味了。氨留存在土壤中,保持了肥分。

3. 化学吸收

这是指土壤溶液中一些可溶性养分与土壤中某些物质发生化学反应而沉淀的过程。如北方含钙质的石灰性土壤,南方含铁、铝多的酸性土壤施用过磷酸钙后,可形成难溶性磷酸钙、磷酸铁、磷酸铝,植物不易吸收,称作磷的化学固定。这种作用降低了磷肥的有效性。化学吸收还具有特殊意义,如能吸收有毒物质(如农药、重金属等),减少土壤污染。

4. 生物吸收

这是指土壤中的微生物和植物根系对养分的吸收、保存和积累。在农业生产中,人们常采取种植绿肥、施用菌肥、轮作倒茬等措施来改良土壤。养地培肥正是利用这一原理。

5. 离子交换吸收

这是指带有电荷的土壤胶粒能吸附土壤溶液中带相反电荷的离子,这些被吸附的离子又能与土壤溶液中带同号电荷的离子相互交换。它是一种物理化学现象,是土壤保肥最重要的方式。离子交换吸收有两种形式,即阳离子交换吸收作用和阴离子交换吸收作用。

(1)土壤阳离子交换吸收作用。带负电荷的土壤胶体吸附的阳离子与土壤溶液中的阳离子之间的交换称为阳离子交换吸收作用。例如碳酸氢铵施入土壤中,可发生以下反应:

$$
\boxed{\begin{array}{cc} H^+ & Ca^{2+} \\ \text{土壤胶体} \\ K^+ & Na^+ \end{array}} + 4NH_4^+ \rightleftharpoons \boxed{\begin{array}{ccc} H^+ & NH_4^+ & NH_4^+ \\ \text{土壤胶体} \\ NH_4^+ & NH_4^+ \end{array}} + K^+ + Na^+ + Ca^{2+}
$$

阳离子交换作用具有以下特点:①可逆反应。当植物吸收养分时,土壤溶液中的离子浓度下降,导致胶体上吸附的阳离子解吸下来进入土壤溶液。通过施肥又可恢复胶体上吸附的阳离子水平。②等当量交换。如一个二价的阳离子可以交换两个一价的阳离子。受质量作用定律的支配,管高价离子的交换能力大于低价离子的交换能力,但如果提高低价离子浓度,也可将高价离子代换下来。

(2)土壤阴离子交换吸收作用。土壤阴离子交换吸收作用是指土壤中带正电荷胶体所吸附的阴离子与土壤溶液中的阴离子相互交换的作用。如 $PO_4^{3-}$ 可以被土壤中的 $Ca^{2+}$、$Fe^{3+}$、$Al^{3+}$ 等化学固定,又能和黏粒表面的 $OH^-$ 相交换而固定在黏粒矿物上。

$$
\boxed{\begin{array}{c} \text{土壤胶体} \\ -OH^- \\ -OH^- \\ -OH^- \end{array}} + H_2PO_4^- \longrightarrow \boxed{\begin{array}{c} \text{土壤胶体} \\ -O \\ -OP=O \\ -O \end{array}} + OH^- + 2H_2O
$$

离子交换吸收对土壤肥力具有重要影响:①影响土壤保肥性与供肥性。保肥性强的土壤,如黏性土,一次施肥量可大些;保肥能力弱的土壤,如沙性土,应采取少量多次施肥方法。②影响土壤酸碱性。土壤胶体上 $H^+$、$Al^{3+}$ 多,则酸性强;而 $Ca^{2+}$、$Mg^{2+}$、$K^+$、$Na^+$ 多,则碱性强。利用这些原理可通过施用石灰、石膏改良过酸、过碱土壤。③影响土壤物理性质和耕性。交换性 $Na^+$ 多时,土壤紧实板结,通透性不良;而 $Ca^{2+}$、$Mg^{2+}$ 多有利于团粒结构形成。④影响土壤缓冲性和稳肥性。离子交换作用能使土壤具有缓冲性,避免过酸、过碱对植物的危害,并使土壤具有稳肥性。

土壤在作物的整个生育期内,持续不断地供应作物生长发育所必需的各种速效养分的能力和特性,称为土壤供肥性。它是评价土壤肥力的重要指标。

土壤供肥性常与土壤中速效养分含量、迟效养分转化成速效养分的速率、交换性离子有效度等有关:①迟效养分的有效化。迟效养分包括矿物态养分和有机态养分。矿物态养分经过风化释放多种可溶性矿质养分,有机态养分主要依靠微生物分解而释放。②交换性离子有效度。一般来说,在一定范围内(临界饱和度以上),某交换性离子饱和度越大,则该离子有效程度越高。陪补离子与胶体之间结合强度大时,会降低被陪补离子的结合强度而使其解离度增大,从而提高其有效性。

不同类型的土壤具有不同的供肥特性,对肥料养分的要求和反应各异。如群众形容沙性土为"不施肥稻像草,多施肥立即倒",表明这类土壤的保肥力差,施肥时应少施、勤施,以免"烧苗"或使养分流失。黏质土不择肥、不漏肥、"饿得饱得",肥劲稳长,施肥时可一次施足。有机质含量高的土壤,阳离子交换量大,有效养分丰富。

(三)土壤保肥性与供肥性的调节

土壤胶体上吸附的离子养分可以保存在土壤中,也可以被植物利用,既能保肥,又能供肥。土壤保肥性和供肥性是可以改变的,生产上一般采用的技术是:①增加肥料投入,调节土壤胶体状况。增施有机肥料、秸秆还田和种植绿肥,可提高有机质含量;翻淤压沙或掺黏改沙,增加沙土中胶体含量;适当增施化肥,以无机促有机,均可改善土壤保肥性与供肥性。②科学耕作,合理排灌。合理耕作,以耕促肥;合理排灌,以水促肥,也可改善土壤保肥性和供肥性。③调节交换性阳离子组成,改善养分供应状况。酸性土壤施用适量石灰、草木灰;碱性土壤施用石膏,可调节其阳离子组成,改善土壤保肥性与供肥性。

# 任务三　马铃薯栽培区土壤资源的开发与保护

## 一、我国主要马铃薯栽培区的土壤类型

根据我国各地气候、地理条件和栽培制度、栽作类型及品种类型等的不同,我国主要马铃薯栽培区可划分为北方一作区、中原二作区、南方二作区和西南一、二季垂直分布区等四个区域。

我国四个马铃薯栽培区的土壤类型主要有:

1. 东北森林草原土壤

黑土和黑钙土是东北地区的主要土壤类型。这类土壤的特点是土层深厚,有机质含量高,颜色油黑,疏松而富有团粒结构,极为肥沃,"黑土一把油汪汪"是其真实写照。该地区是我国重要的农业区,也是著名的马铃薯种薯基地。

2. 黄土性土壤

它是以黄土为主的成土母质,是黄土高原和华北地区的主要土壤类型。这类土壤的特点是土层深厚、疏松,质地细匀,透水性强,耕性良好,微碱性,含较多石灰质,但土壤结构性差,有机质含量低,养分贫瘠,易发生水土流失。干旱和缺水是这类地区农业生产存在的主要问题。

3. 干旱区土壤

干旱区土壤的主要问题是缺水和由此产生的土壤盐碱化,因此,盐碱土是干旱和半干旱地区的主要土壤类型。我国干旱、半干旱地区的总面积占国土总面积的52.5%,占全国耕地面积的74%。对于此类土壤,应根据土壤干旱的特点进行农田基本建设,如修水池、打机井、修水渠等,保证供给水源,做到旱能灌,克服干旱无水局面。同时,采取增施有机肥料,结合耕翻深松,以增加土壤的蓄水能力。农业利用一般为:种草种树,防止水土流失;种植绿肥,合理轮作,采取旱耕技术;农、牧结合,适当种植耐旱作物。

4. 南方红黄壤

红黄壤分布于我国热带、亚热带地区,以土色呈红、黄色而得名,其特点是质地黏重而耕性差,酸性强(pH≤5.5),由于易产生铝毒、氧化物矿物多而发生磷的固定,降低了磷肥的效用。红、黄土地区的山地上部宜营造水土保持林和用材林,山地中部宜种植油茶、茶叶、板栗等经济树种,下部则宜种植马铃薯等农作物。

5. 水稻土

水稻土是人类通过一系列农田建设、土壤熟化措施,以及长期栽培水稻所形成的一种土壤,秦岭、淮河以南为其主要分布区。我国低产水稻土面积较大,故改土培肥是水稻土利用中的根本性问题。针对此类土壤,应发展粮饲、粮经集约经营,在作物栽培上长江中下游应实行小麦—玉米—水稻三熟制。利用冬闲地栽培马铃薯丰富了广大水稻生产区的套作形式,使土壤资源得到充分利用,取得了良好效果。

## 二、高产肥沃土壤的培育

(一)高产肥沃土壤的特征

1. 土体结构良好

土体结构是指土壤在 1m 深度土层的垂直结构,包括土层厚度、质地和层次组合。高产肥沃的旱地土壤一般都具有上虚下实的土体结构,即耕作层疏松、深厚(一般为 30cm 左右),质地较轻;心土层较紧实,质地较黏。

2. 土壤养分适量协调

高产肥沃的旱地土壤,有机质含量一般为 15～20g/kg,全氮(N)含量达 1～1.5g/kg,速效磷(P)含量达 10mg/kg 以上,速效钾(K)含量为 150～200mg/kg,阳离子交换量在 20cmol(＋)/kg 以上。

3. 物理性质良好

肥沃土壤一般都具有良好的物理性质,诸如质地适中,耕性好,有较多的水稳性团聚体,大小孔隙比例为 1∶2～1∶4,土壤密度为 1.10～1.25g/cm³,土壤总空隙度为 50% 或稍大于 50%,其中通气孔隙度一般在 10% 以上,因而有良好的水、气、热状况。

(二)高产肥沃土壤的培肥措施

在加强农田基本建设、创造高产土壤环境条件的基础上,进一步运用有效的农业技术措施来培育高产肥沃土壤。

1. 增施有机肥料,培育土壤肥力

增施有机肥料既能营养植物,又能改善土壤的物理性质,增加土壤中的团粒结构,提高土壤肥力。因此,应每年向土壤中输入一定数量的有机肥料,不断更新与活化土壤腐殖质。

2. 发展旱作农业,建设灌溉农业

良好的旱作土壤的水分性质应该是:渗透易,蒸发少,保蓄强,供应多。研究表明,目前我国旱作农业的限制因素是“肥”而不是“水”。因此,如何提高土壤肥力,保持肥效,是旱作农业的关键所在。从农业技术方面考虑,建设灌溉农业应注意:重视灌水与其他增产措施的配合;改进灌溉技术,节约用水;保护地下水资源,防止次生盐渍化;防止次生潜育化。

3. 合理轮作倒茬,用地养地结合

根据作物茬口特性,将耗地作物(如水稻、小麦、玉米等)、自养作物(如大豆、花生等)、养地作物(绿肥作物)合理搭配,实行粮食作物与绿肥作物轮作、经济作物与绿肥作物轮作、豆科作物与粮棉作物轮作、水旱轮作等,使田地用养结合,促进耕地恢复肥力。

4. 合理耕作改土,加速土壤熟化

深耕结合施用有机肥料是培肥改土、加速土壤熟化的一项重要措施。深耕要注意逐步加深,不乱土层。华北和西北地区深耕以秋耕和伏耕为佳,南方大部分地区在秋种和冬种前进行深耕。深耕还应与耙耱、施肥、灌溉相结合。

5. 防止土壤侵蚀,保护土壤资源

应综合运用合理的农、林、牧、水利等措施防止土壤侵蚀、沙化、退化和污染,保护土壤资源。

### 三、低产土壤的改良和农业开发

我国低产土壤面积很大,如何科学、合理地改良和利用低产土壤,是马铃薯生产中的重要课题。

#### (一)盐碱土的改良和利用

盐碱土是我国分布面积很广的土壤,大部分在平原地区,虽然碱性大,但也具备不少发展农业的有利条件,如土层深厚、地形平坦、地下水资源丰富等,若采取有效措施加以改良,则能成为重要的粮棉产区。改良盐碱地,要采取综合治理措施,以水利为基础,改土培肥为中心,改良与利用相结合,实行农、林、水、牧综合治理。

1. 水利措施

(1)排水降盐。即采取明沟排水、竖井排水等措施,降低地下水位,灌水洗盐,及时排除含盐渍水,降低耕层土壤盐分。

(2)灌水压盐。其原理是灌水使盐分随水进入土壤下层,再通过流水排走。华北平原常采用井灌、井排等措施。

(3)引洪放淤。黄淮海平原在改良盐碱土时常采取方格放淤及漫灌放淤等办法抬高地面,抑制返盐。

(4)种稻改良。"碱地生效,开沟种稻",说的是由于种水稻需经常保持一定的水层,从而能起到洗盐的效果。

2. 农业措施

(1)平整土地,深耕深翻。平整土地是减少盐斑的重要措施,深耕深翻可打破隔盐层,改变土体上重下轻的状况。盐碱地要浅春耕,才有利于保墒防盐;抢伏耕,即在伏雨来临之前抢时间进行中耕,充分接纳雨水,加速土壤脱盐;早秋耕,即雨季后及早耕作,粗耙造坷垃,抑制返盐。

(2)培肥改土。俗话说"牛瘦长癣,地瘦生碱"。所以,增施有机肥料、种植绿肥、合理施用化肥等都能起到改碱培肥作用。在重盐碱地上可种田青、紫穗槐;中、轻度盐碱地上种草木樨、紫苜蓿、苕子、黑麦等;盐碱轻的,可种蚕豆、金花菜、紫云英等。

(3)植树造林,营造农田防护林。可改善农田小气候,如降低风速,增加空气湿度,减少蒸发,可抑制返盐。同时,林木根系可吸收深层水分,降低地下水位,减轻地表返盐;还能防风,固土护坡。较耐盐的树种有刺槐、杨、柳、榆、臭椿、桑、枣、紫穗槐、柽柳、白蜡条、酸刺、枸杞等。

3. 化学改良

在水利、农业改良的基础上,施用石膏、硫酸亚铁、硫磺等化学改良剂也能起到改良效果。

(二)低产土壤的改良和开发

1. 紫色土

紫色土是分布于我国南方各省(如江西、浙江、福建、四川等)紫色岩层地区的一种特殊土壤类型,一般存在水土流失、土层变薄等问题。改良和开发途径是:

(1)水土保持。采取修筑水平梯田、抽槽整地、修谷坊、淤地坝等办法,并结合植树造林、种植牧草,发展畜牧业,防止水土流失。

(2)合理施肥,培育土壤。增施有机肥料,配合施用化肥,再通过精耕细作,使土肥相融,培肥土壤。

2. 白浆土

白浆土主要分布在东北及淮北地区。这种土壤有机质少,色白,粉沙质,易包浆,紧实而难耕,各种养分贫瘠。主要改良措施为:①深耕打破白浆层。②秸秆还田,种植绿肥,补充有机质。③有机—无机—生物复合施肥和多元素配方施肥。

3. 风沙土

风沙土多分布于我国北方干旱多风地区,质地松散,易流动;易漏水漏肥,抗旱能力弱。改良的基本途径为:

(1)封沙育草,造林固沙。种植牧草、绿肥,禁止放牧,防止沙丘移动和风沙飞扬;营造防护林带与农田林网,防风固沙,改善生态环境。

(2)林果结合,大力发展果树生产。沙区种植苹果、梨、枣、葡萄等果树,已成为提高农民收入的重要途径。

(3)调整作物布局,发挥沙区优势。种植适沙性强的作物,如油菜、花生、西瓜等。

(4)增施有机肥料。种植绿肥,秸秆直接还田,提高土壤肥力。

(5)引洪灌淤,客土压沙。改良土质,提高风沙土蓄水、保肥、抗风能力。

(三)低产水稻田的改良和开发

利用水稻冬闲地进行马铃薯栽培已成为我国南方、西南广大地区马铃薯种植的重要形式。水稻田中有许多低产田,如冷浸田、沤田、沙土田等。

1. 冷浸田

冷浸田是南方山地、丘陵地区的水稻土,受冷泉水、山洪水、长流水、锈水和渍水的危害,水温和土温低,有效养分缺乏,土粒分散,烂泥层厚,并受还原性物质的毒害。根治的途径是:排除水害,即在坡脚开环山沟以拦截山洪黄泥水,田外开排泉水沟,又可降低地下水位。在排水的基础上结合犁冬晒白、熏田、掺沙入泥、施用热性肥和磷肥等进行改良培肥。

2. 沤田

这是一类质地黏重、土体发僵的低产水稻土。这类土壤结构性差,易旱、易涝,黏结性、黏着性和可塑性都高,耕性差,适耕范围窄,耕作费力,而且有效养分含量低。针对以上特征,主要采取的改良措施有:

(1)掺沙。掺沙量以掺沙后土壤物理性黏粒含量控制在 40%～60% 为宜。

(2)增施有机肥料,翻压绿肥,以改良土壤黏性。

(3)适时、合理地晒垡和冻垡,改善土壤结构性。

(4)适时耕作,多耕多耙,并配合施用速效化肥,以促进秧苗生长。

3. 沙土田

这是一类广泛分布于长江中下游地区的质地过沙或粉粒过多的低产水稻田,可占低产水稻田的一半左右。这类田易淀浆板结,养分缺乏,且保蓄养分能力也差,对稻秧生长极为不利,产量很低。主要改良措施有:

(1)沙土掺黏,增加黏粒含量,使粒级配合比例适当。

(2)加深耕层厚度。增施有机肥料,特别是种植绿肥,是提高土壤养分含量和保蓄能力的有效措施。沙土田缺乏有效养分,施用氮磷肥有显著效果。

(3)搞好农田基本建设。改善农业生产基本条件,如修塘蓄水、开辟水源、改善灌排等,增加土壤的含水量。

### 四、土壤退化、土壤污染及其防治

我国的土壤资源严重不足,而且由于不合理利用,土壤退化严重。据统计,我国因水土流失、盐渍化、沼泽化,土壤肥力衰减、酸化等造成的土壤退化总面积约 4.6 亿公顷,占全国土壤总面积的 40%,是全球土壤退化总面积的 25%。

(一)土壤沙化及其防治

1. 土壤沙化

土壤沙化是指在沙漠周边地区,由于植被破坏,或草地过度放牧,或开垦为农田,土壤水分流失,土粒分散,被风吹蚀,而在风力过后或风沙减弱的地段,风沙颗粒逐渐堆积于土壤表层而使土壤沙化。我国沙化土壤面积约为 33.4 万公顷。

土壤沙化对经济建设和生态环境的危害极大,具体表现是:①使大面积土壤失去农、牧生产能力,使有限的土壤资源面临更为严重的挑战。②使大气环境恶化。近几年来我国发生过多次沙尘暴,甚至黑风暴现象。③土壤沙化的发展,造成土地贫瘠,环境恶劣,威胁人类生存。如塔里木河流域的楼兰古国正是由于沙化而从地图上消失的。

2. 土壤沙化的防治

土壤沙化的防治必须重在防,防治重点应放在农牧交错带和农林草交错带。主要防治途径是:

(1)营造防沙林带。我国沿吉林白城地区—内蒙古的兴安盟东南—哲里木盟和赤峰市—古长城沿线是农牧交错地带,土壤沙化正在发展中。我国已实施建设的“三北”地区防护林体系工程,应进一步建设“绿色长城”。

(2)实施生态工程。我国河西走廊地区,因地制宜,因害设防,在北部沿线营造了约 1220km 长的防风固沙林 13.2 万公顷,封育天然沙生植被 26.5 万公顷,在走廊内营造约 5 万公顷农田林网。河西走廊的一些地方如今已成为林茂粮丰的富庶之地。目前,我国在西部实施的退耕还林、退牧还草工程也必将起到重要作用。

(3)建立生态复合经营模式。在沙丘地建立乔、灌、草结合的人工林生态模式,在沙平地建立草田复合生态系统,在河平地建立林草生态系统,都具有较好的防风固沙效果。

(4)合理开发水资源。在新疆、甘肃的黑河流域,应合理规划,调控河流上、中、下游水量,避免使下游干涸,以便控制下游地区进一步沙化。

（5）完善法制，严格控制农垦和破坏草地。土壤沙化正在发展的农区，应合理规划，控制农垦，草原地区应控制载畜量。对人为盲目垦地种粮、樵柴、挖掘中药等活动，要依法从严控制。

**（二）土壤流失及其防治**

**1. 土壤流失**

我国土壤流失主要发生地区是黄河中上游黄土高原地区、长江中上游丘陵地区和东北平原地区。黄土高原总面积为 53 万平方千米，水土流失面积达 43 万平方千米；南方 12 省（区）的土壤流失面积已达 150 万平方千米；东北地区的土壤流失面积也已达 28.1 万平方千米。土壤流失对农业生产及生态环境产生不良影响：①土壤薄层化。严重时使土壤失去原有的生产力，并且使景观恶化。②土壤质量下降。我国每年流失土壤超过 50 亿吨，相当于全国耕地削去 10mm 厚的土层，损失的氮、磷、钾养分相当于 4000 多万吨化肥。③生态环境进一步恶化。黄河由于水土流失，泥沙大量沉积，使开封段河床已高出开封市 10m 以上，成为地上悬河。土壤流失还易引发地质灾害，如崩塌、滑坡、山洪等。

**2. 土壤流失的防治**

防治水土流失应从以下几个方面着手：①树立保护土壤、保护生态环境的全民意识。②植物措施。选择耐旱、耐瘠薄、适应性强而且生长快的树种，营造乔木林、灌木林、乔灌混交林等。③土壤保持耕作法。如丘陵坡地梯田化、横坡耕作，带状种植，带状、块状和穴状间隔造林，并辅以鱼鳞坑、等高埂等田间工程，以促进林木生长，恢复土壤肥力。④先保护后利用。在水土流失严重地区应封山育林育草，严禁砍伐、放牧、开荒，使草木植被恢复生长。总之，应从生态工程、生物工程和水利工程三个方面着手，开展综合治理。

**（三）土壤潜育化及其防治**

**1. 土壤潜育化**

土壤潜育化多发生在水田，是土壤处于地下水分饱和、过饱和的长期浸润下，在约 1m 深土体中因还原而生成灰色斑纹层，或腐泥层，或青泥层，或泥炭层的土壤形成过程。其结果是土壤中还原性有害物质较多，土性冷，养分转化慢，不利于水稻生长。

**2. 土壤潜育化的防治**

土壤潜育化的防治措施主要是：①开沟排水，消除渍害。如在稻田周围开沟，排灌分离，防止串灌。②多种经营，综合利用。可采用稻田—养殖系统，如稻田—鱼塘、稻田—鸭—鱼系统；或开辟为浅水藕、荸荠等经济作物田；还可实施水旱轮作。③合理施肥。宜施磷、钾、硅肥中和还原性有害物质，以获增产。

**（四）土壤污染及其防治**

**1. 土壤污染**

随着人类对土壤需求的提高，土壤的开发强度越来越大，向土壤排放的污染物也成倍增加。目前，我国遭受不同程度污染的农田已达 1000 万公顷，对农业生态系统已造成极大的威胁。土壤污染不但直接表现在土壤生产力的下降，而且还通过土壤—植物—动物—人体之间的生物链，使有害物质富集起来，从而对人类产生严重危害。土壤污染得不到及时防治，将成为水和大气污染的来源。

土壤中污染物的来源具有多源性，主要是工业"三废"，即废气、废水、废渣，以及化肥、农药、城市污泥、垃圾等（表3-9）。

表 3-9　土壤污染物的主要物质及其来源

| | 污染物 | 主要来源 |
|---|---|---|
| 无机污染物 | 钾 | 含砷农药,硫酸,化肥,医药,玻璃等工业废水 |
| | 镉 | 冶炼、电镀、染料等工业废水,含镉废气,肥料杂质 |
| | 铜 | 冶炼、铜制品生产等废水,含铜农药 |
| | 铬 | 冶炼、电镀、制革、印染等工业废水 |
| | 汞 | 制碱、汞化物生产等工业废水,含汞农药,金属汞蒸气 |
| | 铅 | 颜料、冶炼等工业废水,汽油防爆剂燃烧排气,农药 |
| | 锌 | 冶炼、镀锌、炼油、染料等工业废水 |
| | 镍 | 冶炼、电镀、炼油、染料等工业废水 |
| | 氟 | 氟硅酸钠、磷肥生产等工业废水,肥料污染 |
| | 盐碱 | 纸浆、纤维等化学工业废水 |
| | 酸 | 硫酸、石油化工业、酸洗、电镀等工业废水 |
| 有机污染物 | 酚类 | 炼油、合成苯酚、橡胶、化肥、农药生产等工业废水 |
| | 3,4-苯并芘,苯丙烯醛等 | 电镀、冶炼、印染工业废水,肥料 |
| | 石油 | 石油、炼焦等工业废水,石油开采,输油管道漏油 |
| | 有机农药 | 农药生产及使用 |
| | 多氯联苯类 | 人工合成品及生产工业废气、废水 |
| | 有机悬浮物及含氮物质 | 城市污水,食品,纤维,纸浆业废水 |

**2. 土壤污染的防治**

土壤一旦受到污染,就很难治理,因此应采取"先防后治,防重于治"的防治方针。要严格按照国家有关污染物排放标准,建立土壤污染监测、预测与评价系统;村落及耕地附近杜绝设立污染严重的化工厂、造纸厂、冶炼厂等,发展清洁生产工艺,加强"三废"治理,有效地控制重金属污染源。对于已污染的土壤要根据实际情况进行治理:

(1)被重金属污染的土壤治理措施

土壤中的重金属具有不移动、累积和不可逆的特性,因此治理时应从降低重金属活性,减少它的生物有效性入手,加强土、水管理。

①通过农田的水分调控、土壤中的氧化还原作用调节,控制土壤重金属的毒性。

②施用石灰、有机物质等改良剂。重金属的毒性与土壤 pH 值关系密切。施用石灰可使土壤 pH 值升高。许多重金属,如镉、铜、汞、铅等,在 pH>7 的土壤中形成氢氧化物沉淀,降低了重金属对土壤的毒害作用。向土壤施加有机物,可促进土壤还原过程,形成硫化物沉淀或络合物、螯合物,也可使重金属毒性降低。

③换土法。将耕作层土壤换成无污染、宜耕作的优良土壤,对于严重污染的土壤是一种切实有效的方法,但只能小范围使用,大面积治理难以推广。

④生物修复。对污染严重的土壤,可种植能吸收重金属的植物,如羊齿类、铁角蕨属植物,对土壤镉的吸收率可达 10%,连续种植几年,可降低土壤的镉含量。

(2)被有机物(农药)污染的土壤治理措施

主要治理措施有:①增施有机肥料,提高土壤对农药的吸附量,减轻污染。②调控土壤pH 值、金属氧化还原反应和水分排灌,加速农药降解。

## 思考与练习

1. 简述土壤、土壤肥力、土壤质地、土壤有机质的概念。
2. 列表比较不同质地土壤的性质与农业生产特性。
3. 土壤微生物与有机质有何重要作用？
4. 土壤通气性对植物生长发育有何作用？
5. 土壤胶体类型与性质有哪些？
6. 如何调节土壤保肥性与供肥性？
7. 比较土壤酸碱性对土壤肥力的影响。
8. 如何调节土壤孔隙状况以创造团粒结构，适宜植物生长发育？

## 课外实践活动

将全班分为若干组，每组利用业余时间进行下列调查活动，并写出调查报告：

1. 调查当地农田都有哪些质地类型，适宜种什么作物，有无不良质地。
2. 了解当地土壤水分调节的主要措施。有无好的经验？
3. 调查当地马铃薯栽培区的土壤有哪些土壤结构体？
4. 搜集当地农户改良马铃薯栽培土壤保肥性与供肥性的好经验。
5. 测定当地马铃薯栽培区土壤的 pH 值，思考马铃薯栽培与土壤 pH 值的关系。

# 项目四 马铃薯生长与水分环境

## 知识目标

1. 了解水在马铃薯生长中的作用及马铃薯的需水规律；
2. 了解降水的成因、类型及表述方法；
3. 了解空气湿度的表述方法及变化规律；
4. 掌握土壤水分的形态及表述方法；
5. 掌握提高土壤水分利用率的途径。

## 技能目标

1. 熟悉空气湿度及降雨量的测定方法；
2. 能够进行土壤田间持水量及土壤水分含量的测定；
3. 熟悉常见的水分测量仪器的使用原理。

## 任务一 马铃薯生长发育与水

### 一、水在马铃薯生长中的作用

（一）水分的生理作用

生物起源于有水的海洋，高等植物和作物的祖先也是在水中生活的。当它们在水中生活时，整个细胞均可进入吸收，而且全部体细胞均被水充满。当它们从水中进入干燥的陆地以后，虽然生活环境起了巨大变化，但其体细胞和组织等仍然必须维持充足的水分，否则难以在干燥的陆地上生存下来。没有水或者水分不足，作物便不能生长，甚至死亡。作物在受旱死亡之前，有一段休眠过程，即地上部分萎缩变小，地下根系扩大，呈旱生态。当水分充足时，则地上部茎叶繁茂扩大，地下根系变小，呈多水形态。在正常的水分条件下，作物地上和地下部可以得到均衡发展，而呈正常形态。作物随着水分的变化而改变自身形态的这种现象称为"自我调节"作用。因此，对于马铃薯来说，为形成一个正常的马铃薯植株体，就必须有适宜的水分条件。马铃薯对于土壤水分稍有不足就很敏感。若从提高光合作用的角度讲，似乎地上部茎叶应该繁茂扩大，以增加干物质生产；而从水分生理的角度讲，似乎地上部茎叶应该小，地下根系应该大，以减少水分散失和扩大根系的吸收面积。如何调节地上部和地下部的关系，是获得马铃薯块茎产量的关键。

水分对马铃薯的作用是多方面的，从作物生理的角度看，可以有以下几个方面：

（1）水是马铃薯有机体最大的组成成分，植物体中有 70%～90% 的含水量，一般块茎的含水量是 75%～80%。

(2)水是马铃薯植株进行光合作用的重要原料之一,植株体内的水分有 1%～2% 用于光合作用。

(3)由于水分的充实,维持躯体的膨压,使根、茎、叶等器官具有张力,保持起立不倒,不萎蔫,以保证正常生理过程的进行。

(4)水是马铃薯植株体内有机物质的合成、分解和运转不可缺少的物质成分。

(5)根系对土壤矿质营养的吸收和运转,必须有足够的水分才能进行。

(6)通过水分的蒸腾作用来调节植株体内的体温,使之较为稳定。

总之,水分是作物有机体进行生命活动过程中不可缺少的物质。因此,必须了解水分对马铃薯产量形成和营养吸收、分配、运转的作用,影响水分吸收利用的因素,以及马铃薯的需水规律等,以便创造条件满足其水分的需要,从而达到高产优质的目的。

(二)灌水对产量形成及品质的影响

水分是产量形成的物质基础。灌溉是马铃薯高产稳产的重要条件。认识马铃薯需水的临界期以及临界水对马铃薯吸收养分、产量形成的影响,具有重要意义。

土壤水分因土壤、植株的蒸发和蒸腾作用而逐渐消耗,当水分由田间最大持水量损失到作物生长开始受限制的水量时,这一水量称临界亏欠。临界亏欠值以降雨量单位毫米表示,它相当于恢复到土壤田间最大持水量所需补充的水量。马铃薯的水分临界亏欠值为 25mm 左右,这相当于 $250m^3/hm^2$ 的水量。土壤水分低于这一临界值时,马铃薯叶片的气孔便缩小或关闭,蒸腾率随之下降,生理代谢不能正常进行,生长受阻,从而导致减产。

马铃薯田完全为植株冠层覆盖时,每天蒸发蒸腾水分 2～10mm,或等于每公顷每天 2 万～10 万升水。耗水量的大小由多种因素决定。土壤有效水供给量短缺时,蒸腾失水量则减少;植株冠层密者要比稀者耗水少;空气湿度小时,水分蒸腾速率显然比空气湿度大时加快;蒸腾量还因风速的加强而增大;太阳辐射强度大,叶片温度高,蒸腾水量也多。

据研究人员在内蒙古呼和浩特地区进行块茎形成期灌水试验报告,马铃薯一般于 6 月 1 日前后出苗,6 月 20 日前后进入块茎形成期。6 月 20 日至 7 月 15 日前后的 25d 时间内,是块茎形成期,亦是需肥、需水的关键期之一。而该地年降水量为 400mm 左右,又多集中在 7、8、9 三个月,在块茎形成期经常出现干旱缺雨现象。

1. 块茎形成水对产量和品质的影响

块茎形成水的作用因气候及栽培条件的不同而异。在干旱年份,一般由块茎形成水,增产 30.4%±6.4%;湿润年份增产 6.5%±7.4%。

块茎形成水对淀粉含量有极显著的影响,淀粉含量可达 19.1%～20.9%,平均为 20%;对照组(不浇水)的淀粉含量为 17.9%～18.9%,平均为 18.4%。

2. 块茎形成水对光合生产"源"的影响

对茎叶生长的影响:在块茎形成水后大约 60d 的时间内,正值块茎形成和块茎增长期,茎叶干重明显增长(表 4-1)。茎叶干重出现峰值时,比对照组高 51.3%。对照植株由于需水关键时期干旱,雨季到来后,茎叶贪青,茎干重峰值出现晚 1 个月。在研究茎叶干重与产量的关系时,除了注意最大茎叶干重外,还要看茎叶最大峰值出现的早晚。

株高变化动态和茎叶干重有同样的趋势:不浇块茎形成水的株高增长迟缓,雨季到来后进入淀粉积累期,株高仍然增长;这种生长只会消耗养分,对产量形成的作用不大。浇块茎形成水者,株高迅速增长,出苗后70d基本停止生长,有利于生长中心及时转移。

表 4-1　灌水对茎叶干重的影响　　　　　　　　　　　　　单位:kg/亩

| 出苗后的天数(d) | 23 | 46 | 55 | 69 | 79 | 98 | 114 |
|---|---|---|---|---|---|---|---|
| 灌水 | 23.7 | 87.9 | 110.4 | 146.4 | 135.0 | 120.3 | 107.7 |
| 未灌水 | 25.4 | 63.9 | 79.8 | 95.1 | 134.7 | 156.6 | 135.6 |
| 相差 | −2.7 | 24.0 | 30.6 | 51.3 | 0.3 | −36.3 | −27.9 |

块茎形成水可扩大光合作用规模,延长光合作用时间,提高光合作用效率。

在叶面积系数动态方面,浇块茎形成水后近50d内,叶面积系数比不浇水者高0.32～0.85,最大叶面积出现在出苗后70d。

对光合势和光合生产率动态变化的研究表明,浇块茎形成水后的50～60d内,总光合势比不浇水者有显著增长,块茎形成和块茎增长期的光合势占总光合势的67%,淀粉积累期占30%。不浇块茎形成水者,块茎形成和块茎增长期光合势仅占总光合势的47%,而淀粉积累期长期的光合势比重大时(70%左右),经济产量较高。浇块茎形成水后的光合生产率亦有大幅度提高。

3. 块茎形成水对生物产量和经济系数的影响

浇块茎形成水使生物产量提高15%。这是提高经济产量的基础。但经济产量的高低,还取决于经济系数的大小。块茎形成水可提高经济系数0.115,达极显著水平。可见不浇块茎形成水,其生物产量和经济系数都较浇水者低,是其减产的重要原因之一。

4. 块茎形成水对块茎生长和生长中心转移的影响

块茎形成水可以增加块茎数量,增大块茎体积。块茎形成期是决定块茎数目多少的关键时期,块茎增长是决定块茎体积和重量的关键时期;块茎形成水满足了块茎形成期马铃薯对水分的需要,进而促进块茎数量和体积的增长。块茎数量和体积的动态变化表明,块茎数和块茎体积与未浇水者的差异,主要是浇水后50d时间内形成的。块茎形成期受旱,除块茎生长受到影响外,茎叶和块茎干重平衡期也显著推迟,约晚20d,到使块茎产量降低。

由上述可知,块茎形成水既促进了茎叶生长、增加了光合生产的来源,又促进了块茎生长、增加了物质贮藏的"库容",协调了块茎生长和茎叶生长的矛盾,促进了生长中心的转移,提高了经济系数。由此认为,块茎形成期至块茎增长期是水分的临界期。

(三)块茎形成水对养分吸收、分配、转移的影响

1. 对养分浓度的影响

块茎形成期灌水使马铃薯植株体内氮的浓度明显降低,钾的浓度高于受旱植株,磷的浓度变化不大(表4-2)。

表 4-2　灌溉对马铃薯全株 N、P、K 浓度的影响(干茎%)

| 元素 | 处理 | 23d | 46d | 55d | 69d | 79d | 98d | 115d |
|---|---|---|---|---|---|---|---|---|
| N | 浇水 | 3.36 | 2.30 | 1.71 | 1.26 | 1.06 | 0.94 | 1.02 |
| N | 不浇水 | 4.19 | 3.14 | 2.87 | 2.54 | 1.91 | 1.55 | 1.45 |
| P | 浇水 | 0.364 | 0.352 | 0.316 | 0.305 | 0.259 | 0.254 | 0.236 |
| P | 不浇水 | 0.50 | 0.393 | 0.362 | 0.286 | 0.260 | 0.276 | 0.239 |
| K | 浇水 | 4.52 | 4.15 | 3.57 | 2.82 | 2.48 | 2.12 | 1.74 |
| K | 不浇水 | 4.80 | 3.87 | 2.86 | 3.44 | 2.73 | 1.92 | 1.46 |

2. 对养分吸收量的影响

浇灌块茎形成水后,从对养分吸收量的分析看,浇灌块茎形成水使需肥关键时期(出苗后 23～70d)的三要素吸收量分别提高 37％、174％、108％;从相对吸收量看,出苗后 23～69d 的 46d 时间内,浇块茎形成水者吸收总氮量的 69％,总磷量的 77％,总钾量的 81％,而未浇水者仅为 38％、29％、45％,相差近 1 倍。显然,块茎形成水不仅保证了马铃薯需水临界期水分的供给,而且保证了需肥关键时期对养分的吸收。

3. 对养分分配、运转的影响

浇块茎形成水后,三要素在植株体内的分布,随着营养中心由茎叶向块茎的转移而相应地发生移动。营养中心转移之前,三要素以在茎叶中分布为主,转移之后则大多分布在块茎中。茎叶和茎中养分含量相等时期是养分平衡期,它是营养中心转移的标志。浇块茎形成水之后,氮、钾的养分平衡出现在出苗后 100d 前后,磷、钾的平衡出现在出苗后 90d 左右。不浇水,营养中心转移过晚,养分大量停留在茎叶中,运转到块茎中的数量减少;氮、磷、钾的运转率分别为 48％、64％、41％,比浇水分别少 33％、21％、20％。浇块茎形成水使氮、磷、钾在叶中的移动率由不浇水的 30％、40％、7％提高到 64％、57％、32％。

(四)块茎形成水与肥料的相互作用效应

1. 化肥对块茎形成水的增效作用

浇块茎形成水的增产率,与无化肥相比,在干旱年份为 18.6％,湿润年份为 8％。施氮肥使增产率分别提高到 25％、16％。施磷肥使增产率分别提高到 35％、21％。氮肥的用量不同时,对水分的经济效益有不同影响。干旱年份,在每亩施氮素 0～10kg 的范围内,氮肥对块茎形成水的增效作用与施氮量呈正相关。当每亩施氮素量超过 10kg 时,块茎形成水的纯增效益下降。

2. 块茎形成水对化肥的增效作用

在干旱年份,块茎形成水使氮肥的增产率平均提高 16％,氮肥利用率由浇水的 39.5％提高到 52％。湿润年份,块茎形成水仅提高氮肥增产率 3.5％,利用率提高 3.3％。

块茎形成水对磷肥的增效作用在干旱年份相当明显:磷肥的增产率由 12％提高到 27％,磷肥的利用率由 5％～9％提高到 14％～20％。湿润年份,块茎形成水对磷肥无明显增效作用。

3. 水肥间的连应

水肥配合施用的效应大于水肥单独施用的效应之和时,说明水肥之间有正的相互作用效应,或叫正连应。干旱年份,块茎形成水和氮肥的连应值为每亩 82～193.5kg。在亩施氮量 10kg 范围内,连应值与施氮量呈正相关。湿润年份,水肥连应值降低到每亩 0～49kg。磷肥和块茎形成水的连应在干旱年份平均达每亩 117kg。湿润年份的连应值不稳定,平均为每亩 41kg。

## 二、马铃薯的需水规律

马铃薯块茎产量的高低,与生育期土壤水分的供应状况密切相关。这里可以用雨量与产量之间的关系来说明。如在英国的英格兰中部地区,每年的栽培措施大体相似,采用同一品种,8 年产量与雨量之间的关系资料表明,块茎的产量与 3—9 月份降雨量之间成直线关系。生产实践证明,在整个马铃薯生育期间,如能均匀而充足地供给水分,则其块茎可获得最理想的产量。

与其他作物比较,马铃薯是需水较多的作物,其蒸腾系数为 400～600,即每形成 1kg 干物质需消耗 400～600 kg 水。只有在各个生育阶段均能满足对水分的需求,才能更有效地发挥肥料的作用,促进植株健壮生长,以达到高产的目的。马铃薯的需水量因气候、土壤、品种、施肥量及灌溉方法而异,如栽培在肥沃的土壤上,每生产 1kg 块茎需耗水 97 kg;而栽培在贫瘠的沙质土上,则需耗水 172.3 kg。至于每亩马铃薯究竟需水多少,主要依产量指标来定。根据蒸腾量的计算,每生产 1kg 鲜块茎需耗水 100～150 kg。据报道,在黑龙江省北部地区,栽培米拉品种,亩产块茎 1650kg 的水平下,每生产 1kg 块茎需耗水 120kg,每亩需耗水近 200t。一般亩产块茎 1000～1500kg 的水平,每亩有 150～250t 水即可满足需要。

马铃薯需水虽多,但抗旱能力也强,几乎与谷类作物相似。尤其在芽条生长期,由于块茎中有充足的水分,只要切块不过小,一般情况可以不从外界吸收水分即可萌芽。如在春播时,对 25g 的切块进行测定,其水分含量为 20.5g,这样的切块,在没有严重春旱的情况下,不需灌水即能保证萌芽壮芽。如果用小整薯作种,其抗旱能力就更强了。

幼苗期,由于苗小,叶面积小,加之气温不高,蒸腾量也不大,故耗水量少,一般幼苗期的耗水量只占全生育期总耗水量的 10% 左右。虽然如此,但因幼苗期根系发育尚弱,吸水力不强,因此,必须使土壤保持一定的含水量,以便根系能从土壤中吸收足够的水分和营养,供幼苗正常生育之用。土壤过干势必影响幼苗的生育。

块茎形成期,地上部茎叶开始逐渐旺盛生长,根系的伸展也日益深广,叶面积逐日激增,蒸腾量迅速加大,植株需要充足的水分和营养,以加速植株各器官的迅速建成,从而为块茎增长打好基础。这一时期的耗水量占全生育期总耗水量的 30% 左右。该期如果水分不足,则植株生长迟缓,块茎数减少,影响产量的正常形成。该期水分不足的重要标志是花蕾早期脱落或花朵变小,植株生长缓慢,叶色浓绿,叶片变厚等。

马铃薯块茎形成期向块茎增长期过渡的阶段,是地上和地下营养分配转折的时期,植株体内的营养分配由以供应茎叶迅速生长为主,转变为以供应块茎迅速膨大增长为主,致使茎叶生长速度减缓。这一转折时期不需要过多的水分和氮素营养,否则易造成茎叶徒长,干扰了体内养分的分配转移,影响块茎产量的形成。但过了这短暂的转折时期(约 10d)而进入块茎增长期后,需水量仍然是很高的。据测定,该期的耗水量占全生育期总耗水量的 50% 以上,也是需水量最多的时期。该期的生长从以细胞分裂为主转向以细胞体积增大为主,块茎迅速膨大,这时除要求土壤疏松通气,以减少块茎生长过程中拨开土壤所消耗的能量损失外,保持土壤水分均匀而充分的供应十分重要。此外,由于细胞的膨大依靠细胞壁的伸长,而与细胞弹性有关;对弹性有影响的除了胞壁结构物质——纤维素、果胶质及钙的供应外,细胞内液胞的充分有重要作用。所以马铃薯在块茎增长期需水最多,也是对土壤水最敏感的时期。例如早熟品种在初花、盛药及终花阶段,晚熟品种在盛花、终花及药后 1 周内,如果依次分别停止浇水,直到土壤含水量降到最大持水量的 30% 时再浇水,则分别造成减产50%、35% 和 31%,说明块茎增长初期对缺水是最敏感的时期。

各个生长时期遭到土壤供水不匀并伴随着温度骤然变化,都会引起块茎畸形生长,从而影响块茎的商品品质。此外,该期缺水会使块茎体积变小,严重减产。该期应根据降雨情况来决定灌溉措施,勿使土壤水分过量,以免引起茎叶徒长,甚至倒伏,影响块茎产量的形成。

淀粉积累期需要适量的水分供应,以保证植株绿叶面积的寿命和养分向块茎中转移。

该期耗水量占全生育期总耗水量的 10％左右；水分过多往往造成薯块表面皮孔细胞增生，使皮孔张开，易造成薯块腐烂或降低耐贮性，导致丰产不丰收。

从马铃薯一生的需水规律来看，虽以块茎增长期的需水量最多，但幼苗期和块茎形成期缺水对产量的影响也很大。据黑龙江省农科院克山农科所对马铃薯最适土壤水分含量及其灌溉生理指标的研究，从出苗到块茎形成期，土壤水分的盈亏对产量的影响最显著。这一时期，随着土壤水分的递增，块茎产量显著增加。如果全生育期保持土壤最大持水量的 80％，则其产量是土壤最大持水量 40％的 6 倍。可见，充足的水分供应是获得马铃薯高产的重要保证。

# 任务二　马铃薯生长的水环境

## 一、降水

降水是指以雨、雪、霰、雹等形式从云中降落到地面的液态或固态水。广义的降水包括云中降水（雨、雪、霰、雹等）和地面水汽凝结物（露、霜、雾凇、雨凇等）。一般情况下，降水是指云中降水。

（一）降水形成的原因

大气降水的形成，就是云层中水滴或冰晶增长到一定程度，在不断下降的过程中，不因蒸发而导致水分耗尽，降落到地面，即成为降水。

1. 对流降水

地面空气受热后，因体积增大而不断上升，升到一定高度并冷却，水汽凝结而形成的降水，称为对流降水。对流引起的降水一般为雷阵雨，雨区范围小，降水时间短，强度大。

2. 地形降水

在山区，暖湿空气受山地阻挡，被迫抬升到一定高度，因水汽饱和而形成的降水，称为地形降水。地形降水一般出现在山地的迎风坡上。

3. 锋面降水

暖湿空气与干冷空气相遇的交接面称为锋面。当暖湿空气沿锋面上升，因绝热冷却，水汽凝结而形成的降水，称为锋面降水。此种情形在我国北方的春、夏、秋季最为常见。

4. 台风降水

在台风的影响下，因空气上升，水汽凝结后产生的降水，称为台风降水。此种情形在我国东南沿海地区的夏季最为常见。

（二）降水的类型

1. 按降水性质分类

（1）连续性降水。这类降水强度变化小，持续时间长，降水范围大，多降自雨层云或高层云。

（2）间歇性降水。这类降水时小时大，时降时止，变化慢，多降自层积云或高层云。

（3）阵性降水。这类降水骤降骤止，变化很快，天空云层巨变，一般范围小，强度较大，主要降自积雨云。

（4）毛毛状降水。这类降水雨滴极小，降水量和强度都很小，持续时间较长，多降自层云。

**2. 按降水物态形式分类**

(1)雨。雨是从云中降到地面的液态水滴,其直径一般为0.5～7mm,雨滴下降速度与直径有关,雨滴越大,其下降速度也越快。

(2)雪。雪是从云中降到地面的固态水,其形态有六角菱形、片状或柱状结晶等类型。气候不寒冷时,很多雪花融合成团似棉絮状。冬季积雪,能冻死大量的病菌、虫卵,春季融雪时雪水渗入土壤,有利于马铃薯生长发育。

(3)霰。霰是从云中降到地面的固态水,其直径为1～5mm,形成于冰晶、雪花、过冷却水并存的云中,是由下降的雪花与云中冰晶、过冷却水滴碰撞迅速冻结形成的,常见于降雪前或与雪同时降落。直径小于1mm的称为米雪。

(4)雹。雹又称冰雹、冷子,是由透明和不透明的冰层相间组成的固体降水物。其形态多为球形,直径为几毫米到几十毫米,下降时伴有阵雨。其持续时间较短,但强度很大,破坏性较大。

**3. 按降水强度分类**

降水按降水强度分为小雨、中雨、大雨、暴雨、大暴雨、特大暴雨,小雪、中雪、大雪等。

**(三)降水的表示方法**

**1. 降水量**

降水量是指一定时段内从大气中降落到地面,未经蒸发、渗透和流失而在水平面上积聚的水层厚度。降水量是表示水多少的特征量,通常以mm为单位。降水量具有不连续性和变化大的特点,通常以日为最小统计单位,进行降水日总量、旬总量、月总量和年总量的统计。

**2. 降水强度**

降水强度是指单位时间内的降水量。降水强度是反映降水急缓的特征量,单位为mm/d或mm/h。根据降水强度大小,可将降水划分为若干等级(表4-3)。

表4-3　降水等级表　　　　　　　　　　　　　　　　　单位:mm/h

| 种类 | 时间<br>等级 | 小 | 中 | 大 | 暴 | 大暴 | 特大暴 |
|---|---|---|---|---|---|---|---|
| 雨 | 12h | 0.1～5.0 | 5.1～15.0 | 15.1～30.0 | 30.1～60.0 | ≥60.1 | |
| | 24h | 0.1～10.0 | 10.1～25.0 | 25.1～50.0 | 50.1～100 | 100.1～200.0 | >200.0 |
| 雪 | 12h | 0.1～0.9 | 1.0～2.9 | ≥3.0 | — | — | — |
| | 24h | ≤2.4 | 2.5～5.0 | >5.0 | — | — | — |

**3. 降水变率**

降水变率是反映降水量是否稳定的特征量,包括绝对降水变率和相对降水变率两种。绝对降水变率又称降水距平,是指某地实际降水量与多年同期平均降水量之差。绝对降水变率为正值时,表示比正常年份降水量多,负值表示比正常年份降水量少。一般用绝对降水变率表示某地降水量的变动情况。相对降水变率是指降水距平与多年同期平均降水量的比值。如果逐年的相对降水变率均较大,则表示平均降水量的可靠程度小,发生旱涝灾害的可能性就大。

$$相对降水变率＝\frac{降水距平}{多年同期平均降水量}×100\%$$

4. 降水保证率

降水保证率是指降水量高于或低于某一界限降水量的频率的总和。它表示某一界限降水量可靠程度的大小。某一界限降水量在某一段时间内出现的次数与该时段降水总次数的百分比称为降水频率。

## 二、空气湿度

(一)空气湿度的表示方法

空气湿度是表示空气中所含水汽量和空气潮湿程度的物理量,常用水汽压、绝对湿度、相对湿度、露点温度和饱和差来表示。

1. 水汽压($e$)与饱和水汽压($E$)

水汽压是指空气中水汽所产生的压力,是大气压的一个组成部分。一般来说,空气中的水汽含量多,水汽压大;反之,水汽压小。水汽压单位常用百帕(hPa)表示。当温度一定时,单位体积空气中所能容纳的水汽量是有一定限度的,水汽含量达到这个限度,便呈饱和状态,这时的水汽压称为饱和水汽压。温度升高(降低)时,饱和水汽压也随之升高(降低)。

2. 绝对湿度($a$)

绝对湿度是指单位容积空气中所含水汽的质量,实际上就是空气中的水汽密度,单位为 $g/cm^3$ 或 $g/m^3$。空气中的水汽含量愈多,绝对湿度愈大。绝对湿度能直接表示空气中水汽的绝对含量。

3. 相对湿度($r$)

相对湿度是指空气中实际水汽压与同温度下饱和水汽压的百分比。相对湿度反映当时温度条件下空气湿度的饱和程度。若 $e<E,r<100\%$,则空气处于不饱和状态;若 $e=E,r=100\%$,则空气处于饱和状态;若 $e>E,r>100\%$,则空气处于过饱和状态。因为饱和水汽压随温度的变化而变化,所以在同一水汽压下,气温升高,相对湿度减少,空气干燥;相反,气温降低,相对湿度增加,空气潮湿。

4. 露点温度($t_d$)

露点温度是指当空气中的水汽含量和气压不变时,气温降低到空气饱和时的温度,单位为℃。对温度相同而水汽压不同的情况来说,水汽压较大的,温度降低很少,空气就能达到饱和,因而露点温度较高;水汽压较小的,温度下降幅度大,空气才能达到饱和,因而露点温度较低。因此,气压一定时,露点温度的高低反映了水汽压的大小。

5. 饱和差($d$)

饱和差是指某一温度下,饱和水汽压和实际水汽压之差。若空气中的水汽含量不变,则温度下降时,饱和水汽压随之减少,使饱和差也减少;反之,则使饱和差增大。当空气达到饱和时,饱和差为零。饱和差表明空气距离饱和的程度。

(二)空气湿度的时间变化

近地面空气湿度有一定的日变化和年变化规律,尤以水汽压和相对湿度最为明显。

1. 水汽压的时间变化

空气中的水汽主要来自地面蒸发、水面蒸发和植物蒸腾。因此,其水汽含量与温度有密切的关系。水汽压的日变化有两种基本形式:一种是单峰型,另一种是双峰型。

单峰型的日变化与气温日变化相似,一日中水汽压最大值出现在气温最高、蒸发最强的时候(14—15 时),最小值出现在气温最低、蒸发最弱的时候(日出之前)。单峰型日变化主要发生在海洋上、潮湿的陆地上及乱流交换较弱的季节。

双峰型有两个极小值和两个极大值。一个极小值出现在日出之前气温最低的时候;另一个极小值出现在 15—16 时,此时近地面乱流、对流最强,把水汽从低层带到高层,使近地层绝对湿度急剧减小。第一个极大值出现在 8—9 时,此时温度不断上升,蒸发增强,而对流尚未充分发展,致使水汽在近地气层积累;第二个极大值出现在对流和乱流减弱、地面蒸发出来的水汽又能在低层大气聚集的 20—21 时。双峰型日变化多发生在内陆暖季和沙漠地区。

水汽压的年变化与气温年变化相似。在陆地上,水汽压最大值出现在 7 月,最小值出现在 1 月;在海洋上,水汽压最大值出现在 8 月,最小值出现在 2 月。

2. 相对湿度的时间变化

相对湿度的变化与气温及大气中的水汽含量有关。在陆地内部,相对湿度的日变化与气温日变化相反,最大值出现在日出前后气温最低的时候,最小值出现在气温最高的 14~15 时。而沿海一带,白天的风是由海洋吹向陆地,将大量水汽由海上带到陆地,因此这时相对湿度较高;夜间和清晨,风由陆地吹向海洋,风阻止海上湿空气进入陆地,因此相对湿度较低。所以,沿海地区相对湿度的日变化表现为日高夜低,与气温日变化一致。相对湿度的日较差一般为陆地大于海洋、内陆大于沿海、夏季大于冬季、晴天大于阴天。

相对湿度年变化的位相一般与气温年变化的位相相反。温暖季节相对湿度较小,寒冷季节相对湿度较大。在季风盛行地区,由于夏季风来自海洋的潮湿空气,冬季风来自大陆的干燥空气,因此相对湿度年变化与上述情况相反,最大值出现在夏天的雨季或雨季之前,最小值出现在冬季。

### 三、土壤水分

土壤水分是马铃薯吸水的主要来源,是组成土壤的主要成分,是土壤肥力诸因素中最积极又最为活跃的因素,对马铃薯生产的影响很大。土壤水分主要来自降水和灌溉水,是含有多种无机盐与有机物的水溶液。

(一)土壤水分的存在形态

1. 吸湿水

吸湿水是指土粒表面靠分子引力从空气中吸附的气态水保持在土粒表面。吸湿水因受土粒表面分子巨大引力所吸附,故不能移动,无溶解能力,不能被马铃薯吸收,属无效水。一般土壤质地愈细,有机质含量愈高,空气的相对湿度愈大,土壤吸湿水含量也愈多;反之,则少。

2. 膜状水

膜状水是指土粒靠吸湿水外层剩余的分子引力从液态水中吸附的一层极薄的水膜。膜状水受到的引力比吸湿水小,因而有一部分可被马铃薯吸收利用。但因其移动缓慢,只有当马铃薯根系接触到时才能被吸收利用。吸湿水和膜状水合称为束缚水。

3. 毛管水

毛管水是指土壤依靠毛管引力的作用将水分保持在毛管孔隙中的水分。毛管水具有一般自由水的特点,水分移动速度快,数量多,是马铃薯利用水分的主要形态。根据毛管水在土壤中存在的位置,可分为毛管悬着水和毛管上升水两种。毛管悬着水是指在地下水位较低的土壤,当降水或灌溉后,水分下移,但不能与地下水联系而"悬挂"在土壤上层毛细管中的水分;毛管上升水是指地下水随毛管引力作用而保持在土壤孔隙中的水分。

4. 重力水

重力水是指存在于土壤大孔隙中,受到重力作用又能向下移动的水分。重力水具有一般自由水的特点,是水生植物吸收利用的有效水分;对马铃薯来说,重力水可被利用,但不易被土壤保蓄,故为多余的水分。

(二)土壤水分的有效性

要了解土壤水分的有效性,首先要了解土壤吸湿系数、萎蔫系数、毛管持水量、田间持水量、全蓄水量等土壤水分常数;其次要了解有效水和无效水的概念。吸湿系数是指土壤吸湿水达到最大时的土壤含水量;萎蔫系数是指植物因吸收不到水分而发生永久萎蔫时的土壤含水量,也称凋萎系数;毛管持水量是指毛管上升水达到最大时的土壤含水量;田间持水量是指毛管悬着水达到最大时的土壤含水量;全蓄水量是指重力水达到最大时的土壤含水量,又称饱和含水量。

通常情况下,将萎蔫系数看作土壤有效水的下限,将田间持水量看作土壤有效水的上限,两者的差值称为土壤有效最大含水量。有效水是指可被植物吸收利用的土壤水分,与土壤质地有密切关系。无效水是指不能被植物吸收利用的土壤水分。

(三)土壤含水的表示方法

1. 质量含水量

质量含水量是土壤水质量与烘干土质量的比值。烘干土质量以 $105\sim110℃$ 下烘干土质量为基数。

$$土壤质量含水量=\frac{土壤水质量}{烘干土质量}\times100\%=\frac{W_1-W_2}{W_2}\times100\%$$

式中　$W_1$——湿土质量;

$W_2$——烘干土质量;

$W_1-W_2$——土壤水质量。

2. 容积含水量

容积含水量是土壤中的水容积占土壤总容积的百分数,能反映土壤中水气之间的比例关系。

$$土壤容积含水量=\frac{土壤水容积}{土壤总容积}\times100\%=质量含水量(\%)\times容重$$

3. 相对含水量

相对含水量是土壤质量含水量占田间持水量的百分数,可反映土壤水的有效性。

$$相对含水量=\frac{质量含水量}{田间持水量}\times100\%$$

在农业生产上,我国北方农民常把土壤中含水分的多少称作土壤墒情,并积累了丰富的查墒、验墒和保墒经验。

# 任务三 提高马铃薯水分利用率的途径

马铃薯全生育期如能始终保持田间最大持水量的60%～80%,对获得高产最为有利。在灌水时,除根据需水规律和生育特点外,对土壤类型、降雨量和雨量分配时期,以及产量水平等应进行综合考虑,以便正确地确定灌水时期、方法和数量。马铃薯幼苗期,在40cm土层内保持田间最大持水量的65%左右为宜。块茎形成至块茎增长期,则以60cm土层内保持田间最大持水量的75%～80%为宜。在淀粉积累期,则以60cm土层内保持田间最大持水量的60%～65%即可。后期水分不宜过多,否则易造成烂薯,影响产量和品质。

在马铃薯生产上,根据其水分生理与栽培区域的特点采用多种方式进行合理灌溉,既能节约水资源,提高水分利用率,又能充分发挥水的生理作用,提升马铃薯的品质。

## 一、集水蓄水技术

蓄积自然降水,减少降水径流损失,是解决农业用水的重要途径。除了拦河筑坝、修建水库、修筑梯田等大型集水蓄水和农田基本建设工程外,在干旱少雨地区,采取适当方法,汇集、积蓄自然降水,发展径流农业是十分重要的措施。如修建坑塘、水窖等贮水措施,以接纳雨水。

(一)沟垄覆盖集中保墒技术

基本方法是平地(或坡地沿等高线)起垄,农田呈沟、垄相间状态,垄作后拍实,紧贴垄面覆盖塑料薄膜,降雨时雨水顺薄膜集中于沟内,渗入土壤深层。沟要有一定深度,保证有较厚的疏松土层,降雨后要及时中耕以防板结,雨季过后要在沟内覆盖秸秆,以减少蒸发失水。

(二)等高耕作种植,截水增墒

基本方法是沿等高线筑埂,改顺坡种植为等高种植,埂高和带宽的设置既要有效地拦截径流,又要节省土地和劳力,适宜等高耕作种植的山坡要厚1m以上,坡度为6°～10°,带宽为10～20m。

(三)微集水面积种植

我国的鱼鳞坑就是微集水面积种植的实例之一:在一小片马铃薯周围,筑高15～20cm的土埂,坑深40cm,坑内土壤疏松,覆盖杂草,收集降水,以蓄积水分,减少蒸发。

## 二、节水灌溉技术

目前,节水灌溉技术在植物生产上发挥着越来越重要的作用,主要有喷灌、微灌、膜上灌、地下灌、调亏灌溉等。

(一)喷灌技术

喷灌是利用专门的设备将水加压,或利用水的自然落差将高位水通过压力管道送到田间,再经喷头喷射到空中散成细小水滴,均匀散布在农田上,达到灌溉的目的。近年来,喷灌圈的应用在我国干旱地区马铃薯生产上取得了良好的效果。喷灌圈的大型喷灌设备采用电机带动,可按马铃薯不同生育期需水要求适时、适量供水,具有明显的增产、节水作用,与传统地面灌溉相比,还兼有节省灌溉用工、占用耕地少、对地形和土质适应性强,能改善田间小气候等优点。对一般土质而言,喷灌可节水30%～50%;对透水性强、保水能力弱的土质,可节水70％以上。与传统地面灌水相比,喷灌马铃薯一般可增产20％～30％。

（二）微灌技术

微灌技术是一种新型的节水灌溉工程技术,包括滴灌、微喷灌和涌泉灌等。它具有以下优点:一是节水节能。微灌系统全部由管道输水,灌水时润湿马铃薯根部附近的部分土壤,灌水流量小,不致产生地表径流和深层渗漏,一般比地面灌溉省水60％～70％,比喷灌省水15％～20％。微灌是在低压条件下运行,比喷灌能耗低。二是灌水均匀,水肥同步,利于植物生长。微灌系统能有效控制每个灌水管的出水量,保证灌水均匀,均匀度可达80％～90％;微灌能适时、适量向马铃薯根区供水供肥,还可调节株间温度和湿度,不易造成土壤板结,为马铃薯生长发育提供良好的条件,利于提高产量和质量。三是适应性强,操作方便。可根据不同的土壤渗透特性调节灌水速度,适用于山区、坡地、平原等各种地形条件。微灌系统不需要平整土地和开沟作畦,因而可大大减少灌水的劳动量和强度。微灌的不利因素在于一次性投资大、灌水器易堵塞等。

（三）膜上灌技术

这是在地膜栽培的基础上,把以往的地膜旁侧灌水改为膜上灌水,水沿放苗孔和膜旁侧灌水渗入土壤。通过调整膜畦首尾渗水孔数的大小来调整沟畦首尾的灌水量,可使灌水更均匀。膜上灌投资少,操作简便,便于控制水量,加速输水速度,可减少土壤的深层渗漏和蒸发损失,因此可显著提高水分的利用率。近年来由于无纺布（薄膜）的出现,膜上灌技术的应用更加广泛。膜上灌适用于所有实行地膜种植的作物,与常规沟灌相比,可省水40％～60％,并有明显的增产效果。

（四）地下灌技术

这是把灌溉水输入地下铺设的透水管道或采用其他工程措施普遍抬高地下水位,依靠土壤的毛细管作用浸润根层土壤,供给植物所需水分的灌溉技术。地下灌溉可减少表土蒸发损失,水分利用率高,与常规沟灌相比,一般可增产10％～30％。

（五）调亏灌溉技术

调亏灌溉是从植物生理角度出发,在一定时期内减少土壤含水量,主动施加一定程度的有益的亏水度,通过有益的亏水锻炼,使作物达到节水增产、改善品质的目的。通过调亏还可控制植株地上部分的生长量,实现矮化密植,减少整枝等工作量。该方法不仅适用于果树等经济作物,而且适用于大田作物。

## 三、少耕、免耕技术

（一）少耕技术

少耕是指在常规耕作基础上尽量减少土壤耕作次数或全田间隔耕种,减少耕作面积的耕作方法。少耕的方法主要有以深松代翻耕,以旋耕代翻耕、间隔带状耕种等。我国的松土播种法就是采用松土器进行松土,然后播种。带状耕作法是把耕翻局限在行内,行间不耕地,植物残茬留在行间。

（二）免耕技术

免耕是指马铃薯播种前不用犁、耙整理土地,直接在茬地上播种,播后及马铃薯生育期间也不使用农具进行土壤管理的耕作方法。免耕具有以下优点:省工省力;省费用,效益高;抗倒伏,抗旱,保苗率高;有利于集约经营和发展机械化生产。国外免耕法一般由三个环节组成：利用前作残茬或播种牧草作为覆盖物；采用联合作业的免耕播种机开沟、喷药、施肥、播种、覆土、镇压一次完成作业；采用农药防治病虫、杂草。

### 四、地面覆盖技术

#### （一）沙田覆盖

沙田覆盖在我国西北干旱、半干旱地区的运用十分普遍。它是由沙土甚至砾石覆盖于土壤表面，抑制蒸发，减少地表径流，促进自然降水充分渗入土壤中，从而起到增墒、保墒作用。此外，沙田还有压碱、提高土温、防御冷害的作用。

#### （二）秸秆覆盖

这种方法是利用麦秸、玉米秸、稻草、绿肥等覆盖于已翻耕过或免耕的土壤表面，在两茬马铃薯间的休闲期覆盖，或在马铃薯生育期覆盖，可以将秸秆粉碎后覆盖，也可整株秸秆直接覆盖，播种时将秸秆扒开，形成半覆盖形式的技术。秸秆覆盖阻挡阳光直接照射土壤，降低地温，可有效抑制土壤蒸发。秸秆覆盖可提高降水的保蓄能力，而且将腐烂秸秆翻入土中，有利于提高土壤肥力，改善土壤结构，协调养分供应，保持水土不流失，既可节水，又节约能量投入。

#### （三）地膜覆盖

这种方法可以提高地温，防止蒸发，湿润土壤，稳定耕层含水量，起到保墒作用，从而有显著增产的作用。

#### （四）化学覆盖

利用高分子化学物质制成乳状液，喷洒到土壤表面，形成一层覆盖膜，可抑制土壤蒸发，并有增湿保墒作用。化学覆盖在阻隔土壤水分蒸发的同时，不影响降水渗入土壤，可使耕层土壤的水分含量增加。

### 五、保墒技术

#### （一）适当深耕

在马铃薯生产实践中，通过打破犁底层，增厚耕作层，可以增加土壤孔隙度和土壤通气孔隙度，达到提高土壤蓄水性和透水性的目的。深耕再结合施用有机肥，还能有效提高土壤肥力，改善土壤环境条件。

#### （二）中耕松土

通过适期中耕松土，疏松土壤，可以破坏土壤浅层的毛管孔隙，使得耕作层的土壤水分不容易从表土层蒸发，减少了土壤水分消耗，同时又可消除杂草。特别是降水或灌溉后，及时中耕松土显得更加重要，能显著提高土壤的抗旱能力。农谚"锄头下有水"就是这个道理。

#### （三）表土镇压

对含水量较低的沙土或疏松土壤，适时镇压，能减少土壤表层的空气孔隙数量，减少水分蒸发，增加土壤耕作层及耕作层以下的毛管孔隙度，吸引地下水，从而起到保墒和提墒的作用。

#### （四）创造团粒结构体

在马铃薯生产中，通过增施有机肥料，种植绿肥，以及合理的轮作套作等措施，可提高土壤有机质含量，再结合少耕、免耕等合理的耕作方法，创造良好的土壤结构和适宜的孔隙状况,增加土壤的保水和透水能力,从而使土壤保持一定的有效含水量。

（五）植树种草

植树造林,能涵养水源,保持水土。树冠能截留部分降水。降水通过林地的枯枝落叶层大量下渗,使林地土壤涵养大量水分。同时林地又能减少地表径流,防止土壤冲刷和养分的流失。林地还可以调节小气候,增加降水量。林地具有强大的蒸腾作用,使林区上空空气湿度增大。据测定,森林上空空气湿度一般比无林区高。

## 六、水土保持技术

（一）水土保持耕作技术

水土保持耕作技术主要有两大类:一是以改变小地形为主的耕作法,包括等高耕种、等高带状间作、沟垄种植(如水平沟、垄作区田、等高沟垄、等高垄作、蓄水聚肥耕作、抽槽聚肥耕作等)、坑田、半旱式耕作、水平犁沟等。二是以增加地面覆盖为主的耕作法,包括草田带轮作、覆盖耕作(如留茬覆盖、秸秆覆盖、地膜覆盖、青草覆盖等)、少耕(如少耕深松、少耕覆盖等)、免耕、草田轮作、深耕密植、间作套种、增施有机肥料等。

（二）工程措施

1. 山坡防护工程

山坡防护工程的作用在于用改变小地形的方法防止坡地水土流失,将雨水及融雪水就地拦蓄,使其渗入农地、草地或林地,减少或防止形成面径流,增加农作物、牧草以及林木可利用的土壤水分。同时,将未能就地拦蓄的坡地径流引入小型蓄水工程。山坡防护工程的措施有:梯田、拦水沟埂、水平沟、水平阶、水簸箕、鱼鳞坑、山坡截流沟、水窖(旱井),以及稳固斜坡下部的挡土墙等。

2. 山沟治理工程

山沟治理工程的作用在于防止沟头前进、沟床下切、沟岸扩张,减缓沟床纵坡,调节山洪洪峰流量,减少山洪或泥石流的固体物质含量,使山洪安全排泄,对沟口冲积锥不造成灾害。山沟治理工程的措施有:沟头防护工程,以阻拦、调节泥沙为主要目的的各种拦沙坝,以拦泥淤地、建设基本农田为目的的淤地坝及沟道防道防岸工程等。

3. 山洪排导工程

山洪排导工程的作用在于防止山洪或泥石流危害沟口冲积堆上的房屋、工矿企业、道路及农田等具有重大经济意义的防护对象。属于山洪排导工程的有排洪沟、导流堤等。

4. 小型蓄水用水工程

小型蓄水用水工程的作用在于将坡地径流及地下潜流拦蓄起来,减少水土流失危害,灌溉农田,提高作物产量。其工程包括小水库、蓄水塘坝、淤滩造田、引洪淤地、引水上山等。

（三）林草措施

水土保持的主要林草措施有封山育林、荒坡造林(水平沟造林、鱼鳞坑造林)、护沟造林、种草等。

我国实施的水土保持法,确立了水土保持是我国必须长期坚持的一项基本国策。我国水土保持的方针是以预防为主,以大流域重点治理为骨干,以小流域为单元,以效益为中心,以水田林路统一规划,工程措施、生物措施、蓄水保土及耕作措施相结合的方针。

## 思考与练习

1. 降水的主要类型有哪些?

2. 降水强度的表示方法有哪些?

3. 简述空气湿度的表示方法和空气湿度的周期性变化。

4. 土壤水分的形态有哪些?

5. 提高土壤水分利用率的途径有哪些?

## 课外实践活动

将全班分为若干组,每组利用业余时间进行下列调查活动,并写出调查报告:

调查你所在的地区主要有哪些提高水分利用率的措施。

# 项目五　马铃薯生长与温度环境

## 任务一　马铃薯生长的温度环境

温度是表示物体冷热程度的物理量，是马铃薯生长环境的重要因素之一，在马铃薯整个生命周期中具有重要意义。其中，土壤温度和空气温度与马铃薯生长关系密切。

### 一、土壤温度

土壤温度影响马铃薯的生长、发育和块茎的形成，是影响土壤肥力的重要因素之一。土壤温度的高低主要与土壤的热特性有关。

（一）土壤的热特性

土壤吸收或放出热量时，土温会改变。但不同类型的土壤吸收或放出同等热量时，其温度变化并不相同，这是土壤的热特性不同造成的。土壤的热特性主要指土壤的热容量和土壤的导热率（表 5-1）。

表 5-1　土壤中的土粒、水和空气的热特性

| 土壤成分 | 土壤容积热容量<br>[J/(m³ · ℃)] | 土壤导热率<br>[J/(m · s · ℃)] |
| --- | --- | --- |
| 土粒 | 2.06～2.44 | 0.8～2.5 |
| 水 | 4.2 | 0.59 |
| 空气 | 0.0013 | 0.02 |

**1. 土壤热容量**

土壤热容量可分为质量热容量和容积热容量。质量热容量是指单位质量土壤的温度每升高或降低 1℃ 时吸收或放出的热量,单位是 J/(g·℃)。容积热容量是指单位容积土壤的温度每升高或降低 1℃ 时吸收或放出的热量,单位是 J/(m³·℃)。当不同的土壤吸收或放出相同热量时,热容量越大的土壤,其升温或降温的数值越小;反之,热容量越小的土壤,其温度变幅就越大。农业生产上通常以水调温,早春晴天排水增温、冬季灌水保温、夏季灌水降温就是利用这一原理。

**2. 土壤导热率**

土壤导热率是指在单位厚度(1cm)土层,温差为 1℃ 时,每秒单位断面(1cm²)通过的热量(J),单位是 J/(m·s·℃)。导热率高的土壤,热量易于在上下层间传导,地表土温的变化较小;相反,导热率低的土壤,地表土温的变化较大。马铃薯生产中采取的一些耕作措施,如中耕、镇压等,就是通过改变土壤中的水气比例,使土壤导热率发生变化而调节温度的。

**(二)土壤温度的变化**

**1. 土壤温度的日变化**

温度日较差是指一日内最高温度与最低温度之差。在正常天气条件下,一日内土壤表面最高温度出现在 13 时左右,最低温度出现在日出之前,土壤表面温度的日较差较大。随着土壤深度的增加,温度日较差减小。最高、最低温度出现的时间,随土壤深度的增加而延后,每增深约 10cm,最高温度、最低温度延后 2.5～3.5h(图 5-1)。

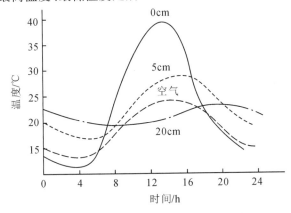

**图 5-1　深层土温的日变化**

**2. 土壤温度的年变化**

一年中,土壤表面月平均温度最高值出现在 7—8 月,最低值出现在 1—2 月。温度年较差是指一年内最热月平均温度与最冷月平均温度之差。土壤温度的年较差随土壤深度的增加而减少,至一定深度后,年较差消失;最高、最低温度出现的时间也随土壤深度的增加而延后,大约每增加 1m,推迟 20～30d。利用土壤深层温度变化较小的特点,冬天地窖可贮菜,高温季节地窖可贮禽、蛋、肉。

**3. 土壤温度的垂直分布**

一日中,土壤温度的垂直分布一般分为日射型、辐射型、上午转变型和傍晚转变型四种类型(图 5-2)。日射型是指白天地面获得大量辐射能量后,地面温度急剧升高。越接近地表的土层,温度变幅越大;越深入地下,温度变幅越小。辐射型是指夜间地面由于辐射能散失而降温,其温度垂直变化与白天相反。图5-2中,13:00为日射型,01:00为辐射型,09:00为上午转变型,19:00为傍晚转变型。

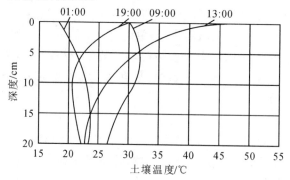

**图5-2　一日中土壤温度的垂直分布**

一年中,土壤温度的垂直变化可分为放热型(冬季,相当于辐射型)、受热型(夏季,相当于日射型)和过渡型(春季和秋季,相当于上午转变型和傍晚转变型)。

(三)影响土壤温度变化的因素

影响土壤温度变化的主要因素是太阳辐射。除此之外,土壤湿度等因素也影响着土壤温度变化。

1. 土壤湿度

土壤湿度一方面改变土壤的热特性(热容量和导热率),另一方面影响地面辐射收支和热量收支。因此,与干燥土壤相比,潮湿土壤的地面土壤温度日变幅和年变幅较小,最高、最低温度出现时间较迟。

2. 土壤颜色

土壤颜色可改变地面辐射差,深色土壤白天温度高,日较差大;浅色土壤白天温度较低,日较差相对较小。

3. 土壤质地

土壤温度的变化幅度与土壤质地有关,沙土最大,壤土次之,黏土最小。

4. 覆盖

植被、积雪或其他地面覆盖物,可截留一部分太阳辐射能,土温不易升高。地面覆盖物还可防止土壤热量散失,起保温作用。如地膜覆盖就是这个道理。

5. 地形和天气条件

坡向、坡度等地形因素及阴、晴、干、湿、风力大小等天气条件,可使到达地面的辐射量发生改变,影响地面热量收支,从而影响土壤温度变化。

6. 纬度和海拔高度

土壤温度随着纬度的增加、海拔高度的增大而逐渐降低。

## 二、空气温度

马铃薯生长发育不仅需要适宜的土壤温度,而且需要适宜的空气温度给予保证。空气温度简称气温,一般所说气温是指距地面1.5m高的空气温度。

(一)空气温度的日变化规律

空气温度的日变化与土壤温度的日变化一样,只是最高、最低温度出现的时间推迟。通常,最高温度出现在14—15时,最低温度出现在日出前后。气温的日较差小于土温的日较差,并且随着距地面高度的增加,气温日较差逐渐减小,位相也在不断落后。

气温的日较差受纬度、季节、地形、土壤质地、地表状况等因素的影响。气温日较差随着纬度的增加而减小。热带气温日较差平均为10~20℃,温带为8~9℃,而极地只有3~4℃。一般夏季气温的日较差大于冬季,而一年中气温日较差在春季最大。凸出地形气温日较差比平地小;低凹地形气温日较差较平地大。陆地上的气温日较差大于海洋,而且距海愈远,日较差愈大。沙土、深色土、干松土的气温日较差分别比黏土、浅色土和潮湿土大。在有植物覆盖的地方,气温日较差小于裸地。晴天气温日较差大于阴天;大风天和有降水时,气温日较差小。

（二）空气温度的年变化

气温的年变化与土温的年变化十分相似。大陆性气候区和季风性气候区,一年中最热月和最冷月分别出现在7月和1月,海洋性气候区落后1个月左右,分别在8月和2月。

气温年较差受纬度、距海洋远近、地面状况、天气等因素的影响。气温年较差随着纬度的增高而增大,赤道地区年较差仅为1℃左右,中纬度地区为20℃左右,高纬度地区可达30℃。海上气温年较差较小,距海近的地方年较差小,越向大陆中心,年较差越大。一般情况下,温带海洋上年较差为11℃,大陆上年较差可达20~60℃。凹地的年较差大于凸地的年较差,且随海拔的升高而减小。一年中晴天较多地区,气温年较差较大。一年中阴（雨）天较多地区,气温年较差较小。

（三）气温的非周期性变化

气温除具有周期性日变化、年变化规律外,在空气大规模冷暖气流的影响下,还会产生非周期性变化。在中高纬度地区,由于冷暖空气交替频繁,气温非周期性变化比较明显。气温非周期性变化对马铃薯生产的危害较大,如我国江南地区3月份出现的"倒春寒"天气,秋季出现的"秋老虎"天气,便是气温非周期性变化的结果。

（四）大气中的逆温

逆温是指在一定条件下,气温随高度的增高而增加,气温直减率为负值的现象。逆温按其形成原因,可分为辐射逆温、平流逆温、湍流逆温、下沉逆温等类型。这里重点介绍辐射逆温和平流逆温。

1. 辐射逆温

辐射逆温是指夜间由地面、雪面或冰面、云层顶等辐射冷却形成的逆温。辐射逆温通常在日落以前开始出现,半夜以后形成,夜间加强,黎明前强度最大。日出以后,地面及其邻近空气增温,逆温便自下而上逐渐消失。辐射逆温在大陆常年都可出现,中纬度地区秋、冬季节尤为常见,其厚度可达200~300m。

2. 平流逆温

平流逆温是指当暖空气平流到冷的下垫面时,使下层空气冷却而形成的逆温。冬季从海洋上来的气团流到冷却的大陆上,或秋季空气由低纬度流向高纬度时,容易产生平流逆温。平流逆温在一天中的任何时间都可出现。白天,平流逆温可因太阳辐射使地面受热而变弱,夜间可因地面有效辐射而加强。

逆温现象在农业生产上的应用很广泛,如寒冷季节晾晒一些农副产品时,常将晾晒的产品置于一定高度,以免近地面温度过低而受冻害。有霜冻的夜间,往往有逆温存在,熏烟防霜,烟雾正好弥漫在贴地气层,保温效果好。防治病虫害时,也往往利用清晨逆温层,使药剂不致向空中发散,而均匀地洒落在植株上。

# 任务二　马铃薯生长发育与温度调控

## 一、温度对马铃薯生长的影响

维持植物生命的温度有一个基本范围。对于大多数植物而言,维持生命的温度在－10～50℃之间,适宜生长的温度为5～40℃,满足发育要求的温度为10～35℃。植物生命过程中要进行一系列生理生化过程,其中适宜光合作用的温度范围为0～50℃,适宜呼吸作用的温度范围为－10～50℃。

(一)马铃薯的三基点温度与农业界限温度

1. 马铃薯的三基点温度

植物生长发育都有三个温度基本点,即维持生长发育的生物学下限温度(最低温度)、最适温度和生物学上限温度(最高温度),这三者合称为三基点温度。其中,在最适温度范围内,植物生命活动最强,生长发育最快;在最低温度以下或最高温度以上,植物生长发育停止。不同植物的三基点温度是不同的,高纬度、寒冷地区的植物,三基点温度较低;而低纬度、温暖地区的植物,三基点温度较高。同一植物不同品种的三基点温度有差异;同一品种植物不同生育阶段的三基点温度也是不同的。马铃薯种薯萌芽的最低温度为4℃,最适温度为18℃,最高温度为36℃。马铃薯块茎建成的最低温度为7℃,最适温度为15～18℃,最高温度为29℃。马铃薯生长发育的最适温度为16～20℃。

2. 农业界限温度

农业界限温度是指具有普遍意义的,标志着某些物候现象或农事活动的开始、转折或终止的日平均温度。农业气候上常用的界限温度及农业意义是:

0℃:初冬土壤冻结,越冬植物停止生长;早春土壤开始解冻,越冬植物开始萌动,早春植物开始播种。从早春日平均气温通过0℃到初冬通过0℃期间为"农耕期",低于0℃的时期为"农闲期"。

5℃:春季通过5℃的初日,华北的冻土基本化冻,喜凉植物开始生长,多数树木开始生长。深秋通过5℃,越冬植物进行抗寒锻炼,土壤开始日消夜冻,多数树木落叶。

10℃:春季喜温植物开始播种,喜凉植物开始迅速生长。秋季喜温谷物基本停止灌浆,其他喜温植物也停止生长。大于10℃期间为喜温植物生长期,与无霜期大体吻合。

15℃:春季通过15℃初日,为水稻适宜移栽期和棉花开始生长期。秋季通过15℃,为冬小麦适宜播种期的下限。大于15℃期间为喜温植物的活跃生长期。

20℃:春季通过20℃初日,为热带植物开始生长期,水稻分蘖迅速增长。秋季低于20℃对水稻抽穗开花不利,形成冷害,易导致空壳。初日与终日之间为热带植物的生长期。

(二)马铃薯的积温和有效积温

1. 积温

马铃薯生长发育不仅要有一定的温度,而且通过各生育期或全生育期需要一定的累积温度。一定时期的累积温度,即温度总和称为积温。积温能表明马铃薯在生育期内对热量的总要求,它包括活动积温和有效积温。在某一个时期内,如果温度较低,达不到马铃薯所需要的积温,生育期就会延长,成熟期推迟。相反,如果温度过高,很快达到马铃薯所需要的积温,生育期会缩短,有时会引起高温逼熟。

2. 活动积温和有效积温

高于最低温度(生物学下限温度)的日平均温度称为活动温度。植物生长发育期间的活动温度的总和称为活动积温。各种植物不同生育期的活动积温不同,同一植物的不同品种所需要的活动积温也不相同。活动温度与最低温度(生物学下限温度)之差称为有效温度。植物生育期内有效温度积累的总和称为有效积温。马铃薯大于 10℃ 的活动积温按成熟期不同为 1000～1800℃,有效积温为 1000～1600℃。有效积温比较稳定能更确切地反映马铃薯对热量的要求。所以,在马铃薯生产中有效积温的应用较多。

3. 积温的应用

积温作为一个重要的热量指标,在马铃薯生产中有着广泛的用途,主要体现在:

(1)用来分析农业气候热量资源。通过分析某地的积温大小、季节分配及保证率,可以判断该地区的热量资源状况,作为规划种植制度和发展优质、高产、高效作物的重要依据。

(2)作为马铃薯引种的科学依据。依据马铃薯品种所需的积温,对照本地可提供的热量条件进行引种或推广,可避免盲目性。

(3)为农业气象预报服务。可作为物候期、收获期、病虫害发生期等预报的重要依据,也可根据杂交育种、制种工作中父母本花期相遇的要求,或农产品上市、交货期的要求,利用积温来推算适宜的播种期。

(三)温度变化与马铃薯生产

1. 土壤温度与马铃薯生长发育

土壤温度对马铃薯生长发育的影响主要表现在:

(1)对水分吸收的影响。在马铃薯生长发育过程中,随着土壤温度的增加,根系吸水量也逐渐增加。通常对马铃薯吸水的影响又间接影响了气孔阻力,从而限制了光合作用。

(2)对养分吸收的影响。低温减少了马铃薯对氮、磷、钾、镁、钙、硫多数养分的吸收。

(3)对块茎形成的影响。马铃薯苗期土温高,生长旺盛,但并不增产;如中期的土温高于 29℃,则不能形成块茎,以 15.6～22.9℃ 最适于块茎形成。土温低,块茎多而小。

(4)对马铃薯生长发育的影响。土温对马铃薯整个生育期都有一定影响,而且前期影响大于气温。如马铃薯种子发芽所需最低土壤温度为 1～5℃。土温变化还直接影响马铃薯的营养生长和生殖生长,间接影响微生物活性、土壤有机质转化等,最终影响马铃薯的生长发育和产量形成。

(5)影响昆虫的发生。土温对昆虫,特别是地下害虫的发生有很大影响。如当 10cm 土温达到 6℃ 左右时,金针虫开始活动,当达到 17℃ 左右时活动旺盛,并危害种子和幼苗。

2. 空气温度与马铃薯生长发育

(1)气温日变化与马铃薯生长发育。气温日变化对马铃薯的生长发育、有机质积累、产量和品质的形成有重要意义。马铃薯的生长发育在最适温度范围内随温度的升高而加快,超过有效温度范围,会对其产生危害。昼夜变温对马铃薯生长有明显的促进作用。

马铃薯生长发育期间,气温常处于下限温度与最适温度之间,这时日较差大是有利的。白天适当高温有利于增强光合作用,夜间适当低温有利于减弱呼吸消耗。在高纬度温差大的地区,低温下日较差大有利于种子发芽,高温下日较差小有利于种子发芽。温度的日变化影响还与高低温的配合有关。

(2)气温年变化与马铃薯生长发育。气温的年变化对马铃薯生长也有很大影响,马铃薯喜冷凉环境,高温对马铃薯生长不利。气温的非周期性变化对马铃薯生长易产生低温寒害和高温热害。

## 二、马铃薯生产的温度调控

(一)耕翻松土

耕翻松土的作用主要是通气增温、调节水气、保肥保墒等。

松土的增温效应表现在:松土使土壤表层粗糙,光反射率低,增加太阳辐射的吸收。白昼或暖季,热量积集表层,松土表层温度比未耕地高,而其下层则比较低;夜间或冷季,松土表层温度比未耕地低,下层则较高。松土还影响层内及其以下土壤,低温时间,表层是降温效应,深层是增温效应;高温时间,表层是增温效应,深层是降温效应。

耕翻松土可切断土壤毛细管联系,使下层土壤水分向土表供应减少,土壤蒸发减弱,因而表层温度高,土壤水分降低,而下层温度降低,湿度增大,有保墒效应。

总之,在春季特别是早春,地温低是影响植物生长的主要因素,此时耕翻松土可以提高表层土温,增大日温差,保持深层土壤水分,增加土壤中二氧化碳的释放量,有利于种子发芽出苗,幼苗长叶、发根和积累有机养分。

(二)镇压

镇压是松土的相反过程,目的在于压紧土壤,破碎土块。镇压以后土壤孔隙度减少,土壤热容量、导热率随之增大,因而清晨和夜间土表增温,中午前后降温,土温日变幅小。据测定,5～10cm土温日变幅,镇压比未镇压的小2.2℃。特别是在降温季节,镇压过的土壤比未镇压的温度高。此外,镇压可以使土壤的坷垃破碎,弥合土壤裂缝,在寒流袭击时可有效防止冷风渗入土壤,危害植物根系。

镇压的另一个作用是提墒。镇压后土壤的容重加大,增加了表土层的毛细管上升水的供应,因而使耕作层内土壤的湿度提高。在播种季节,播种以前先"踩格子"再点种,便是利用这一道理,保证种子正常发芽。

(三)垄作

垄作的目的在于:增大受光面积,提高土温,排除积水,松土通气。在温暖季节,垄作可以提高表土层温度,有利于种子发芽和出苗。

垄作的增温效应受季节和纬度的影响。暖季增温,冷季降温;高纬度地区增温效应明显,低纬度地区不明显;晴天增温明显,阴天增温不明显;干土增温明显,潮土反而降温;南北走向的垄较东西走向的垄两侧土温分布均匀,日变化小;表土增温比深层土壤明显。

在马铃薯生长初期,垄作可减少反射率,因而增大了短波辐射吸收与发散。同时,由于垄作的辐射面大,地面有效辐射比平作高,且辐射增热和冷却方面也较平作快。

垄作具有排涝通气效应,多雨季节有利于排水抗涝。此外,垄作增强了田间的光照度,改善了通风状况,有利于马铃薯的生长,减轻病害。

(四)地面覆盖

地面覆盖的目的在于保温、增温,抑制杂草,减少蒸发,保墒等。地面覆盖的主要方式有：

1. 土面增温剂

这是一种石油副产品,稀释后,喷洒于土壤表面,成为一种十分稀薄的地面覆盖物,具有保墒,增温,压碱,防止风蚀、水蚀等多种作用。增温作用以晴天最明显,5cm地温,日平均可增温3.0～4.0℃,中午最大可增温11.0～14.0℃,其增温时间可维持15～20d。

2. 染色剂

在地面上喷洒或施用草木灰、泥炭等黑色物质,因增加了对太阳辐射的吸收而增温。相反,施用石灰、高岭土等浅色物质,因增加了对太阳辐射的反射而降温。

3. 地膜覆盖

地膜覆盖具有增温、保墒、增强近地层光强和二氧化碳浓度的作用。北方春季地膜覆盖的土壤5～10cm地温可提高4℃左右。增温效应以透明膜最好,绿色膜次之,黑色膜最小。

4. 铺沙覆盖

位于我国西北地区的甘肃省,在农田上铺一层约10cm厚的卵石和粗沙,铺沙前土壤耕翻施肥,铺后数年乃至几十年不再耕翻。山西省则铺细沙,厚度较薄,一般使用一年。铺一层厚度小于0.2cm的细沙,在3—4月,地表可增温1～3℃,5cm地温可增高1.9～2.8℃,10cm地温可提高1.2～2.2℃。另外,铺沙覆盖具有保水效应,可防止土壤盐碱化,温度、湿度条件得到改善,有利于光合作用的加强,马铃薯植株根系发达,叶面积大,促进其生育期提前。

5. 其他覆盖

其他覆盖,如秸秆覆盖技术、无纺布浮面覆盖技术、遮阳网覆盖技术已普遍推广,其主要作用是增温、保墒、抑制杂草等。

地面覆盖应用广泛,继地面覆盖栽培技术后,近年又兴起近地面覆盖栽培技术。近地面覆盖多为短期覆盖,天气转暖后,逐渐去掉薄膜,进行露地栽培。一般地面覆盖地温比外界温度高5～10℃,较露地温度高2～4℃。在使用得当的情况下,地面覆盖对马铃薯生产有促进作用。

（五）灌溉

灌溉对马铃薯生长有重要意义,除了补充需水外,还可以改善农田小气候环境。春季灌水可以抗御干旱,防止低温冷害;夏季灌水可以缓解干旱,降温,减轻干热风危害;秋季灌水可以缓解秋旱,防止寒露风的危害;冬季灌水可增温、保墒。

（六）设施增温

设施增温是指在不适宜植物生长的寒冷季节,利用增温或防寒设施,人为地创造适于植物生长发育的气候条件进行生产的一种方式。设施增温的主要方式有智能化温室、加温温室、日光温室和塑料大棚等。利用以上设施可进行马铃薯育苗和反季生产。

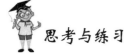 思考与练习

1. 土壤温度、空气温度的变化对植物的生长有何影响?
2. 简述植物生长的三基点温度和农业界限温度的概念及指标。
3. 简述土壤温度、空气温度的测定方法。

课外实践活动

将全班分为若干组,每组利用业余时间进行下列调查活动,并写出调查报告:
调查当地露地及设施条件下,有哪些增温、降温、保温措施,效果如何。

# 项目六　马铃薯生长与光环境

## 任务一　马铃薯的光合作用

地球上维持各种生命活动的能量基本上依赖于太阳能的获得，光合作用是唯一能将太阳能固定的生命过程。光合作用的反应系统通过长期的进化达到了今天的状态，它利用自然界中两种最丰富又廉价的资源（$CO_2$ 和 $H_2O$），提供我们所需要的有机物质。因此，关于光合作用的研究具有非常重要的意义，被称为"地球最重要的化学反应"，没有光合作用也就没有繁荣的生物世界。光合作用是绿色植物利用光能，将 $CO_2$ 和 $H_2O$ 合成有机物质，释放 $O_2$，同时把光能转变为化学能，贮藏在所形成的有机物中的过程，常以下面反应式表示。

$$6CO_2 + 6H_2O \xrightarrow[\text{叶绿体}]{\text{光}} C_6H_{12}O_6 + 6O_2 \uparrow$$

按此方程，植物光合作用每合成一个葡萄糖分子，将有 6 个碳原子被固定。据估计，地球上每年通过植物光合作用固定 $10^{11}$ t 碳，相当于储存 $6.2 \times 10^{18}$ kJ 能量，但与每年太阳辐射到地球上可见光部分的能量相比较，它还不到 1%。

作物产量的高低取决于光能的利用率。据测算，如果按照理论最大光能利用率 12% 计，马铃薯产量应该是每公顷 187380kg，但实际生产中却差异非常大。据有关部门统计，世界马铃薯平均每公顷产量达 16020kg，我国平均每公顷产量为 12700kg。与世界高产国家及理论产量比，我国马铃薯增产潜力巨大。随着栽培技术的提高，虽然近年来我国很多省份某些地区的平均产量接近或超过世界平均水平，但是各地区产量差异非常大，整体水平偏低。由此可见，我国在提高马铃薯对光能的利用效率方面还是大有潜力可挖的。

### 一、光合作用概述

虽然人类对光合作用的实验研究已经有 200 多年的历史了，也曾取得过许多重大的突破性进展,但由于光合作用是自然界中十分特殊又极其重要的生命现象,是一个极其复杂的生理过程,迄今仍然有许多关键性的问题尚未得到解决。根据现代的研究,整个光合作用可分为三大过程:①原初反应,包括光能的吸收、传递与光化学反应,将光能转变为电能。②电子传递与光合磷酸化。原初反应引起的电荷分离,通过一系列电子传递及反应过程,转变成生物代谢中的高能物质 ATP 和 NADPH,将电能转变为活跃的化学能。③碳同化。以 ATP 和 NADPH 作为同化力,同化 $CO_2$ 形成有机物质(如淀粉、蔗糖等),最终将活跃的化学能转变为稳定的化学能。原初反应和光合磷酸化在叶绿体的基粒片层上进行,需在有光条件下进行,又称光反应;而碳同化过程可以在光下和黑暗中进行,称为暗反应,它是在叶绿体的基质中进行的(图 6-1)。

（一）原初反应

原初反应是光合作用的起点,也是光反应的起始过程,它是生物将太阳能转换成化学能的最初的重要反应过程。严格来讲,原初反应速度非常快,反应时间一般在飞秒(10～15)到皮秒(10～12)量级之间。反应系统位于类囊体膜和其他光合膜上的捕光色素蛋白复合体和光合作用反应中心。它主要包括色素对光能的吸收、光能在色素分子之间的传递和受光激发的叶绿素分子引起的电荷分离。叶绿素分子中的电子从原来的基态跃迁到能级较高的激发态。在激发态,叶绿素分子将一个电子传递给原初电子受体后,自身呈氧化态叶绿素,它又可从原初电子供体获得电子而回复到原来的状态,并进行下一轮的原初反应(图 6-2)。

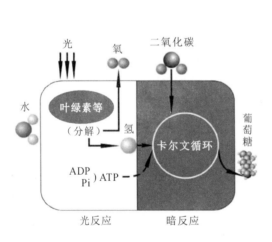

图 6-1　光合作用的过程

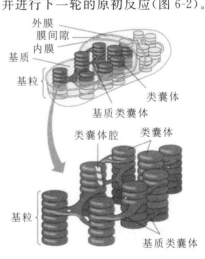

图 6-2　叶绿体类囊体结构

（二）电子传递和光合磷酸化

反应中心色素分子受光激发而发生电荷分离,将光能变为电能,产生的电子经过类囊体膜上一系列电子传递体的传递,最后传给 NADP＋,引起水的裂解放氧和 NADP＋的还原,并通过光合磷酸化形成 ATP,把电能转化为活跃的化学能(图 6-3)。

在电子传递过程中,一部分高能电子的能量被释放,其中一些能量推动 ADP 转化为 ATP,称之为光合磷酸化作用。

综上看出,通过原初反应和电子传递便完成光能的转化过程(即化学能),并贮存于 ATP 和 NADPH 中,从而为 $CO_2$ 同化、形成糖类创造了条件,因此 ATP 和 NADPH 也被称为同化力。

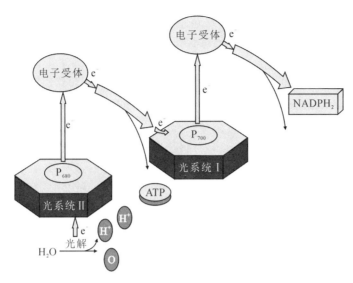

图 6-3 电子传递及光合磷酸化

（三）碳同化

植物利用光反应中形成的 ATP 和 NAD-PH 将 $CO_2$ 转化为稳定的糖类的过程，称为碳同化。马铃薯对 $CO_2$ 的同化是在叶绿体的基质中进行的，有许多种酶参与反应。$CO_2$ 的受体是 1,5-二磷酸核酮糖（RuBP），RuBP 接受 $CO_2$ 后，很快分解为 3-磷酸甘油酸（PGA），PGA 在同化力的作用下，再经一系列的变化形成葡萄糖、蔗糖和淀粉，另一些物质又转化为RuBP 继续参加循环，这一途径也称卡尔文循环。凡在光合作用中，仅以卡尔文循环来同化

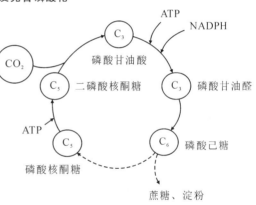

图 6-4 $C_3$ 代谢途径

碳元素，最初产物是三碳化合物（PGA），这种反应途径称 $C_3$ 代谢途径（图 6-4）。利用 $C_3$ 代谢途径进行光合作用的植物称为 $C_3$ 植物。马铃薯是典型的 $C_3$ 植物，另外常见的作物，如水稻、小麦、棉花、大豆等大多数植物均属于 $C_3$ 植物。

## 二、马铃薯的光合作用器官

（一）叶片的结构

马铃薯的叶、茎及花果的绿色部分都能进行光合作用，其中叶片是进行光合作用的主要器官。叶子上、下表皮均具有气孔，下表皮的气孔数量远多于上表皮的气孔数量，以适应接受大量的太阳能和 $CO_2$，作为光合作用的动力和原料。叶片是由薄壁细胞组成的，上表皮的下方和下表皮的上方分别是栅栏组织和海绵组织，其中栅栏组织中叶绿体的含量较多，是进行光合作用的主要部位。叶绿素分子排列在叶绿体的表面，能够更有效地捕捉光能。叶肉细胞间隙的气体，经过气孔与外界的空气直接相通。气孔可以张开和关闭。

（二）叶片的生长规律

马铃薯叶面积生长呈"S"形曲线变化，可分为上升期、稳定期和衰落期。

上升期是从出苗至块茎形成期,除幼苗期叶面积增长速度较慢外,大体上是直线上升的,是叶面积增长速度最快的时期,平均每株每日增长 150cm² 左右。这一时期的光合产物主要用来进行自身有机物的建成。

稳定期是指叶面积达到最大值后,一段时期内保持不下降或很少下降的时期。该期是块茎增长期,块茎增重最为迅速。所以,稳定期维持时间越长,越有利于最大叶面积进行光合作用,以积累更多的有机物质,从而获得高产。

衰落期在稳定期之后,叶片开始衰落、枯死,叶面积系数逐渐变小,田间通风、透光条件得到改善,十分有利于光合作用,是马铃薯块茎产量形成的重要阶段,一半左右的块茎产量是在该期内形成的。因此,如果这一时期能够防止叶片早衰,延长叶片寿命,对块茎高产具有重要意义。

### 三、影响马铃薯光合作用的因素

马铃薯的光合作用受多种因素的影响,而衡量光合作用程度的常用指标有光合速率、光合生产率和光能利用率。光合速率又称光合强度,是指单位时间、单位叶面积的 $CO_2$ 吸收量或 $O_2$ 释放量,常用单位是 $molCO_2/(m^2 \cdot s)$。光合生产率又称同化率,是指单位时间、单位叶面积积累的干物质克数,常用单位是 $g/(m^2 \cdot s)$。光能利用率常以单位土地面积上植物群体光合同化物所含能量与这块土地上所能接受的太阳能总量之比来表示。群体光能利用率的高低,不仅取决于叶片本身的光合功能,而且取决于群体结构和叶面积的大小。

(一)光照

光对光合作用主要有三个方面的作用:提供同化力形成所需要的能量;活化参与光合作用的一些酶;促使气孔开放,调节光合机构的发育。

光饱和点与光补偿点是植物光合特性的两个重要指标。光合作用对光照强度变化的响应大体可分为三个阶段:首先,在一定范围内(光强小于 1/10 全光强),植物的光合速率随光照度的增高而直线增加;其次,光合速率随光强的升高而曲线式升高;最后,光合速率不再随光强的升高而增加,即达到了光合作用的光饱和点。当光照达到一定值时,光合速率不再增加的现象称为光饱和现象,这时的光照度称为光饱和点。不同植物的光饱和点不同,马铃薯叶片光合作用的光饱和点为 28000～40000lx,玉米、甘蔗等 $C_4$ 植物的光饱和点最高可达100000lx。光照强度低于一定数值,光合作用吸收的 $CO_2$ 与呼吸作用放出的 $CO_2$ 处于平衡状态时的光照度称为光补偿点。植物的光补偿点不同,马铃薯的光补偿点为 1500～2000lx,玉米的为 1500lx,水稻、小麦的为 600～800lx。

(二)$CO_2$ 浓度

光合作用是以太阳能为动力,将 $CO_2$ 同化成碳水化合物,同时释放出氧气的过程。大田 $CO_2$ 的浓度直接影响光合作用的强度。植物吸收 $CO_2$ 也有饱和点和补偿点,各种植物的 $CO_2$ 饱和点和补偿点是不同的。玉米等 $C_4$ 植物的 $CO_2$ 补偿点为 0～10μg/g,称低补偿点植物;马铃薯、小麦、水稻等 $C_3$ 植物的 $CO_2$ 补偿点为 40～100μg/g,称高补偿点植物。多数植物的 $CO_2$ 饱和点为 800～1800μg/g,马铃薯的 $CO_2$ 饱和点约为 1000μg/g。研究发现,当 $CO_2$ 浓度增高时,可使马铃薯光饱和点有明显的提高。但高浓度的 $CO_2$ 能使气孔关闭,气孔导度迅速减小,气孔限制值增大,蒸腾速率也同步下降,水分在马铃薯内部的运输受阻,水分不能及时、足量地输送到叶片上,此时水分间接地影响光合速率,气孔限制值和蒸腾速率成为了光合速率的限制因子。此外，马铃薯是 $C_3$ 植物，具有光呼吸。如果能控制光呼吸，使之减少 $CO_2$ 的释放，就可以大大提高生产力。

（三）水分

水分是光合作用的原料之一，土壤水分含量对马铃薯光合作用的影响很大，如土壤干旱，则马铃薯的光合作用受到抑制。叶片缺水也会影响马铃薯光合作用的正常进行，轻度和中度缺水引起叶片气孔关闭，导致光合速率下降；重度缺水则会引起叶绿体和细胞缺水，基质浓度上升、酸化，使叶绿体中一些参与光合作用的酶的活性受到抑制，导致光合速率下降。研究发现，马铃薯幼苗期前半期使土壤保持适度干旱，后半期保持湿润，比一直保持湿润的净光合生产率提高 11%～16%，比长期干旱的净光合生产率提高 46%～50%；在块茎形成期遇干旱年，浇水可增产 30%～40%，淀粉含量提高 1.6%，光合势提高 20%，光合生产率提高 3%。

（四）温度

温度是影响植物地理分布和光合生产力的一个重要的环境因素。在植物生命活动正常进行的温度范围内，温度每升高 10℃，许多酶促的反应速率几乎增加一倍。植物光合作用对温度的响应曲线一般为钟罩形，较低温度下的上升段表明增温的促进作用，而较高温度下的下降段则表明增温的不良影响。光合作用的最适温因物种和生长条件的不同而不同，$C_3$ 植物的光合最适温度低于 $C_4$ 植物。一般马铃薯能进行光合作用的最低温度为 5℃左右，在 10～30℃ 范围内，光合作用能正常进行，16～20℃ 为光合最适温度，30℃以上光合作用受阻，42℃以上光合作用完全停止。

（五）矿质元素

氮、镁、铁、锰、磷、钾、硼、锌等十余种元素都会直接或间接对马铃薯光合作用产生影响。如氮和镁是叶绿体的组成元素，氮肥的主要作用是提高光合生产率，增加叶绿素的含量。合理施用氮肥可促使植物早生快发，形成丰产株型。但如施氮过量，则使生长中心以地上发育为主，引起徒长，阻碍块茎发育，严重影响产量。铁和锰参与叶绿素的形成过程，磷、钾、硼能促进有机物质的转化和运输。如磷既是细胞质和细胞核的重要成分之一，又参与光合、呼吸和物质运输等一系列代谢活动。钾肥有加强植株体内代谢过程的作用，增强光合强度，延缓叶片衰老。马铃薯叶片缺钾，叶子中积累的糖分运不出去，光合速度下降，合成作用减弱。马铃薯一旦缺铜，就会影响生长与生殖。铜-SOD 的存在，可延缓叶片衰老，使马铃薯在生育后期保持较高水平的光合能力，有利于 $CO_2$ 的同化和光合产物的积累，提高块茎的产量。因此，合理施肥才能保证光合作用正常、顺利地进行（表 6-1）。

表 6-1　铜对马铃薯叶片光合速率的影响　　　　　　单位：$\mu mol\ CO_2/(m^2 \cdot s)$

| 生育期 | 处理浓度（mg/L） | | | | |
| --- | --- | --- | --- | --- | --- |
| | 0 | 50 | 100 | 500 | 1000 |
| 孕蕾期 | 13.77 | 14.86 | 16.71 | 15.52 | 13.83 |
| 盛花期 | 15.48 | 18.73 | 19.15 | 17.59 | 15.04 |
| 谢花期 | 8.69 | 9.18 | 10.34 | 9.72 | 8.86 |

（六）马铃薯内在因素

除了上述多种外界环境因素之外，马铃薯自身的多种因素也常常对光合速率产生显著的影响,主要有品种、叶龄、叶位和光合产物的输出等。不同品种的马铃薯,由于气孔形状、叶绿素含量不同,光合速率表现为较大的差异性。据报道,"红眼"马铃薯各个叶位上单个叶片的光合速率均较克新4号马铃薯相同叶位叶片的光合速率高。光合速率随叶龄的增长出现"低—高—低"的规律。不同叶位的叶片光合速率均由上位叶向下位叶呈递减趋势,显然上部新叶片的光合速率较下部老叶片的高。光合产物(蔗糖)在叶片中的输出速率也会影响光合作用。

# 任务二　马铃薯的呼吸作用

## 一、呼吸作用的意义

一切生命活动都需要能量,能量主要来源于糖类、脂类和蛋白质的氧化,即呼吸作用。呼吸作用是指细胞内的有机物质经过一系列酶促反应,逐步氧化分解,同时放出能量的过程。呼吸作用放出的能量,一部分形成ATP,供各种生命活动的需要;另一部分则以热能的形式散出去,保持体温(图6-5)。

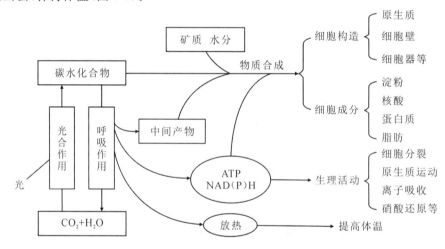

**图6-5　呼吸作用的主要功能示意图**

呼吸作用对马铃薯的生命活动具有十分重要的意义,主要表现在以下三个方面:

1. 为马铃薯各种生命活动提供能量

呼吸作用将有机物氧化,使其中的化学能以ATP的形式贮存起来,当机体需要能量的时候,ATP可分解并释放出能量,以满足马铃薯体内各种生理过程的需要,未被利用的能量转变为热能散失,可提高体温,有利于种子萌发、幼苗生长、开花传粉、受精等。

2. 有机物经呼吸作用所形成的中间产物是合成马铃薯体内重要有机物的原料

有机物代谢所产生的丙酮酸、乙酰-CoA、$\alpha$酮戊二酸、草酰乙酸、苹果酸等都是进一步合成体内氨基酸、脂类等新的有机物的物质基础;同时,在呼吸过程中形成的NADH、NAD-PH、$FADH_2$等可为脂肪、蛋白质生物合成,硝酸盐还原等过程提供还原力。当呼吸作用不能正常进行时,中间产物的数量、种类也随之改变,从而影响其他物质代谢,严重时会引起代谢紊乱,植株死亡。

3. 提高马铃薯的抗性

在植物和病原微生物的相互作用中,植物依靠呼吸作用氧化分解病原微生物所分泌的毒素,以消除毒害。当马铃薯受伤或受到病菌侵染时,也通过旺盛的呼吸作用促进伤口木栓化,以减少病菌的侵染,增强免疫力。

## 二、呼吸作用的类型

呼吸作用根据是否需氧,分为有氧呼吸和无氧呼吸两种类型(图 6-6)。在正常情况下,有氧呼吸是高等植物进行呼吸的主要形式,但在缺氧条件和特殊组织中,植物可进行无氧呼吸,以维持代谢的进行。

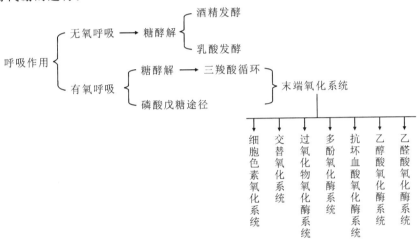

图 6-6 呼吸作用的类型

(一)有氧呼吸

有氧呼吸是指生活细胞在有氧气参与的条件下能使植物体内的有机物质彻底氧化分解生成 $CO_2$ 和 $H_2O$,并释放出较多的能量。

(二)无氧呼吸

植物在缺氧条件下,可进行一种不需氧的呼吸,即生活细胞在无氧条件下,将有机物氧化得不彻底,释放少量能量的过程。马铃薯块茎的细胞进行无氧呼吸的产物是乳酸,而马铃薯的其他体细胞进行无氧呼吸的产物是酒精和 $CO_2$。

无氧呼吸是植物在进化中保留的对短暂缺氧的一种适应,以暂时维持生存。但是,植物不能长期生活在缺氧环境中,否则就会导致死亡。其主要原因:一是植物的无氧呼吸释放的能量少,要维持植物正常生理活动所需要的能量,势必要消耗植物自身大量的有机物质,有人形象地称这种危害为"饿死";二是无氧呼吸的产物是酒精或乳酸,积累过多会造成细胞中毒而使植株死亡。

## 三、呼吸作用的过程

呼吸作用是所有生物的基本生理功能。研究发现,植物呼吸代谢并不是只有一种途径,不同的植物、同一植物的不同器官或组织在不同生育时期或不同环境条件下,呼吸底物的氧化降解可走不同的途径,其中一条途径受阻,则可以通过其他途径来维持正常的呼吸作用,这是植物在长期的进化中形成的适应现象。

马铃薯中存在并运行着的呼吸代谢途径有糖酵解及丙酮酸在缺氧条件下进行的酒精发酵和乳酸发酵,以及丙酮酸在有氧条件下进行降解的三羧酸循环和戊糖磷酸途径。它们在方向上相互连接,在空间上相互交错,在时间上相互交替,既分工又合作,构成不同代谢类型,执行不同的生理功能,相互调节,相互制约。这里主要介绍糖酵解、三羧酸循环和磷酸戊糖途径。

（一）糖酵解（EMP）

糖酵解是指葡萄糖在细胞质内经过一系列酶的催化作用,脱氢氧化,逐步转化为丙酮酸的过程。在无氧条件下,丙酮酸进行酒精发酵、乳酸发酵;在有氧条件下,丙酮酸则进入三羧酸循环,完全氧化生成 $CO_2$ 和 $H_2O$（图 6-7）。

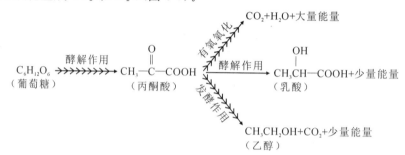

**图 6-7　糖酵解的过程**

以葡萄糖为呼吸底物,糖酵解的总反应式如下：

$$C_6H_{12}O_6 + 2NAD^+ + 2ADP + 2Pi \longrightarrow 2CH_3COCOOH + 2NADH + 2H^+ + 2ATP + 2H_2O$$

糖酵解中糖的氧化分解过程中,没有 $CO_2$ 的释放,也没有 $O_2$ 的吸收,所需要的氧来自组织内的含氧物质（水分子和被氧化的糖分子）,因此糖酵解途径也称分子内呼吸。无氧呼吸过程中葡萄糖分子中的能量只有一小部分被释放、转化,大部分能量仍保存在丙酮酸、乳酸或乙醇分子中。可见,无氧呼吸的能量利用效率低,有机物质耗损大,而且发酵产物酒精和乳酸的累积对细胞原生质有毒害作用。因此,长期进行无氧呼吸的植物会受到伤害,甚至会死亡。

（二）三羧酸循环（TCA）

在有氧条件下,丙酮酸在丙酮酸脱氢酶复合体的作用下,首先经过一次脱氢和脱羧,形成乙酰-CoA,乙酰-CoA 和草酰乙酸缩合形成柠檬酸（含有一个羟基、三个羧基）,然后经过一系列氧化脱羧反应生成 $CO_2$、NADH、$FADH_2$、ATP 直至草酰乙酸再生,这样反复循环（图 6-8）。由乙酰-CoA 进入三羧酸循环的总反应式如下：

$$CH_3CO{\sim}SCoA + 3NAD^+ + FAD + ADP + Pi + 2H_2O \longrightarrow 2CO_2 + 3NADH + 3H^+ + FADH_2 + ATP + CoA{\sim}SH$$

植物的呼吸过程中能量是逐步释放的,这对维持植物体一定的体温和进行各种生理活动都非常有利。糖酵解及三羧酸循环是一系列复杂的酶促反应。在反应过程中形成的一系列重要的中间产物,有的是合成脂肪的物质（如磷酸二羟丙酮）,有的是合成蛋白质的原料（如丙酮酸、$\alpha$-酮戊二酸）。这样,植物体内的糖类、脂肪、蛋白质和核酸的代谢通过呼吸作用联系起来了。因此,呼吸作用被称为植物体内有机物质代谢的枢纽。

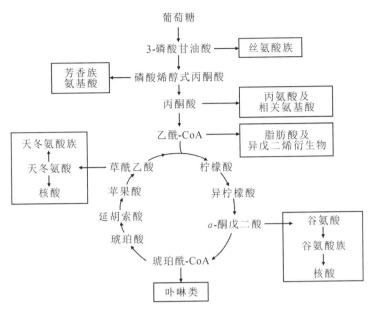

图 6-8　糖酵解及三羧酸循环

（三）磷酸戊糖途径（PPP）

人们发现植物体内有机物的代谢途径除了糖酵解、三羧酸循环途径以外，还存在磷酸戊糖途径。磷酸戊糖途径是指葡萄糖在细胞质内经一系列酶促反应被氧化降解为 $CO_2$ 的过程。该途径可分为氧化和非氧化两个阶段。

氧化阶段：
$$6G6P + 12NADP^+ + 6H_2O \longrightarrow 6CO_2 + 12NADPH + 12H^+ + 6Ru5P$$

非氧化阶段：
$$6Ru5P + H_2O \longrightarrow 5G6P + Pi$$

总反应式：
$$G6P + 12NADP^+ + 7H_2O \longrightarrow 6CO_2 + 12NADPH + 12H^+ + Pi$$

该途径是一个不需要通过糖酵解，而对葡萄糖进行直接氧化的过程。生成的 NADPH 可能进入线粒体，通过氧化磷酸化作用生成 ATP；同时它是体内脂肪酸和固醇生物合成、葡萄糖还原为山梨醇、二氢叶酸还原为四氢叶酸的还原剂。一些中间产物是许多重要有机物质合成其他物质的原料；一些中间产物，如丙糖、丁糖、戊糖、己糖及庚糖的磷酸酯，也是光合作用卡尔文循环的中间产物，因而呼吸作用和光合作用可以联系起来。

**四、影响马铃薯呼吸作用的因素**

呼吸作用的强弱和性质，一般可以用呼吸速率和呼吸商两种生理指标来表示。呼吸速率又称呼吸强度，是最常用的生理指标。通常以单位时间内单位鲜重或干重植物组织或原生质释放的 $CO_2$ 的量或吸收的 $O_2$ 的量来表示。常用单位有 $\mu mol/(g \cdot h)$、$\mu mol/(mg \cdot h)$、$\mu L/(g \cdot h)$ 等。呼吸商又称呼吸系数，是指植物组织在一定时间内释放 $CO_2$ 与吸收 $O_2$ 的数量（体积或物质的量）比值。

$$呼吸商 = \frac{释放 \ CO_2 \ 的量}{吸收 \ O_2 \ 的量}$$

影响马铃薯呼吸作用的因素主要有内部和外部因素。

（一）内部因素

不同品种的马铃薯，呼吸速率各异。一般而言，凡是生长期短的，呼吸速率就高；生长期长的，呼吸速率就低。同一植株的不同器官或组织，其呼吸速率有明显的差异，例如生殖器官的呼吸速率较营养器官的高；生长旺盛的、幼嫩的器官的呼吸速率较生长缓慢的、年老的器官的高。

（二）外部因素

外部因素包括各种环境因素，如温度主要影响呼吸酶的活性。大多数植物呼吸作用的最低温度小于 $10℃$，最适温度为 $25\sim35℃$，最高为 $35\sim45℃$。在呼吸作用所需要的最低温度和最适温度之间，植物的呼吸强度随温度的升高而增强。而当温度超过最适温度之后，呼吸强度却会随着温度的升高而下降。细胞含水量对马铃薯呼吸作用的影响很大，含水量低时，呼吸弱；含水量高，则呼吸作用加强。一般刚收获的马铃薯块茎的呼吸作用明显强。但其他器官，如根、叶等，当其萎蔫，含水量低时，呼吸作用反而加强。当空气中的氧气减少至 $5\%\sim8\%$ 时，马铃薯的呼吸作用显著减弱。$CO_2$ 是呼吸作用的产物，空气中 $CO_2$ 浓度增高时，呼吸作用减弱。

### 五、呼吸作用在马铃薯生产上的应用

（一）呼吸作用与马铃薯贮藏

马铃薯收获以后，仍然是一个活动的有机体，在贮藏、运输、销售过程中仍进行着新陈代谢。这是影响马铃薯贮藏和新鲜度的主要因素。马铃薯的块茎收获以后，休眠与萌发过程分为三个阶段：第一个阶段称薯块成熟期，即贮藏早期，表现为薯块表皮尚未完全木栓化，薯块内的水分迅速向外蒸发，由于呼吸作用旺盛和水分蒸发显著增多，薯块重量显著减小，加以温度较高，容易积聚水汽而引起薯块的腐烂。经 $20\sim35d$ 的成熟作用，表皮充分木栓化，马铃薯随着蒸发强度和呼吸强度的逐渐减弱而转入休眠状态。第二阶段称为薯块静止期或深休眠期，即贮藏中期。在这一时期，薯块的呼吸作用减慢，养分消耗减低到最低程度。如果在适宜的低温条件下，可使薯块的休眠期保持较长的时间，一般可达 2 个月左右，最长可达 4 个多月。如控制好温度，可以按需要促进其迅速通过休眠期，也可延长被迫休眠。第三阶段称为休眠后期，也称萌芽期，即晚期。此时马铃薯的休眠终止，呼吸作用又转旺盛；同时由于呼吸产生热量的积聚而使贮藏温度升高，促使薯块迅速发芽。此时，薯块重量减轻程度与萌芽程度成正比。因此，马铃薯贮藏应在尽量避免机械损伤的基础上，控制温度、湿度和空气成分，降低呼吸消耗，贮藏期间保持湿度，减低氧气浓度，增高二氧化碳浓度，增加氮的浓度，可抑制呼吸及微生物活动，延长贮藏时间。

（二）呼吸作用与马铃薯栽培

马铃薯栽培中的许多措施都是为了保证作物呼吸作用正常进行。在马铃薯单作的条件下，如用植株高大的品种，则株行距宜大；如用矮小品种，则宜加大种植密度。与玉米等作物间套作，如间隔距离小，共生时间长，通风、透光条件差，则养分积累少，茎叶嫩弱，不开花，块茎小，产量低。另外，中耕松土、高垄栽培、去除杂草等都有利于改善马铃薯呼吸。

### 六、光合作用和呼吸作用的关系

光合作用和呼吸作用所需的 $O_2$ 和 $CO_2$ 互为原料与产物，相互依赖、紧密相连。光合作

用释放 $O_2$ 可供呼吸作用利用,而呼吸作用释放 $CO_2$ 也可被光合作用所同化。它们的许多中间产物是相同的,催化各种糖之间相互转化的酶也是一样的。在能量代谢方面,光合作用中供光合磷酸化产生所需的 ATP 和供产生 NADPH 所需的 $NADP^+$,与呼吸作用所需的 ATP 和 $NADP^+$ 是相同的,光合作用和呼吸作用的区别如表 6-2 所示。

表 6-2 光合作用与呼吸作用的区别

| | 光合作用 | 呼吸作用 |
|---|---|---|
| 原料 | $CO_2$、$H_2O$ | $O_2$,淀粉、己糖等有机物 |
| 产物 | 己糖、淀粉、蔗糖等有机物,$O_2$ | $CO_2$、$H_2O$ 等 |
| 能量转化过程 | 贮藏能量的过程 | 释放能量的过程 |
| 能量转换形式 | 光能→电能→活跃化学能→稳定化学能 | 稳定化学能→活跃化学能 |
| 物质代谢类型 | 有机物质合成作用 | 有机物质降解作用 |
| 氧化还原反应 | $H_2O$ 被光解、$CO_2$ 被还原 | 呼吸底物被氧化,生成 $H_2O$ |
| 发生部位 | 绿色细胞、叶绿体、细胞质 | 生活细胞、线粒体、细胞质 |
| 发生条件 | 光照下才可发生 | 光下、暗处都可发生 |

光合与呼吸的联系:两大代谢过程互为原料与产物,许多中间产物相同,酶类同,能量可通用

## 任务三 提高马铃薯光能利用率的途径

### 一、马铃薯的光合性能与产量

马铃薯产量包括生物产量和经济产量。生物产量指马铃薯最后总的收获量,包括根、茎、叶、块茎等器官的总干重。生物产量中经济价值最高的马铃薯块茎收获部分的产量,称为马铃薯经济产量。

马铃薯的生物产量主要取决于光合面积、光合强度、光合时间、光合产物的消耗,可表示为:

$$生物产量=光合面积×光合强度×光合时间-呼吸消耗$$

$$经济产量=(光合面积×光合强度×光合时间-呼吸消耗)×经济系数$$

经济系数是指作物经济产量与生物产量的比值。按照光合作用原理,要使马铃薯高产,就应采取适当措施,最大限度地提高光合能力,适当增加光合面积,延长光合时间,提高经济系数,并减少干物质消耗。

(一)光合面积

光合面积是指植物体可进行有效光合作用的绿色面积,主要是叶面积。通常以叶面积系数来表示叶面积的大小,叶面积系数是反映作物群体结构的重要指标之一。马铃薯叶面积系数指马铃薯叶面积总和与土地面积的比值。在一定范围内,叶面积系数越大,光合产物积累越多,产量越高。但也不是叶面积系数越大越好,当叶面积超过一定范围时,必然导致株间光照弱,田间荫蔽,叶片过早脱落。不少研究认为,在目前的生产水平下,要获马铃薯高产,必须使马铃薯群体叶面积系数达到如下临界值,即苗期 0.30,块茎形成期 0.98,块茎增长初期 2.33,块茎增长后期 5.24,淀粉积累期 5.53(图 6-9)。

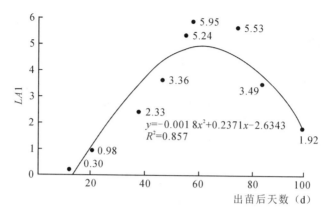

图 6-9　优化处理下马铃薯叶面积系数动态变化

（二）光合时间

适当延长光合作用的时间，可以提高马铃薯产量。当前主要采取选用中晚熟品种、间作套种、催芽移栽、地膜覆盖、拱棚栽培等措施，使马铃薯能更有效地利用生长季节，达到延长光照时间的目的。马铃薯生长后期是块茎产量形成的重要阶段，块茎产量 60% 以上是在该期内形成的。因此，生产上一般通过延长叶片寿命，防止叶片早衰，增加块茎产量。

## 二、提高光能利用率的途径

（一）选育光能利用率高的马铃薯新品种

光能利用率高的品种一般具有高光合能力，低呼吸消耗，光合机能保持较长时间。叶面积适当，叶片分布均匀，有利于群体上下层均匀受光，减少相互间遮蔽；株型长相都有利于田间群体最大限度地利用光能的特点。

（二）合理密植

合理密植是提高马铃薯产量的重要措施之一。合理密植，可增大绿叶面积，以截获更多的太阳光，提高马铃薯群体对光能的利用率，同时还能充分利用地力。密植一定要合理。密度低时，不能发挥群体的优势，光能利用率较低，也不能很好地利用地力。密度高时，群体中叶面积大，相互遮蔽，首先使下层叶片得到的光照太少，光合强度在补偿点以下，植物不但没有积累，反而加大了消耗；其次还会使马铃薯群体小气候条件劣化，易发生病虫危害，导致减产（表 6-3）。

表 6-3　不同密度及施肥处理下马铃薯叶面积系数的变化

| 处理 | 出苗后天数（d） | | | | | | | | | 产量（kg/667m²） |
| --- | --- | --- | --- | --- | --- | --- | --- | --- | --- | --- |
| | 10 | 19 | 35 | 45 | 55 | 62 | 75 | 87 | 103 | |
| 高密度 | 0.38 | 1.00 | 2.60 | 3.51 | 5.16 | 5.82 | 4.52 | 3.25 | 1.58 | 3462 |
| 低密度 | 0.26 | 0.51 | 2.07 | 2.93 | 5.08 | 5.44 | 4.78 | 3.31 | 1.50 | 3127 |
| 高施磷 | 0.32 | 0.97 | 2.98 | 4.39 | 6.55 | 6.39 | 4.69 | 2.83 | 1.64 | 3378 |
| 未施磷 | 0.29 | 0.88 | 2.28 | 3.24 | 4.81 | 5.35 | 4.53 | 3.22 | 19.4 | 3322 |
| 高施钾 | 0.29 | 0.89 | 2.36 | 3.43 | 5.32 | 5.62 | 5.43 | 3.66 | 2.27 | 3389 |
| 未施钾 | 0.30 | 0.86 | 2.28 | 3.63 | 5.07 | 5.41 | 4.56 | 3.21 | 1.83 | 3345 |

| 处理 | 出苗后天数(d) | | | | | | | | | 产量(kg/667m²) |
|---|---|---|---|---|---|---|---|---|---|---|
| | 10 | 19 | 35 | 45 | 55 | 62 | 75 | 87 | 103 | |
| 高施种氮 | 0.26 | 1.08 | 2.46 | 3.83 | 5.94 | 6.22 | 4.77 | 3.41 | 1.35 | 3345 |
| 本施种氮 | 0.28 | 0.86 | 2.31 | 3.24 | 4.97 | 5.27 | 4.90 | 3.15 | 1.24 | 3211 |
| 高追氮 | 0.28 | 0.96 | 2.58 | 3.76 | 5.58 | 6.16 | 5.76 | 3.97 | 1.72 | 3458 |
| 未追氮 | 0.28 | 0.97 | 2.28 | 3.21 | 5.08 | 5.35 | 4.99 | 3.03 | 1.67 | 3276 |
| 优化(中量处理组合) | 0.30 | 0.98 | 2.33 | 3.36 | 5.24 | 5.95 | 5.53 | 3.49 | 1.92 | 3589 |
| 本施肥(CK) | 0.27 | 0.78 | 2.12 | 3.12 | 4.51 | 4.92 | 3.84 | 2.38 | 1.18 | 2360 |

（三）加强田间管理，积极采用各种新技术

加强田间管理是给马铃薯生长发育创造良好的环境条件，以便提高马铃薯群体的光合作用，减少呼吸消耗，并使光合产物更多地运输到产品器官内，有利于物质的积累。如 $\alpha$-羟基-2-吡啶甲基碳酸能有效抑制光呼吸，净光合生产率可增高 $47\%\sim170\%$；覆膜栽培、拱棚栽培可以改善田间光照条件，延长生长时间，提高产量；除草、中耕松土等可以改善马铃薯群体的通风透光条件，减少养料的消耗，调节光合产物的分配。增加空气中的 $CO_2$ 浓度也能提高马铃薯对光能的利用率。

## 思考与练习

1. 简述光合作用和呼吸作用的机理。

2. 简述提高马铃薯光能利用率的途径。

## 课外实践活动

将全班分为若干组，每组利用业余时间进行下列调查活动，并写出调查报告：

当地农业生产中提高光能利用率的途径和措施有哪些？效果如何？

# 项目七 马铃薯生长与养分环境

## 任务一 马铃薯生长发育与营养元素

植物从外界环境中吸取所需的物质，以维持其生长和生命活动的作用称为营养。植物所需的化学元素称为营养元素。只有通过合理施肥，为作物提供充足而平衡的养分，才能满足其对营养的需求，以确保植物生产顺利进行。

### 一、马铃薯的营养

（一）马铃薯必需的营养元素

植物体的组成十分复杂，一般新鲜植物体含 $75\% \sim 95\%$ 的水分和 $5\% \sim 25\%$ 的干物质。干物质中的有机物质主要是蛋白质和其他含氮化合物、脂肪、淀粉、糖、纤维素、果胶等，它们的主要成分是碳、氢、氧、氮四种元素，这四种元素通常称为能量元素。由于这些元素在燃烧过程中可挥发，因此又称气态元素。燃烧后残留下来的部分称灰分，它的成分很复杂，目前可检测出的有 70 余种元素,主要是磷、钾、钙、镁、硫、铁、锰、锌、铜、硼、氯、硅、钠、硒等,称为矿质元素。其中,只有十几种是植物生长发育所必需的,称为必需的营养元素。

马铃薯的产量形成是通过吸收矿物质、水分和同化 $CO_2$ 的营养过程,促进植株生长发育和其他一切生命活动而实现的。在栽培过程中,为了正常的生长发育,需要十多种营养元素,即碳、氢、氧、氮、磷、钾、硫、钙、镁、铁、铜、锰、铜、锌、硼、氯等,除碳、氢、氧是通过叶片的光合作用从大气和水中得来以外,其他营养元素(即矿质元素)是通过根系从土壤中吸收得来的(母薯的矿物质营养元素,有一部分也转移到新的植株中去)。这些矿质元素虽然占马铃薯产量的干物质比重很小(约占 5%),但它们通过提高光合生产率,参与并促进光合产物的合成、运转、分配等生理生化过程,而对产量形成起着重要作用,即有的元素直接作为植物体的组成成分,有的则调节植物体内的生理功能,也有两者兼备的。它们对植物体的生命活动是不可缺少的,也不能相互代替。在生育过程中,缺乏任何一种元素,都会引起植物体生长失调,最终导致减产和品质降低。氮、磷、钾是作物生长发育需要量最多的三要素,土壤中常缺乏,尤其是氮素和磷素,必须经常通过施肥加以补充,才能满足作物的需要。也应根据土壤含量和作物的需求适当施用其他元素。

(二)马铃薯矿质营养的吸收

马铃薯吸收养分是一个很复杂的过程。马铃薯主要通过根系和叶部吸收养分,其中根系是马铃薯吸收养分的主要器官。"根深叶茂""壮苗先壮根"就是这个道理。

1. 马铃薯吸收养分的形态

马铃薯吸收养分的形态主要是离子态(阳离子和阴离子),也可以少量吸收分子态物质,如二氧化碳、尿素等。多数化肥是无机盐类,施入土壤遇水后即离解为阴、阳离子,马铃薯根系可直接吸收利用。但有机肥只有通过矿化作用转变为离子态养分后,才能被马铃薯吸收。

2. 马铃薯根部营养

根部是马铃薯吸收养分的主要部位,根吸收养分最多的部位是根尖伸长区,根毛区也可吸收。

(1)土壤养分向根表迁移的途径

土壤中的养分离子向根表迁移一般有三种途径:截获、质流和扩散(图 7-1)。其中,质流和扩散是主要形式。截获是植物根系在土壤伸展过程中吸取直接接触到的养分的过程,根系截获养分不到吸收总量的 10%;质流是由于植物蒸腾引起土壤溶液中的养分随土壤水的运动而迁移至根表的过程,一般土壤中移动性大的离子,如 $NO_3^-$、$Ca^{2+}$、$Mg^{2+}$ 等,主要通过质流迁移到根表;扩散是指土壤溶液中某些养分浓度出现差异时所引起的养分运动,一般土壤中移动性小的离子,如 $H_2PO_4^-$、$K^+$、$Zn^{2+}$、$Cu^{2+}$ 等,以扩散移动为主。

(2)马铃薯根系吸收养分的形式

土壤中的养分迁移到根表后,一般通过被动吸收和主动吸收进入根系。被动吸收是指植物依靠扩散作用或其他不需要消耗代谢能的吸收过程,它没有选择性,就像人体输液时,药物随水进入人体内。主动吸收是植物利用呼吸作用释放的能量逆浓度梯度吸收养分的过程,它具有选择性,主要取决于植物本身的营养和生理特点,就像人们面对餐桌有选择地取食。

3. 马铃薯根外吸收营养的形式

马铃薯除通过根系吸收养分外,还可通过茎、叶来吸收养分,主要是通过叶面吸收,因此

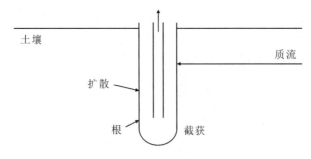

**图 7-1　养分离子向根部迁移的三种途径**

根外营养又称叶部营养。叶部营养具有以下特点：①直接供应养分，减少土壤养分固定。②吸收速率高，能及时满足马铃薯的营养需要。③叶部营养能影响马铃薯代谢活动。④叶部营养是经济有效地施用微量元素肥料和补施大量元素肥料的手段。叶部营养虽然对改善马铃薯营养有重要作用，但它只是根部营养的辅助手段。

　　为了提高叶部营养的施用效果，一般应注意：①在对马铃薯进行叶面喷肥时，应尽量喷于叶的背面。②为了增加溶液湿润叶片的时间，最好在下午 4 时以后无风晴天喷施。③对于磷、铜、铁、钙等移动性差的元素，要喷在新叶上，并适当增加喷施次数。④喷施阳离子时，溶液应调至微碱性；喷施阴离子则调至弱酸性，以利于叶片对养分的吸收。⑤尽量选择马铃薯吸收快的肥料（如尿素）用于叶面喷施。

　　（三）马铃薯养分离子间的相互关系

　　土壤中的某些养分离子之间存在拮抗作用，即一种养分的存在抑制植物对另一种养分的吸收，如钙与镁、钾与铁、磷与锌及磷、氮与氯之间都有不同程度的拮抗作用。这就是施磷肥、氮肥可减轻土壤中 $Cl^-$ 的毒害，过多施用磷肥常导致作物缺锌的道理。

　　此外，养分离子间还存在着协同作用，即一种离子的存在帮助和促进植物对其他离子的吸收或相互促进吸收的作用。如磷与钾、氮与磷、氮与钾都表现出相互促进的作用。实践证明，氮肥、磷肥配合施用比氮肥、磷肥单独施用的效果好。

　　营养元素之间的拮抗作用和协同作用如图 7-2 所示。

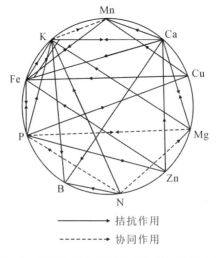

**图 7-2　营养元素之间的拮抗作用和协同作用**

## 二、主要营养元素的生理作用

马铃薯必需的营养元素在马铃薯生长发育中的一般功能有三个方面：①构成马铃薯的结构物质、贮藏物质和生活物质。结构物质包括纤维素、木质素等，贮藏物质包括淀粉、脂肪等，生活物质包括蛋白质、核酸等。形成这些物质的营养元素主要有碳、氢、氧、氮、磷、钙、镁、硫等。②在马铃薯新陈代谢中起催化作用，如钼—铁蛋白酶、碳酸酐酶（锌）等。③参与马铃薯物质的转化与运输。

（一）氮、磷、钾三要素的生理作用及其与马铃薯产量形成的关系

1. 氮素营养

氮素是组成蛋白质的主要成分。蛋白质中平均含有 $16\%\sim18\%$ 的氮素。细胞原生质是以蛋白质为基础的，各种酶也属于蛋白质，都含有氮素。此外，氮也是叶绿素、某些内源激素（如吲哚乙酸和激动素）、B族维生素和各种生物碱的重要成分。所以，氮参与了一切最基本的和最重要的生命代谢过程，可以说没有氮就没有生命，氮是首要的生命元素。

适量施用氮肥可显著提高块茎产量和淀粉含量。氮素对产量形成的作用是促进茎叶生长，提高叶面积指数和光合势，其中光合势的提高在淀粉积累期尤为显著；增加块茎数量，增大块茎体积；使生长中心和营养中心的转移适当推迟，防止茎叶早衰。研究表明，在肥力水平较高的田块，过量施用氮肥会引起减产和淀粉含量降低；而在一般水平的地块施用氮肥，则有显著的增产效果，并可提高块茎淀粉含量。但过量施用氮肥，即使在一般肥力水平的地块，也会引起淀粉含量的降低。氮肥过量还会引起茎叶徒长，导致经济产量降低。

马铃薯植株体内氮素的含量是随着生长发育的进程以及器官的不同而变化的。马铃薯一生中均需氮素的不断供应，但在生育的中期需要量较多，前期和后期需要量较少。一般以出苗后 $4\sim9$ 周吸收速率最高；从块茎形成期至块茎增长期吸收氮的量最多，占全生育期吸收总量的 $50\%$ 以上。据研究，每生产 1000kg 块茎，需要从土壤中吸收 $4.5\sim6kg$ 的纯氮。

在一般缺氮的土壤上施氮肥，对马铃薯块茎有明显的增产效果；在肥力较高的土壤上，氮肥与磷钾肥配合使用，增产效果也十分明显。为了提高马铃薯的产量，除了促进茎叶生长以增加光合产物的来源外，还要促进块茎生长，以提高对光合产物的贮存能力，最终取得经济产量的增产。研究表明，肥料的施用对营养分配中心转移有明显的促控作用，通过这一措施可使营养分配中心由茎叶适时向块茎转移，协调茎叶生长和块茎生长的矛盾。磷肥，特别是一般田施用磷肥，可显著提高经济系数，而氮肥却能显著降低经济系数。在高产田，经济系数的降低是氮肥引起减产的主要原因之一。

2. 磷素营养

磷素在植物体内大部分呈有机物（如磷脂、核苷酸和核酸等）形态存在，也有一部分以无机磷酸的形态存在。磷素在马铃薯体内无机元素的含量中仅次于钾素，居第二位，占各种无机元素的 $7\%\sim10\%$。磷脂是细胞质和细胞膜的主要成分，核酸与蛋白质结合成核蛋白，是细胞核的主要成分。核酸也是遗传的物质基础，它与细胞的分裂、增殖，蛋白质的合成和遗传信息的传递有直接的关系。磷素在细胞的物质和能量代谢中还起着十分重要的作用，如碳水化合物、蛋白质、脂肪等的合成与分解，都必须有磷酸腺苷、各种含磷的酶以及磷酸参与才能完成。此外，磷对碳水化合物的运转也有明显的促进作用。总之，磷既是细胞质和细胞核的重要组成成分之一，又是光合、呼吸和物质运输等一系列重要生理代谢过程的必须参与

者,对马铃薯正常生长发育及产量形成起着极其重要的作用。

马铃薯体内的磷素和氯的含量是比较稳定的,它们占无机元素总量的15%左右。若氯的含量增加,磷的含量必定减少。以氯化钾作钾肥施用时,常造成块茎淀粉含量降低,就是由于氯取代了起重要生理功能的磷。

马铃薯植株体内磷素的含量一般为干物重的0.4%～0.8%。据研究,马铃薯成熟期根系、茎叶和块茎中的全磷含量分别为0.64%、0.34%、0.55%。由于磷素在植株体内极易流动,所以在整个生育期间,磷素是随着生长中心的转移而变化的,一般在幼嫩的器官中分布较多,如根尖、茎生长点和幼叶中磷的含量较高,随着生长中心由茎叶向块茎转移,磷向块茎中的转移量也增加,到淀粉积累期,磷素大量向块茎中转移,成熟的块茎中磷素的含量占全株磷素总含量的80%～90%。块茎也是磷素代谢的主要归宿场所之一。研究表明,磷素肥料的施用,在各类土壤上均可显著提高马铃薯的淀粉含量。在一定范围内,淀粉含量与磷肥用量呈正相关,过量施用则有负效应。

马铃薯从出苗到成熟的整个生育过程中,都有对磷的吸收,但在不同的生育时期,表现出明显的阶段性。从出苗到现蕾(苗期)的吸磷量占全生育期吸磷总量的16%,现蕾到终花期(块茎形成—块茎增长期)的吸磷量占全生育期吸磷总量的62%;终花期到成熟期(淀粉积累期)的吸磷量占全生育期吸磷总量的22%。

马铃薯茎、叶、块茎中的相对和绝对含磷量的变化规律与含氮量的变化规律完全一致,即茎、叶、块茎中相对含磷量是逐渐减少的。磷素在各器官的分配状况与氮素的也基本一致,其中贮藏器官的物质积累运输和转化与磷素的关系是极其密切的。块茎中磷素的来源有三个:块茎增长期以前吸收积累占45.5%,淀粉积累期的吸收积累占31.5%,茎叶中的转移部分占23%。每生产1000kg块茎,从土壤中要吸收$P_2O_5$ 1.66～1.85kg。当单产提高时,磷肥吸收量的变化不大。

磷素对马铃薯营养的生长、块茎的形成,以及淀粉的积累都有良好的促进作用,特别是可以促进根系的发育,增强植株的抗旱和抗寒能力,从而提高块茎产量(图7-3)。此外,磷素还能提高块茎的耐贮性,减轻贮藏期的烂窖损失。

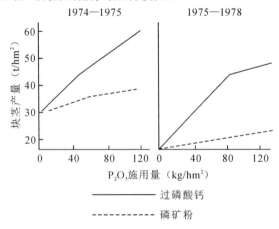

图7-3　不同磷肥及不同施用量对块茎的影响

(引自Mishra等,1981)

在马铃薯的不同生育时期追施磷肥都有增产效果,其中以现蕾初期追施的效果最好。

追施磷肥增产的原因主要是延长了生育期和提高了生物产量。追施磷肥以深追优于表面追施。结合灌现蕾水将磷肥追施在表层下 6cm 处,比表面撒施的增产效果好。将磷肥追施在根系附近,特别是施在匍匐根分布层,是提高磷肥利用率和经济效益的有效措施。

3. 钾素营养

钾素与氮素、磷素不同,它不参加植物体内有机物质的组成,而在细胞中大部分呈一价阳离子状态或附状态;主要集中分布在生长活跃的部分,如生长点、幼叶、形成层等部位。钾离子能促进植株体内各种酶的生化作用,例如钾是丙酮酸激活酶的活化剂,影响呼吸速度;在核酸和蛋白质形成的部分过程中,钾离子也起活化剂的作用。所以,钾能促进呼吸进程和核酸及蛋白质的形成。

钾素对碳水化合物的合成和运输起重要作用。如果叶片缺钾,则叶片积累糖分,合成作用减弱,光合速度下降;如果钾素充足,则葡萄糖积累较少,蔗糖、淀粉、纤维素和木质素合成较多,促进叶片中的碳水化合物向块茎中运输,延迟叶片的衰老进程,增强叶片的光合强度。这可能是钾促进增产的主要原因。

钾素还能提高原生质的水合程度,降低原生质的黏滞性,增强细胞的保水能力,并能使茎秆增粗,减轻倒伏,提高耐贮性。

钾素是马铃薯灰分元素中含量最多的元素,占灰分总量的 50%～70%。叶片、茎秆中的含钾量高于块茎,各生育时期钾的相对含量的变化总趋势与氮、磷相似,即随着生育时期的推移,茎、叶、块茎中钾的相对含量逐渐降低,但前后各时期的变幅不大。茎、叶、块茎中钾的绝对含量变化与氮、磷不同,茎秆和块茎中钾的绝对含量都随生育时期的推移而有增加的趋势,而叶片中钾绝对含量的变化,则是随生育时期的推移而逐渐降低,至成熟时最低。

钾在各器官中的分配状况及变化规律与氮相似,说明钾与生长密切相关。由于钾的存在,蛋白质和碳水化合物的合成均趋于旺盛,从而促进了植株的代谢过程和光合强度,使茎秆粗壮,减轻倒伏,推迟叶片的衰花进程。每生产 1000kg 块茎,需从土壤中吸收 $K_2O$ 8～10kg。

马铃薯属于喜钾作物,由于其生长发育和块茎膨大需要钾素的量最多,因此生产上应重视施用钾肥。钾素对马铃薯的根、茎、叶的生长有良好的作用,不同生育时期,钾素对马铃薯的株高、根和叶的干重都有促进作用。在氮肥充足的情况下,钾肥对提高产量有明显的作用。此外,钾素还能改善块茎品质,提高淀粉含量,减轻薯肉变黑的程度,提高马铃薯的抗病性。

(二)钙、镁、硫和微量元素营养的生理作用及其与马铃薯产量形成的关系

1. 钙、镁、硫

马铃薯根、茎、叶的钙含量占干物重的 1%～2%,但块茎中的钙含量则只有干物重的 0.1%～0.2%。生育期钙的总需求量约相当于钾素的 1/4。钙是构成细胞壁的元素之一,细胞壁的胞间层是由果胶钙组成的。钙对马铃薯具有双重作用:一方面作为营养元素之一,供植株吸收利用;另一方面能促进土壤有效养分的形成,中和土壤酸性,抑制其他化学元素对马铃薯的毒害作用,从而改善土壤环境,促进马铃薯的生长发育。土壤一般不会缺钙。但在 pH 值低于 4.5 的酸性土壤里,施用石灰补充钙质,中和酸性,对增产有良好的效果。

马铃薯的根、茎、叶中镁含量为干物重的 0.4%～0.5%,生育期间茎、叶中镁的含量一般不下降,还略有增加,主要是因为镁离子极不易进入韧皮部从茎叶中输出。在块茎中的镁,随生育期的推移,含量有所下降,一般占块茎干物重的 0.2%～0.3%。镁是叶绿素的成

分之一,也是多种酶的活化剂,影响发酵和呼吸过程,并影响核酸和蛋白质的合成及碳水化合物的代谢。

镁和钙在马铃薯体内的含量十分稳定,占各种无机元素总量的6%左右。其中一种元素的含量增加,则另一种元素的含量必定减少。在轻质砂土和灰化黑钙土上施用镁肥,对提高块茎产量和淀粉含量有良好的作用。

硫在马铃薯根、茎、叶中的含量为干物重的0.3%~0.4%,在块茎中的含量为干物重的0.2%~0.3%。硫是几乎所有的蛋白质的成分之一,因为构成蛋白质的几种氨基酸,如胱氨酸、半胱氨酸、蛋氨酸中都含有硫。硫也是辅酶A的成分之一,而辅酶A影响着脂肪、碳水化合物等许多重要物质的形成。一般栽培马铃薯的土壤中不缺硫。

2. 微量元素

除三要素和钙、镁、硫外,微量元素也是马铃薯生长发育必不可少的,其中具有重大生理功能的有锌、铜、硼、锰、铁等。据测定,在块茎增长期,马铃薯新鲜叶子各种微量元素的含量是:铁70~150ppm,硼30~40ppm,锰30~50ppm。

这些微量元素对作物生长发育的重要作用,主要的是因为它们是许多种酶的组成成分或活化剂。如铁是细胞色素氧化酶、氧化氢酶和过氧化物酶的成分之一,在细胞呼吸过程中起重要作用。激三羧酸循环中的某些酶,提高呼吸强度。在光合作用中,水的光解需要有锰参与,锰也是叶绿体的结构成分,缺锰时,叶绿体的结构会被破坏、解体。铜是多酚氧化酶、抗坏血酸氧化酶等的成分,它能影响氧化还原过程,增强呼吸强度;铜又存在于叶绿体的质体兰素中,质体兰素是光合作用中电子传递体系的一员。硼能促进碳水化合物的代谢和运输,以及细胞的分裂作用。锌是某些酶的组成成分和活化剂,又是吲哚乙酸合成所必需的物质,缺锌时,植物中吲哚乙酸的含量减少,株型和生长习性异常。

施用微量元素增产和改善马铃薯品质的作用常因土壤条件而异,一般在肥沃土地上施用微量元素没有效果或效果不大;在贫瘠土壤上施用具有一定或显著效果。随着植物栽培生产的研究深入与发展,先后研制出种类和名目繁多的生长素类的农药,有某种作物专用的,也有适合多种作物的,其成分大同小异,多数都含有农作物必需的常量元素和若干微量元素,通过拌种、浸种、喷施等办法,施给不同作物,用药量少而经济,使用方法简便,一般都表现出不同程度的增产效果。它们是通过调节农作物的生长发育,促进光合产物的合成、运转和分配,从而达到提高农作物产量和品质的目的。

多元微肥用量过大、施肥时间过于集中,会影响马铃薯的产量。施用时应因地制宜。叶面喷施以两次为宜,如已拌种,则应在生育中一期叶面喷施。

微量元素肥料有很强的针对性,应注意研究与土壤条件和作物相适宜的肥料配方,形成不同作物的专用配方(肥料),有针对性地施用,方能取得较好的增产效果。

### 三、马铃薯缺素症的识别及其防止途径

(一)缺氮

氮素肥料对马铃薯生长有良好的作用。氮肥充足,能使茎叶生长繁茂,同化面积增大,净光合生产率提高,加速有机物质的积累,从而提高块茎的产量。

氮肥在肥料中是最易流失的。在低温多雨年份,特别是缺乏有机质的砂土或酸性过强以致影响硝化作用的土壤中,往往容易发生缺氮现象。

氮素不足,植株生长缓慢,茎秆细弱矮小,叶片首先从植株基部开始呈淡绿色或黄绿色,并逐渐向植株顶部扩展;叶片变小而薄,略呈直立,每片小叶首先沿叶缘褪绿变黄,并逐渐向小叶中心部发展。严重缺氮时,至生长后期,基部老叶全部失去叶绿素而呈淡黄色或白黄色,以至干枯脱落,只留顶部少许绿色叶片,且叶片很小。

　　为防止缺氮现象发生和高产栽培的需要,应根据不同土壤类型的有机质和氮素含量的多少合理施用氮肥,特别应注重施有机肥料,并配以适量的速效性氮肥。速效性氮肥最好选用颗粒性复合化肥,播种时施用或分期施用。

　　(二)缺磷

　　磷素的主要功能是促进体内各种物质的转化,提高块茎干物质和淀粉的积累作用,促进根系的发育,提高植株抗旱、抗寒能力。此外,磷肥充足时,还能提高氮肥的增产效应。

　　缺磷现象在各种土壤中发生,特别是酸性和黏重土壤,有效态磷往往被固定而变成无效态;在砂质土壤中,由于磷素本来就缺乏,加之保肥力差,更易发生缺磷现象。

　　磷素缺乏,生育初期症状明显,植株生长缓慢,株高矮小或细弱僵立,缺乏弹性,分枝减少,叶片和叶柄均向上竖立,叶片变小而细长,叶缘向上卷曲,叶色暗绿而无光泽;严重缺磷时,植株基部小叶的叶尖首先褪绿变褐,并逐渐向全叶发展,最后整个叶片枯萎脱落。本症状从基部叶片开始出现,逐渐向植株顶部扩展。缺磷还会使根系和匍匐茎数量减少,根系长度变短;有时块茎内部发生锈褐色的创痕,创痕分布随着缺磷程度的加重而扩展,但块茎外表与健薯无显著差异,创痕部分不易煮熟。

　　为了防止缺磷和提高马铃薯的产量,在播种的同时,应以氮、磷速效性复合肥料做种肥施入播种沟,尤其在酸性土、黏重土和砂性土上栽培马铃薯时,应特别注意重视磷肥的施用。生育期间如果发现缺磷,要及早用0.3%～0.5%的过磷酸钙水溶液进行叶面喷施,每隔5d左右喷洒1次,直至缺磷症状消失为止。

　　(三)缺钾

　　钾素在马铃薯植株体内主要起调节生理功能的作用。钾素充足,可以加强体内的代谢过程,增强植株的光合强度,延迟叶片的衰老进程,促进植株体内蛋白质、淀粉、纤维素及糖类的合成,可使茎秆增粗,减轻倒伏,增强抗寒性和抗病性。

　　缺钾现象常易在轻松砂土和泥炭土上发生。

　　钾素不足,植株生长缓慢,甚至完全停顿,节间变短,植株呈丛生状;小叶叶尖萎缩,叶片向下卷曲,叶表粗糙,叶脉下陷,叶尖及叶缘首先由绿变为暗绿,进而变黄,最后发展至全叶,并呈古铜色。叶片暗绿色是缺钾的典型症状。从植株基部叶片开始,逐渐向植株顶部发展。

　　缺钾还会造成匍匐茎缩短,根系发育不良,吸收能力减弱,块茎变小,块茎内呈灰色,淀粉含量降低。

　　缺钾症与缺镁症略相似,在田间常不易区分,其主要不同点是缺钾时叶片向下卷曲,而缺镁时叶片向上卷曲。

　　我国北方土壤的钾含量较丰富,在目前生产水平下,一般不缺钾;南方地区,生育期间如果有缺钾现象发生,要及时用0.3%～0.5%的磷酸二氢钾水溶液进行叶面喷施,每隔5～6d喷洒1次,直至缺钾症状消失为止。

　　(四)缺钙

　　钙在块茎中的含量约占各种矿质营养元素含量的7%,相当于钾素的1/4,含量虽少,却是马铃薯全生育期都必需的重要营养元素之一,特别是块茎形成阶段,对钙的需要更加迫切。钙是构成细胞壁的重要元素之一,它还对细胞膜的生成起重要作用;在土壤中除作为营养供给马铃薯植株吸收利用外,还能中和土壤酸性,促进土壤有效养分的形成,抑制其他化学元素的毒害作用。

当土壤缺钙时,分生组织首先受害,细胞壁的形成受阻,影响细胞分裂,表现在植株形态上是幼叶变小,小叶边缘呈淡绿,节间显著缩短,植株顶部呈丛生状。严重缺钙时,其形态症状表现为:叶片、叶柄和茎秆上出现杂色斑点,叶缘上卷并变褐色,进而主茎生长点枯死,而后侧芽萌发,整个植株呈丛生状,小叶生长极缓慢,呈浅绿色,根尖和茎尖生长点(尖端的稍下部位)溃烂坏死,块茎缩短、畸形,髓部呈现褐色而分散的坏死斑点,失去经济价值。

一般种植马铃薯的土壤不会缺钙,但酸性土壤容易缺钙。pH 值低于 4.5 的强酸性土壤中施用石灰补充钙质,对增产有良好的效果。

经贮藏的块茎,在萌发过程中,芽生长点顶端稍后的部位产生褐色坏死,进而芽全部枯死,这也是缺钙引起的病症;但将块茎种植在田间,当植株从土壤中吸收到足够的钙素时,芽又可以恢复正常生长。

(五)缺镁

镁是叶绿素构成元素之一,与同化作用密切相关,也是多种酶的活化剂,影响发酵和呼吸过程,并影响核酸、蛋白质的合成和碳水化合物的代谢。镁又是强酸条件下调节营养物质进入植物体的元素。

缺镁一般多在砂质和酸性土壤中发生。近年来,由于各地化肥用量迅速增加,使土壤 pH 值降低,土壤向酸性变化,这是造成土壤缺镁的重要原因之一。此外,钾肥过多,会抑制镁的吸收,也能引起缺镁。

镁缺乏时,由于叶绿素不能合成,从植株基部小叶边缘开始由绿变黄,进而叶脉间的叶肉逐渐黄化,而叶脉还残留绿色。严重缺镁时,叶色由黄变褐,叶肉变厚而向上卷曲,最后病叶枯萎脱落。病症从植株基部开始,渐及于植株上部叶片。

马铃薯对施用镁肥高度敏感,镁的携带量近于磷。世界上不少国家,如德国、丹麦、波兰、芬兰等,在马铃薯的施肥体系中镁肥是必不可少的,它可提高产量,改善品质。在美国的许多州,镁和氮、磷、钾一样,也是重要元素。为了补充镁的不足,常向肥料中添加硫酸镁。如在播种时漏施镁肥,可用添加 2%～8%硫酸镁的波尔多液对植株喷施进行补充。

目前,人们已积累大量镁肥在各种土壤、气候条件下对马铃薯产量和品质有良好作用的资料,认为在非黑钙土和红壤的砂质及壤质土壤上镁肥是必不可少的。在酸性土壤上,如果不使用厩肥,则每年需要施用可溶性镁肥。在近中性反应的土壤上,镁淋溶较弱,在施厩肥地区,如果作物迫切需要镁时,也需使用镁肥。

在酸性土和砂质土中增施镁肥,多有增产效果。在田间发现缺镁时,应及时用 1%～2%的硫酸镁溶液进行叶面喷施,每隔 5～7d 喷施 1 次,视缺镁程度可喷施数次,直至缺镁症状消失为止。

(六)缺硼

硼是马铃薯生长发育不可缺少的重要微量矿质元素之一,它对马铃薯有明显的增产效果。硼酸施用量少,使用方法简便,易于推广使用。据山东省济南市农科所的研究表明,硼肥无论是作为基肥施用,还是作为追肥施用,或进行叶面喷施,都有明显的增产效果,平均每亩增产块茎 100～300kg,最高达 1250kg,平均增产率为 8％～27.5％;尤其在有效硼含量低的土壤中,施硼增产的效果更明显。早在 20 世纪 70 年代,青海等地就有类似的试验结果。

硼的主要生理功能是促进碳水化合物的代谢、运转和细胞的分裂,进而加速了植株的生长、叶面积的形成,促进了块茎淀粉和干物质的积累,提高块茎产量。

硼素缺乏时,植株生长缓慢,叶片变黄而薄,并下垂,茎秆基部有褐色斑点出现,根尖顶端萎缩,支根增多,影响根系向土壤深层发展,抗旱能力下降。一般贫瘠的砂质土壤容易缺硼。如果土壤有效硼含量小于 0.5ppm,每亩基肥中施用硼酸 500g,并结合氮、磷、钾肥的施用,增产效果最好。

# 任务二 马铃薯的配方(合理)施肥

肥料是为植物提供必需营养元素,并兼有改变土壤性质、提高土壤肥力功能的物质,是植物的粮食。合理施肥是提高马铃薯产量、改善产品品质、提高土壤肥力的有效途径,而配方施肥技术是我国施肥技术上的一项重大革新,自 20 世纪 80 年代开始推广以来,收到了明显的经济效益、生态效益和社会效益。

## 一、配方(合理)施肥及其原理

### (一)配方施肥的含义

配方施肥是指综合运用现代农业科技成果,根据植物需肥规律、土壤供肥性能和肥料效应,在以有机肥为基础的条件下,产前提出各种营养元素的适宜用量和比例以及相应的施肥技术。配方施肥是一个完整的施肥技术体系,它包括两个方面的内容,即配方和施肥。"配方"是根据土壤的不同类型、质地、肥力特点,植物的不同品种、产量水平、栽培管理条件等,结合不同肥料的化学性质,综合运用现代科技手段进行产前预测,确定施用肥料的品种和数量。"施肥"是对肥料配方的实施,即根据植物的需肥规律,合理安排基肥和追肥的比例、施用时间及方法,以有限的肥料投入获得尽可能多的农产品。

### (二)配方施肥的基本原理

配方施肥是根据植物吸收利用营养的基本原理提出的。其主要理论依据是:

1. 养分归还学说

植物从土壤中吸收矿质养分,为了维持土壤肥力,就必须把植物"取走"的矿质养分以肥料形式归还土壤,使土壤中的养分保持平衡。

2. 最小养分律

土壤中缺少某种营养元素时,其他养分再多,植物也不能获得高产。例如,当钾缺乏时,施氮肥和磷肥再多,植物也不会正常生长,钾就成为限制产量的最小养分。要提高产量,必须增施钾肥。

3. 报酬递减律

在土壤生产力水平较低的情况下,施肥量与作物产量的关系往往呈正相关,但随着施肥量的提高,作物的增产幅度随施肥量的增加而逐渐递减,因而并不是施肥量越大,产量和效益越高。

4. 因子综合作用律

作物生长发育取决于全部生活因素的适当配合和综合作用。如果其中任何一个因素供应不足、过量或其他因素不协调，就会影响植物的正常生长。也就是说，施肥还要考虑土壤、气候、水文及农业技术条件等因素。

（三）配方施肥需要考虑的因素

1. 植物营养特性

马铃薯各生育期对养分的需求是不相同的，它们表现的一般规律是：生长初期，干物质积累少，吸收养分的数量和强度低；生长盛期，干物质积累迅速增加，吸收养分数量和强度随之增加；至成熟阶段，干物质积累速度减慢，吸收养分数量和强度也逐渐降低。

在马铃薯的整个生育期中存在下列两个关键期：

（1）马铃薯营养临界期。在马铃薯营养临界期，若缺少某种养分，马铃薯的生长发育将会受到很大的抑制。营养临界期一般出现在马铃薯生长的早期。为满足营养临界期对养分的需要，一般施用基肥和种肥。

（2）马铃薯营养最大效率期。这是指在马铃薯生长过程中，需要养分绝对数量最多、吸收率最快、增产效果最显著的时期，出现在马铃薯的块茎形成期到块茎增长期。在生产中一般通过及时追肥来满足此期对养分的需要。

2. 肥料利用率

肥料利用率是指当季作物从所施肥料中吸收养分量占肥料中该养分总量的百分数。在一般田间条件下，氮肥利用率，水田为 20%～50%，旱地为 40%～60%；磷肥利用率为 10%～25%；钾肥利用率为 50%～60%。有机肥料中氮素的当季利用率，厩肥为 10%～30%，堆沤肥为 10%～20%，豆科绿肥为 20%～30%。

3. 其他因素

土壤条件、气候条件、农业技术条件等对配方施肥也有重要影响。

## 二、配方施肥的基本方法（施肥量的确定）

配方施肥的基本方法有地力分区（级）配方法、养分平衡法、地力差减法、肥料效应函数法、养分丰缺指标法、氮磷钾比例法等。这里重点介绍目前国内外常用的养分平衡法。

养分平衡法也称平衡施肥法，即用作物目标产量所需养分量，减去土壤当季可供给作物的养分量，按剩余的差数予以施肥补充。其计算公式为：

$$肥料施用量 = \frac{作物目标产量所需养分量 - 土壤所供养分量}{肥料利用率(\%) \times 肥料养分含量(\%)}$$

采用此法的前提是必须掌握作物目标产量所需养分量、土壤所供养分量和肥料利用率三个重要参数。其中，肥料利用率已在前文介绍。

（一）作物目标产量所需养分量

作物目标产量所需养分量可通过如下计算公式得到：

$$作物目标产量所需养分量 = 目标产量 \times 单位产量的养分吸收量$$

（二）土壤所供养分量

土壤所供养分量是指当季作物从土壤中吸收养分的数量，可用不施肥区（空白区）产量求出，也可用土壤养分测定值来计算。计算公式为：

$$土壤所供养分量 = 土壤养分测定(mg/kg) \times 0.15 \times 校正系数$$

校正系数是作物实际吸收养分数量占土壤养分测定值的比值,一般可通过田间试验获得。

### 三、施肥时期与具体施肥方法

（一）施肥时期

对于马铃薯及大多数植物来说,施肥应包括基肥、种肥和追肥三个时期。每个施肥时期分别起着不同的作用。

1. 基肥

基肥俗称底肥,是在播种(或定植)前结合土壤耕作施入的肥料。基肥一方面培肥和改良土壤,另一方面供给马铃薯整个生长发育时期所需要的养分。通常多用有机肥料配合一部分化学肥料作基肥。

2. 种肥

种肥是在播种(或定植)时施在种子附近或与种子混播的肥料。其作用是给种子萌发和幼苗生长创造良好的营养条件和环境条件。一般多用腐熟的有机肥或速效性的化学肥料以及微生物制剂等作种肥。凡浓度过大、过酸或过碱、吸湿性强、溶解时产生高温及含有毒成分的肥料均不宜作种肥。

3. 追肥

追肥是在马铃薯生长发育期间施入的肥料。其作用是及时补充马铃薯在生育过程中所需的养分。一般以速效性化学肥料作追肥。

（二）具体施肥方法

1. 撒施

撒施是施用基肥和追肥的一种方法,即把肥料均匀撒于地表,然后把肥料翻入土中。

2. 条施

条施也是施用基肥和追肥的一种方法,即开沟条施肥料后覆土。一般在肥料较少的情况下使用此法。

3. 穴施

穴施是在播种前把肥料施在播种穴中,而后覆土播种的方法。其特点是施肥集中,用肥量少,增产效果较好。

4. 分层施肥

分层施肥是将肥料按不同比例施入土壤的不同层次内的方法。

5. 随水浇施

这是在灌溉(尤其是喷灌)时将肥料随灌溉水施入土壤的方法。这种方法多用于追肥方式。

6. 根外追肥

这是把肥料配成一定浓度的溶液,喷洒在马铃薯叶面,以供马铃薯吸收的施肥方法。此法省肥,效果好,是一种辅助性追肥措施。

7. 拌种和浸种

拌种是将肥料与种子(种薯)均匀拌和后一起播入土壤。浸种是用一定浓度的肥料溶液浸泡种子,待一定时间后,取出稍晾干后播种。

8. 蘸秧根

在马铃薯移栽前,将磷肥或微生物菌剂配制成一定浓度的悬浮液,浸蘸秧根,然后定植。

9. 盖种肥

盖种肥是开沟播种后,用充分腐熟的有机肥或草木灰盖在种子(种薯)上面的施肥方法。

# 任务三　化学肥料的种类与合理施用

化学肥料又称无机肥料,是指用化学方法制成的或用矿石加工而成的肥料。其种类很多,按所含的营养元素可分为氮肥、磷肥、钾肥、微量元素肥料、复混肥料等。

## 一、土壤中的氮素及氮肥的合理施用

### (一)土壤中的氮素形态及其转化

土壤中氮素的含量受气候、地形、土壤类型、土地利用方式等因素的影响,差别很大。一般来讲,我国农业土壤的含氮量为0.5～2.0g/kg。土壤含氮量高于1.5g/kg为高含量,0.5～1.5g/kg为中含量,低于0.5g/kg为低含量。

土壤中的氮素形态可分有机态氮和无机态氮两种。有机态氮是土壤中氮的主要形态,一般占土壤全氮量的98%以上,主要以蛋白质、氨基酸、酰胺、胡敏酸等形式存在。无机态氮主要是指铵态氮、硝态氮和极少量的亚硝态氮,是植物可吸收利用的氮素形态。

土壤中的氮素转化主要包括氨化作用、硝化作用、反硝化作用、氨的挥发作用等(图7-4)。

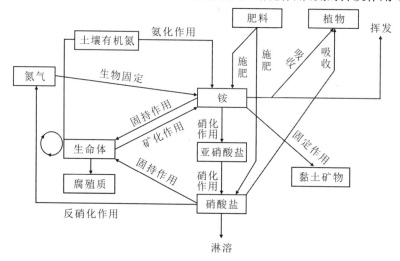

**图7-4　土壤中的氮素转化**

1. 氨化作用

土壤中的含氮有机物经过微生物的分解转化为氨或铵态氮的过程称为氨化作用,又称矿化作用。在土壤湿润、土壤温度为30～45℃、中性至微碱性条件下,氨化作用进行得较快。

2. 硝化作用

土壤中的氨或铵离子在微生物作用下转化为硝态氮的过程称为硝化作用。硝化作用包括两步:第一步,铵在亚硝化细菌的作用下氧化为亚硝酸;第二步,亚硝酸在硝化细菌的作用下氧化为硝酸。在有氧条件下,温度为 25～30℃、pH 值为 6.5～7.5 时,硝化作用进行得较快。硝态氮易于被植物吸收利用,但也易流失。

3. 反硝化作用

通过反硝化细菌作用,硝态氮被还原为气态氮的过程称为反硝化作用。这个过程通常发生在土壤通气不良和新鲜有机物过多的水田中。在旱田的局部缺氧部位也有反硝化作用。旱田因反硝化作用造成的氮素损失可达施入氮量的 10%～20%。

4. 氨的挥发作用

氨化作用产生的 $NH_4^+$(铵离子)或施入土壤中的 $NH_4^+$ 易分解成 $NH_3$(氨气)而挥发,此过程称为氨的挥发作用。在我国北方的石灰性土壤中,易发生氨的挥发作用,造成氮素损失。

此外,氮素在土壤中还能发生固氮作用、固定作用、淋溶作用。

(二)氮肥的种类、性质与施用

1. 氮肥的种类

氮肥的种类很多,按氮素形态可分为三类:铵态氮肥、硝态氮肥和酰胺态氮肥。不同类型的氮肥各有特点,只有掌握其性质,才能做到合理施用。

(1)铵态氮肥

氮素以氨或 $NH_4^+$ 形态存在的氮肥称为铵态氮肥,如氨水、硫酸铵、氯化铵、碳酸氢铵等。它们具有以下共同特点:①易溶于水,作物能直接吸收利用,肥效快,为速效氮肥。②施入土壤后,肥料中的 $NH_4^+$ 能与土壤胶体吸附的阳离子相互交换,而被吸附在土壤胶体上,成为交换态养分。③在通气良好的土壤中,铵态氮可通过硝化作用转变为硝态氮,便于作物吸收,但也易引起氮素的损失;遇碱性物质会分解放出氨,易引起氨的挥发损失,故施入石灰性土壤时要深施覆土。

(2)硝态氮肥

硝态氮肥中的氮素是以硝态氮形态存在的,如硝酸铵、硝酸钙等。它们的共同特性是:易溶于水,溶解度大,为速效性氮肥;吸湿性强,易吸湿结块;受热易分解,易燃易爆,贮运中应注意安全;$NO_3^-$ 易随水流失,水田不宜施用。

(3)酰胺态氮肥

酰胺态氮肥中的氮以酰胺基形态($-CONH_2$)存在。我国的主要农用产品是尿素。

2. 常见氮肥的性质和施用

常见氮肥的性质和施用要点如表 7-1 所示。

3. 氮肥的合理施肥技术

我国氮肥的利用率较低,一般为 30%左右,其中碳酸氢铵的利用率为 24%～30%,尿素的利用率为 30%～35%,硫酸铵的利用率为 30%～42%。合理分配和施用氮肥的目的在于减少氮肥损失,提高氮肥利用率,以充分发挥氮肥的最大增产效益。

(1)氮肥的合理分配

氮肥的合理分配主要应考虑土壤条件、作物特性、气候条件等。

①因土壤施用:氮肥的分配首先考虑土壤本身的供氮水平。一般肥地应少施氮肥,瘦地应增施氮肥。砂质土壤要少量多次施用氮肥,且不宜施用硝态氮肥;黏质土壤的氮肥施用量可加大。碱性土壤施用铵态氮肥要深施覆土,酸性土壤宜选择生理碱性或碱性肥料。如用生理酸性肥料,应结合有机肥料和石灰施用。

表 7-1  常见氮肥的性质和施用要点

| 肥料名称 | 化学成分 | N(%) | 酸碱性 | 主要性质 | 施用要点 |
|---|---|---|---|---|---|
| 碳酸氢铵 | $NH_4HCO_3$ | 16.8～17.5 | 弱碱性 | 化学性质极不稳定,白色细结晶,易吸湿结块,易分解挥发,有刺激性氨味,易溶于水,施入土壤无残存物,生理中性肥料 | 储存时要防潮、密闭。一般做基肥或追肥,不宜做种肥,施入 7～10cm 深,及时覆土,避免高温施肥,防止 $NH_3$ 挥发,适合于各种土壤和作物 |
| 碳酸铵 | $(NH_4)_2SO_4$ | 20～21 | 弱酸性 | 白色结晶,因含有杂质有时呈淡灰、淡绿或淡棕色,吸湿性弱,热反应稳定,是生理酸性肥料,易溶于水 | 宜做种肥、基肥和追肥;在酸性土壤中长期施用,应配施石灰和钙、镁、磷肥,以防土壤酸化。水田不宜长期大量施用,以防 $H_2S$ 中毒;适于各种作物,尤其是油菜、马铃薯、葱、蒜等喜硫作物 |
| 氯化铵 | $NH_4Cl$ | 24～25 | 弱酸性 | 白色或淡黄色结晶,吸湿性小,热反应稳定,生理酸性肥料,易溶于水 | 一般做基肥或追肥,不宜做种肥。一些忌氯作物(如烟草、葡萄、柑橘、茶叶、马铃薯等)和盐碱地不宜施用 |
| 硝酸铵 | $NH_4NO_3$ | 34～35 | 弱酸性 | 白色或浅黄色结晶,易结块,易溶于水,易燃烧和爆炸,生理中性肥料。施后土壤中无残留 | 贮存时要防燃烧、爆炸,防潮,适于做追肥,不宜做种肥和基肥。在水田中施用效果差,不宜与未腐熟的有机肥混合施用 |
| 硝酸钙 | $Ca(NO_3)_2$ | 13～15 | 中性 | 钙质肥料,吸湿性强,是生理碱性肥料 | 适用于各类土壤和作物,宜做追肥,不宜做种肥,不宜在水田中施用,贮存时要注意防潮 |
| 尿素 | $CO(NH_2)_2$ | 45～46 | 中性 | 白色结晶,无味、无臭,稍有清凉感,易溶于水,呈中性反应,易吸湿,肥料级尿素则吸湿性较小 | 适用于各种作物和土壤,可做基肥、追肥,并适宜做根外追肥。尿素中因含有缩二脲,常对植物种子发芽和植株生长有影响 |

②因作物施用:不同作物种类对氮肥的形态和品种选择不一样。水稻、小麦、高粱、玉米

等禾谷类作物以及棉花、蔬菜、果树是需氮较多的作物,应多分配一些氮肥;大豆、花生等豆类作物因可固定空气中的氮素,可少施氮肥。硫酸铵可分配施用于喜硫作物,如烟草、大蒜等;氯化铵则不宜施在烟草、西瓜、甜菜、葡萄等忌氯作物上,但可施在麻类作物上。马铃薯亦属于喜硫忌氯作物。

③根据氮肥品种与特性施用:铵态氮肥易挥发,应作基肥深施覆土;硝态氮肥一般宜用于旱田追肥,且避免雨季施用;硫酸铵可做种肥,其他肥料不宜做种肥。

④根据地区和季节、雨水等条件施用:在南方高温多雨地区及灌溉地区,应优先施用铵态氮肥,少施硝态氮肥,以减少氮的损失。水田一般应多施碳酸氢铵、氯化铵和尿素肥料,而不宜施硝态氮肥,以防止反硝化作用和 $NO_3^-$ 的流失。北方低温少雨地区、干旱地区以及旱地,以施用硝态氮肥的效果较好。

(2)氮肥的施用技术

根据不同土壤条件和马铃薯生长情况,确定合理用量和适宜施肥时期,并采用有效施用方法。

①基肥深施:对于旱地,可结合耕地将肥料均匀地施于地面,随即翻耕耙地。水田结合翻耕施用,采取排水→施肥→翻耕→灌水方式进行。基肥深施以铵态氮肥和尿素为宜。

②种肥底施:旱作物在墒情较好的情况下,播种前开沟施肥,将肥料施入种子下部,或施在种子一侧。在氮肥中以硫酸铵做种肥的效果最好。

③追肥深施:旱地做追肥,可在作物根旁 6～10cm 处开沟施肥或挖穴施肥,沟、穴深 6～10cm,并立即覆土。对水田追肥时,先排水再撒施肥料,结合中耕除草,使土肥混匀。各种氮肥均可以做追肥,其中以硝态氮肥更适宜,且在旱地上施用最好。

④球肥、粒肥深施:将碳酸氢铵、硫酸铵、尿素制成颗粒肥料或球肥深施,较普通形状肥料能提高马铃薯产量和氮肥利用率,使肥效期延长 10％～20％。

(3)氮肥与其他肥料的合理配施

氮肥与有机肥料配合施用对夺取马铃薯高产、稳产,降低成本具有重要作用,而且又是改良土壤和培肥地力的重要手段。目前我国土壤普遍缺磷,缺钾面积也在不断扩大,因此氮肥与磷肥、钾肥配施有较好的效果,并能充分发挥氮肥的增产效果。在马铃薯生产上,氮、磷、钾配合施用,增产效果更为明显。在目前的生产条件下,马铃薯适宜的 $N：P_2O_5：K_2O$ 为 $1：0.5：2.12$。

## 二、土壤中的磷素及磷肥的合理施用

(一)土壤中磷的含量和形态

我国土壤的全磷量($P_2O_5$)一般为 $0.3～3.5g/kg$,其中 99％以上为迟效磷,作物当季利用的仅有 1％。土壤中的磷素一般以有机磷和无机磷两种形态存在。

1. 土壤有机磷

土壤有机磷主要来源于有机肥料和生物残体,如核蛋白、核酸、磷脂、植素等,占全磷的 10％～50％。有机磷除少数能被作物直接吸收利用外,大部分要经过微生物分解转化才能被植物吸收利用。

2. 土壤无机磷

土壤无机磷占全磷的 50％～90％,主要以磷酸盐形式存在。根据磷酸盐的溶解性可将无机磷分为水溶性磷(主要是钾、钠、钙磷酸盐,能溶于水)、弱酸溶性磷(主要是磷酸二钙、磷酸二镁,能溶于弱酸)和难溶性磷(主要是磷酸八钙、磷酸十钙及磷酸铁、铝盐等)。

（二）土壤中磷素的固定

土壤中的磷素转化包括有效磷的固定和难溶性磷的释放两个过程。其中,有效磷的固定可使土壤中有效磷的数量减少,降低磷肥的利用率。土壤中磷素的固定主要有以下几种形式:

1. 化学固定

土壤中大量的钙、镁、铁、铝等离子与可溶性磷酸盐作用,形成难溶性磷化合物。在石灰性土壤上,水溶性磷酸盐与钙结合,先形成弱酸溶性的磷酸二钙,继而再形成难溶性的磷酸八钙、磷酸十钙。在酸性土壤中,水溶性磷、弱酸溶性磷与土壤中的活性铁、铝相互作用,生成难溶性的磷酸铁、磷酸铝沉淀。

2. 吸附固定

吸附固定即土壤对土壤溶液中磷酸根离子的吸附作用。这种固定主要发生在酸性土壤上。

3. 生物固定

生物固定是指土壤微生物吸收有效态磷酸盐构成自己的"躯体",使之变成有机磷化合物。这种固定是暂时的,当微生物死亡后,残体经过分解,仍可将磷素释放出来。

（三）磷肥的类型

磷肥按其溶解度不同,可分为水溶性磷肥、弱酸溶性磷肥和难溶性磷肥。

1. 水溶性磷肥

水溶性磷肥是指养分标明量(磷酸盐)能够溶于水的磷肥,主要有过磷酸钙和重过磷酸钙等,所含的磷易被植物吸收利用,肥效快,是速效性磷肥。

2. 弱酸溶性磷肥

弱酸溶性磷肥是指养分标明量能够溶于2%柠檬酸或中性柠檬酸铵溶液的磷肥,主要有钙镁磷肥、钢渣磷肥、脱氟磷肥、沉淀磷肥、偏磷酸钙等。其肥效较水溶性磷肥要慢。

3. 难溶性磷肥

难溶性磷肥是指养分标明量大部分只能溶于强酸的磷肥,主要有磷矿粉、骨粉、磷质海鸟粪等。其肥效迟缓而长,为迟效性磷肥。

（四）常见磷肥的性质和施用

几种常见磷肥的特点及施用要点如表7-2所示。

表7-2 常见磷肥的性质及施用特点

| 肥料名称 | 主要成分 | $P_2O_5$(%) | 主要性质 | 施用技术要点 |
|---|---|---|---|---|
| 过磷酸钙 | $Ca(H_2PO_4)_2 \cdot H_2O$ $CaSO_4 \cdot 2H_2O$ | 12~18 | 灰白色粉末或颗粒状,含硫酸钙40%~50%、游离硫酸和磷酸3.5%~5%,肥料呈酸性,有腐蚀性,易吸湿结块 | 做基肥、追肥、种肥及根外追肥,集中施于根层,适用于碱性及中性土壤,酸性土壤应先施石灰,隔几天再施磷肥钙 |

续表 7-2

| 肥料名称 | 主要成分 | $P_2O_5$（%） | 主要性质 | 施用技术要点 |
|---|---|---|---|---|
| 重过磷酸钙 | $Ca(H_2PO_4)_2 \cdot H_2O$ | 36～42 | 深灰色颗粒或粉状物，吸湿性强，含游离磷酸 4%～8%，呈酸性，腐蚀性强，含 $P_2O_5$ 约是过磷酸钙的 2 倍或 3 倍，又简称双料或三料磷肥 | 适用于各种土壤和作物，宜做基肥、追肥和种肥，施用量比过磷酸钙减少一半以上 |
| 钙镁磷肥 | $\alpha$-$Ca_3(PO_4)_2$、$CaO$、$MgO$、$SiO_2$ | 14～18 | 灰绿色粉末，不溶于水，而溶于弱酸，呈碱性反应 | 一般做基肥，与生理酸性肥料混施，以促进肥料的溶解，在酸性土壤中也可做种肥或蘸秧根 |
| 钢渣磷肥 | $Ca_4P_2O_5 \cdot CaSiO_3$ | 8～14 | 黑色或棕色粉末，不溶于水，而溶于弱酸，碱性 | 一般做基肥，不宜做种肥及追肥，与有机肥堆沤后施用，效果更好 |
| 磷矿粉 | $Ca_3(PO_4)_2$ 或 $Ca_5(PO_4)_5 \cdot F$ | ＞14 | 褐灰色粉末，其中 1%～5% 为弱酸溶性磷，大部分是难溶性磷 | 磷矿粉是迟效肥，宜做基肥，一般为每 $667m^2$ 用 50～100kg，施在缺磷的酸性土壤上，可与硫铵、氯化铵等生理酸性肥料混施 |
| 骨粉 | $Ca_3(PO_4)_2$ | 22～23 | 灰白色粉末，含有 3%～5% 的氨素，不溶于水 | 酸性土壤上做基肥 |

（五）磷肥的合理施用技术

磷肥的合理施用，必须根据土壤条件、作物特性、轮作制度、磷肥品种与施用技术等综合考虑。

1. 土壤供磷状况与磷肥肥效

土壤速效磷是马铃薯可以直接吸收利用的磷，主要是水溶性磷，它的含量可用来表示土壤供磷水平，并以此指导施肥。马铃薯对磷肥的效应较低，土壤速效磷含量在 10ppm 以上，亩产指标在 1500kg 以下；速效磷含量在 15ppm 以上，亩产指标在 2500kg 以下者可不必施用磷肥。产量指标相同时，施磷量与速效磷含量呈负相关。相同土壤条件下，施磷量应随产量的提高而增加。

2. 作物特性与磷肥施用

不同作物对磷的需要和敏感性不同。一般豆科作物对磷的需要量较多，蔬菜（特别是叶菜类）对磷的需要量少。不同作物对磷的敏感程度为：豆科和绿肥作物＞糖料作物＞小麦＞棉花＞杂粮（玉米、高粱、谷子）＞早稻＞晚稻。不同作物对难溶性磷的吸收利用差异很大，油菜、荞麦、肥田萝卜、番茄、豆科作物的吸收能力强,马铃薯、甘薯、小麦、水稻等的吸收能力弱,施水溶性磷肥最好。

磷肥的施用时期很重要,施用的磷肥必须充分满足作物临界期对磷的需要,作物需磷的临界期都在早期。因此,磷肥要早施,一般做底肥深施于土壤,后期可通过叶面喷施加以补充。

3. 轮作倒茬与磷肥施用

磷肥具有后效,因此在轮作周期中不需要每季作物都施用,而应重点施在最能发挥磷肥效果的茬口上。①水旱轮作中,应本着"旱重水轻"的原则,将磷肥重点施在旱地作物上;②在绿肥或豆科作物轮作中,将磷肥重点施在绿肥或豆科作物上,可以起到"以磷增氮"的作用;③在旱地轮作中,应本着越冬作物重施、多施,越夏作物早施、少施的原则。

4. 磷肥的施用技术

由于有效磷在土壤中易固定,且移动性小,故磷肥应集中施用,可采用条施、穴施、蘸秧根、做种肥等方式。在马铃薯生产上,从提高当季施肥的最大经济效益出发,将磷肥均匀分布于5~15cm土层的集中穴施是行之有效的施磷肥方法。另外,由于作物磷素的临界期一般都在幼苗阶段,因此磷肥应适当早施,一般做基肥、种肥和早追肥。

5. 磷肥与其他肥料的配合

作物按一定比例吸收氮、磷、钾等养分,只有在协调其他养分平衡的基础上,合理配施磷肥,才能有明显的增产效果。磷肥与有机肥料混合或堆沤施用,可减少土壤对磷的固定作用,促进弱酸溶性磷肥溶解,防止氮素损失,起到"以磷保氮"的作用。这是合理施用磷肥的一项重要措施。

### 三、土壤中的钾素及钾肥的合理施用

(一)土壤中钾的含量和形态

我国土壤的全钾含量介于5~25g/kg之间,比氮含量和磷含量高。马铃薯属于喜钾作物,在生产上应适当增加钾肥的施用。土壤中钾的形态有三种:速效性钾、缓效性钾和难溶性矿物钾。

1. 速效性钾

速效性钾又称有效钾,占土壤全钾量的1%~2%,包括水溶性钾和交换性钾。土壤速效钾含量与钾肥肥效有一定的相关性,因此,常作为施用钾肥的参考指标。

2. 缓效性钾

缓效性钾主要是指存在于黏土矿物和一部分易风化的原生矿物中的钾,一般占土壤全钾量的2%左右,经过转化可被植物吸收利用,是速效性钾的储备。

3. 难溶性矿物钾

难溶性矿物钾是存在于难风化的原生矿物中的钾,占土壤全钾量的90%~98%,植物很难吸收利用。经过长期的风化,钾才能被释放出来。

(二)钾肥的种类、性质与施用要点

目前我国常用的钾肥种类、性质及施用要点如表7-3所示。

表 7-3　常用钾肥的成分、性质与施用要点

| 肥料名称 | 成分 | $K_2O(\%)$ | 主要性质 | 施用技术要点 |
|---|---|---|---|---|
| 氯化钾 | KCl | $50\sim60$ | 白色或粉红色结晶,易溶于水,不易吸湿结块,生理酸性肥料 | 适宜于大多数作物和土壤,但对忌氯作物不宜施用;宜做基肥深施,做追肥要早施,不宜做种肥。对盐碱地不宜施用 |
| 硫酸钾 | $K_2SO_4$ | $48\sim52$ | 白色或淡黄色结晶,易溶于水,物理性状好,生理酸性肥料 | 与氯化钾基本相同,但对忌氯作物有好的效果。适宜于一切作物和土壤 |
| 草木灰 | $K_2CO_3$ | $5\sim10$ | 主要成分能溶于水,碱性反应,还含有钙、磷等元素 | 适宜于各种作物和土壤,可做基肥、追肥,宜沟施或条施,也可做盖种肥或根外追肥 |

### 四、土壤中的微量元素及微肥的合理施用

土壤中的微量元素含量一般为 $10\sim100mg/kg$ 或更低,最高不超过 $1000mg/kg$。通常情况下,土壤中微量元素的含量足够植物吸收利用。但由于土壤受环境条件的影响,其有效性往往很低,甚至缺乏,有时需施用微量元素肥料加以补充。微量元素肥料的种类很多,常用的微量元素肥料的种类性质与施用如表 7-4 所示。

表 7-4　常用微量元素肥料的种类、性质和施用要点

| 种类 | 肥料名称 | 主要成分 | 含量(%) | 主要性质 | 施用要点 |
|---|---|---|---|---|---|
| 硼肥 | 硼砂 | $Na_2B_4O_7 \cdot 10H_2O$ | 11 | 白色结晶或粉末,在 40℃热水中易溶,不吸湿 | 做基肥:用量为 $4\sim15kg/hm^2$;浸种:浓度为 0.05%;根外追肥:浓度为 0.1%~0.2% |
| | 硼酸 | $H_3BO_3$ | 17.5 | | |
| 锌肥 | 硫酸锌 | $ZnSO_4 \cdot 7H_2O$ | $23\sim24$ | 白色或浅橘红色结晶,易溶于水,不吸湿 | 拌种:每千克种子 $4\sim6g$;浸种:浓度为 0.02%~0.05%;根外追肥:浓度为 0.1%~0.2% |
| 锰肥 | 硫酸锰 | $MnSO_4 \cdot 3H_2O$ | $26\sim28$ | 粉红色结晶,易溶于水 | 拌种:每千克种子 $4\sim8g$;浸种:浓度为 0.1%;根外追肥:浓度为 0.1%~0.2%;做基肥:用量为 $15\sim45kg/hm^2$ |

续表 7-4

| 种类 | 肥料名称 | 主要成分 | 含量(%) | 主要性质 | 施用要点 |
|------|---------|---------|---------|---------|---------|
| 铜肥 | 硫酸铜 | $CuSO_4 \cdot 5H_2O$ | 24~26 | 蓝色结晶,易溶于水 | 拌种:每千克种子 4~8g;浸种:浓度为 0.01%~0.05%;根外追肥:浓度为 0.02%~0.04%;做基肥:用量为 15~30kg/hm² |
| 钼肥 | 钼酸铵 | $(NH_4)_6MO_7O_{24} \cdot 4H_2O$ | 50~54 | 青白或黄白结晶,易溶于水 | 拌种:每千克种子 1~2g;浸种:浓度为 0.05%~0.1%;根外追肥:浓度为 0.05%~0.1% |
| 铁肥 | 硫酸亚铁 | $FeSO_4 \cdot 7H_2O$ | 19~20 | 淡绿色结晶,易溶于水 | 根外喷施浓度:大田作物为 0.2%~1%,果树为 0.3%~0.4% |

### 五、复合肥料与混合肥料

**(一)复合肥料**

复合肥料是指含有氮、磷、钾三要素中两种或三种养分的肥料。其有效成分高,施用方便,肥效好,深受农民欢迎,目前已成为农业生产中常用的当家肥料。

复合肥料按元素种类可分为两大类:三元复合肥料(N、P、K)和二元复合肥料(NP、NK、PK)。其组成成分通常用每种营养元素所占的百分含量来表示。如 15—15—15,表示每 100kg 肥料中含 N 15kg、$P_2O_5$ 15kg、$K_2O$ 15kg。一般常见的复合肥料的种类、性质及施用要点如表 7-5 所示。

表 7-5　复合肥料的种类、性质及施用要点

| 肥料名称 | | 组成和含量 | 性质 | 施用要点 |
|------|------|---------|------|---------|
| 二元复合肥 | 磷酸铵 | $(NH_4)_2HPO_4$ 和 $NH_4H_2PO_4$ N16%~18%,$P_2O_2$46%~48% | 水溶性,性质较稳定,多为白色结晶颗粒状 | 基肥或种肥,适当配合施用氮肥 |
| | 硝酸磷肥 | $NH_4NO_3(NH_4)_2HPO_4$ 和 $CaHPO_4$ N12%~20%,$P_2O_5$10%~20% | 灰白色颗粒状,有一定的吸湿性,易结块 | 基肥或追肥,不适宜于水田,对豆科作物效果差 |
| | 磷酸二氢钾 | $KH_2PO_4$ $P_2O_5$52%,$K_2O$35% | 水溶性,白色结晶,化学酸性,吸湿性小,物理性状良好 | 多用于根外喷施和浸种 |

| 肥料名称 | | 组成和含量 | 性质 | 施用要点 |
|---|---|---|---|---|
| 三元复合肥 | 硝磷钾肥 | $NH_4NO_3$、$(NH_4)_2HPO_4$ $KNO_3$，N11％～17％，$P_2O_3$6％～17％，$K_2O$12％～17％ | 淡黄色颗粒，有一定吸湿性。其中，N、K 为水溶性，P 为水溶性和弱酸溶性 | 基肥或追肥，目前已成为烟草专用肥 |
| | 硝铵磷肥 | N、$P_2O_5$、$K_2O$ 均为 17.5％ | 高效、水溶性 | 基肥、追肥 |
| | 磷酸钾铵 | $(NH_4)_2HPO_4$ 和 $K_2HPO_4$ N、$P_2O_3$、$K_2O$ 总含量达 70％ | 高效、水溶性 | 基肥、追肥 |

**（二）混合肥料**

混合肥料具有很多优点，如有效成分高、养分比较齐全、肥效好，但也有一定的局限性，如养分比例固定不变，很难适用于各种不同的作物和土壤。为了做到因土、因作物施用，可通过肥效试验和测土施肥结果，根据不同作物种类和土壤条件，临时配制不同养分比例的混合肥料，特别是颗粒掺混肥料。

肥料混合的原则是：①要选择吸湿性弱的肥料品种。吸湿性强的肥料会使混合过程和施肥过程发生困难。②要考虑到混合肥料养分不受损失。铵态氮肥不能与草木灰、石灰等碱性物质混合，否则会引起氨的挥发。过磷酸钙、重过磷酸钙等水溶性磷肥与碱性肥料混合时，易使水溶性磷转化为难溶性磷。各种肥料混合忌宜情况可参照图 7-5。③应有利于提高肥效与施肥工效。一般混合肥料具有高浓度、多品种、多规格的特点，它可以满足不同土壤作物和其他农业生产条件提出的要求。

掺混肥料（又称 BB 肥）是把含有氮、磷、钾及其他营养元素的原料肥料按一定比例掺混而成的混合肥料，由于具有生产工艺简单、投资省、能耗少、成本低、养分配方灵活、针对性强、能适应农业生产需要的特点，因此发展很快。其生产工艺流程图如图 7-6 所示。

# 任务四　有机肥料的种类与合理施用

有机肥料是农村中利用各种有机物质，就地取材，就地积制的一类自然肥料，又称农家肥料。利用有机肥料是中国农业生产的特色，特别是在积制、保存和施用等方面，有优良的传统和丰富的经验。有机肥料按来源、特性和积制方法，大体上可分为粪尿肥、堆沤肥、绿肥和杂肥四大类。

**一、有机肥料的作用**

有机肥料是一种完全肥料，它对土壤和作物有多种良好作用。

1. 提供多种养分，改善土壤的养分供应状况

有机肥料含有作物必需的各种营养元素，经过微生物的分解转化而释放，变成作物能够吸收的养分。因此，施用有机肥料可以增加土壤速效养分含量，提高土壤供肥能力，而且肥效稳定、持久。此外，有机肥料中的各类有机酸可与钙、镁、铁、铝形成稳定的络合物，以减少磷的固定和铁、铝的毒害。有机酸及其盐类还可提高土壤对酸碱的缓冲能力。

| | 1 硫酸铵 | 2 硝酸铵 | 3 氨水 | 4 碳酸氢铵 | 5 尿素 | 6 石灰氮 | 7 氯化铵 | 8 过磷酸钙 | 9 钙镁磷肥 | 10 钢渣磷肥 | 11 沉淀磷肥 | 12 脱铵磷肥 | 13 重过磷酸钙 | 14 磷矿粉 | 15 硫酸钾 | 16 氯化钾 | 17 窑灰钾肥 | 18 磷酸铵 | 19 硝酸磷肥 | 20 钾氮混合肥 | 21 铵化过磷酸钙 | 22 草木灰,石灰 | 23 粪,尿 |
|---|---|---|---|---|---|---|---|---|---|---|---|---|---|---|---|---|---|---|---|---|---|---|---|
| 1 硫酸铵 | | | | | | | | | | | | | | | | | | | | | | | |
| 2 硝酸铵 | ● | | | | | | | | | | | | | | | | | | | | | | |
| 3 氨水 | × | × | | | | | | | | | | | | | | | | | | | | | |
| 4 碳酸氢铵 | × | ● | × | | | | | | | | | | | | | | | | | | | | |
| 5 尿素 | ○ | ● | × | × | | | | | | | | | | | | | | | | | | | |
| 6 石灰氮 | × | × | × | × | × | | | | | | | | | | | | | | | | | | |
| 7 氯化铵 | ○ | ● | × | × | ○ | × | | | | | | | | | | | | | | | | | |
| 8 过磷酸钙 | ○ | ● | × | × | ○ | × | ○ | | | | | | | | | | | | | | | | |
| 9 钙镁磷肥 | ● | ● | × | × | × | × | ○ | × | | | | | | | | | | | | | | | |
| 10 钢渣磷肥 | × | × | × | × | × | × | ○ | × | ○ | | | | | | | | | | | | | | |
| 11 沉淀磷肥 | ○ | ● | × | × | ○ | × | ○ | ○ | ○ | ○ | | | | | | | | | | | | | |
| 12 脱铵磷肥 | ● | ● | × | × | ○ | × | ○ | ○ | ○ | ○ | ○ | | | | | | | | | | | | |
| 13 重过磷酸钙 | ○ | ● | × | × | ○ | × | ○ | × | × | × | × | ○ | | | | | | | | | | | |
| 14 磷矿粉 | ○ | ● | × | × | ○ | × | ● | ○ | ○ | ○ | ○ | ○ | ○ | | | | | | | | | | |
| 15 硫酸钾 | ○ | ● | × | × | ○ | × | ○ | ○ | ○ | ○ | ○ | ○ | ○ | ○ | | | | | | | | | |
| 16 氯化钾 | ○ | ● | × | × | ○ | × | ○ | ○ | ○ | ○ | ○ | ○ | ○ | ○ | ○ | | | | | | | | |
| 17 窑灰钾肥 | × | × | × | × | × | × | × | ○ | ○ | ○ | ○ | ○ | ○ | ○ | ○ | ○ | | | | | | | |
| 18 磷酸铵 | ○ | ● | × | × | ○ | × | ○ | ○ | ○ | ○ | ○ | ○ | ○ | ○ | ○ | ○ | ○ | | | | | | |
| 19 硝酸磷肥 | ● | ● | × | × | ● | × | ○ | ○ | ○ | ○ | ● | ● | ● | ○ | ● | ● | ● | ○ | | | | | |
| 20 钾氮混合肥 | ○ | ● | × | × | ○ | × | ○ | ○ | ○ | ○ | ○ | ○ | ● | ○ | ● | ● | ○ | ● | ● | | | | |
| 21 铵化过磷酸钙 | ○ | ● | × | × | ○ | × | ○ | ○ | ○ | ○ | ○ | ○ | ○ | ○ | ○ | ○ | ○ | ● | ● | ○ | | | |
| 22 草木灰,石灰 | × | × | × | × | × | × | ○ | ○ | ○ | ○ | ○ | ○ | ○ | ○ | ○ | ○ | ○ | × | × | × | × | | |
| 23 粪,尿 | ○ | ○ | × | × | × | × | ○ | ○ | ○ | ○ | ○ | ○ | ○ | ○ | ○ | ○ | ○ | ○ | ○ | ○ | × | ○ | |
| 24 新鲜厩肥,堆肥 | ○ | × | × | ○ | ○ | ○ | ○ | ○ | ○ | ○ | ○ | ○ | ○ | ○ | ○ | ○ | × | ○ | ○ | ○ | × | ○ | ○ |

○ 表示可以混合施用
● 表示混合后不宜久放
× 表示不可混合施用

图 7-5　各种肥料的可混性

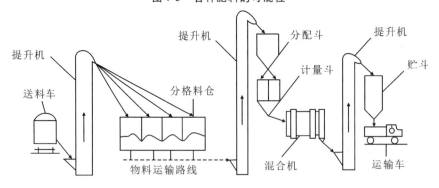

图 7-6　掺混肥料生产流程

## 2. 改善土壤结构

在微生物的作用下,有机肥料转化形成腐殖质,能胶结土粒而形成较稳定的团粒结构,从而增加土壤的通气性、透水性,改善土壤的水、肥、气、热状况。

## 3. 促进土壤微生物活动

有机肥料为土壤微生物活动提供大量能源物质,不仅可以加速有机质本身所含养分的转化和释放,而且有助于土壤原有磷、钾等矿质养料的释放,活化土壤潜在养分,从而提高难溶性磷酸盐及微量元素养分的有效性。

4. 刺激植物生长发育

有机肥料在分解转化过程中形成的胡敏酸,维生素 $B_1$、$B_6$、$B_{12}$ 和泛酸、叶酸、酶等,能促进植物根系发育,加强新陈代谢,刺激植物生长,增强植物对养分的吸收和利用,并能增强作物抗逆性。

5. 维持农业生态良性循环

有机肥料可提高土壤肥力,防止土壤退化,还具有改善农产品质量及节省能源、降低农业生产成本等方面的重要作用。

## 二、有机肥料的主要类型与施用

(一)粪尿肥及其施用

粪尿肥包括人粪尿、家畜粪尿、厩肥、禽粪等,它是我国农村普遍施用的一类优质有机肥料。

1. 人粪尿及其施用

人粪尿是人粪和人尿的混合物,养分含量高,分解快,肥效迅速,是速效有机肥料,俗称"精肥或细肥"。人粪的成分比较复杂,受食物的影响很大。其有机质含量占20%,主要是纤维素、半纤维素、蛋白质、氨基酸等;含灰分约5%,主要是硅酸盐、磷酸盐、氯化物等。人粪呈中性反应。

人尿中的有机物少,约为3%,含尿素较多,还含有少量的尿酸、马尿酸。另外,还含有2%的无机盐,其中以食盐较多,其次是磷酸盐、铵盐和微量元素等。鲜尿呈微酸性反应,腐熟后变为微碱性。人粪尿含氮较多,含磷、钾少(表7-6)。氮素多呈尿素态,易分解,利用率比其他有机肥高,可作速效肥施用。

表7-6 人粪尿的主要养分含量　　　　　　　　　　单位:%

| 种类 | 水分 | 有机质 | N | $P_2O_5$ | $K_2O$ |
|------|------|--------|------|----------|--------|
| 人粪 | >70 | 约20 | 1.00 | 0.50 | 0.37 |
| 人尿 | >90 | 约3 | 0.50 | 0.13 | 0.19 |
| 人粪尿 | 80左右 | 5~10 | 0.5~0.8 | 0.2~0.4 | 0.2~0.3 |

新鲜人粪尿中的养分多为有机态,且含有大量的病菌、虫卵,必须经过腐熟才能施用。腐熟过程中,人粪中的含氮化合物可逐步分解为氨,而人尿中的有机物则分解为有机酸、二氧化碳、甲烷和水等。人粪尿腐熟的时间,在夏季为6~7d,其他季节为10~20d。腐熟的人粪尿呈绿色或暗绿色,并且呈中性或微碱性。

在我国南方,人们常将人粪尿制成水粪贮存,采用加盖粪缸或三格化粪池等方式。我国北方则采用人粪拌土堆积,或用堆肥、厩肥、草炭制成土粪,或单独积存人尿,也可用干细土垫厕所保存人粪尿中的养分。

人粪尿适用于多种土壤和作物,尤其对叶菜类、桑和麻等作物有良好肥效,但对忌氯作物,如烟草、薯类、甜菜等,应适当少用,也不适用于盐碱地。人粪尿主要用作追肥,但菜田可作基肥,南方习惯泼浇水粪,北方习惯随水灌施,效果均好。人尿也可用于浸种。

2. 畜禽粪尿及其施用

畜禽粪尿是指猪、牛、马、羊、家禽等的排泄物,含有丰富的有机质和各种营养元素(表7-7)。家畜粪的主要成分是纤维素、半纤维素、木质素、蛋白质及其分解产物、脂肪、有机酸、酶及各种无机盐类。尿的成分比较简单,全部是水溶性物质,主要是尿素、马尿酸以及无机盐类。各种畜禽粪具有不同的特点,在施用时必须注意,以充分发挥肥效。

表 7-7　畜禽粪尿的主要养分含量　　　　　　　　　　　　　　单位:%

| 类别 | | 水分 | 有机质 | N | $P_2O_5$ | $K_2O$ |
|---|---|---|---|---|---|---|
| 猪 | 粪 | 82.0 | 15.0 | 0.65 | 0.40 | 0.44 |
| | 尿 | 96.0 | 2.5 | 0.30 | 0.12 | 0.95 |
| 牛 | 粪 | 83.0 | 14.5 | 0.32 | 0.25 | 0.15 |
| | 尿 | 94.0 | 3.0 | 0.50 | 0.03 | 0.65 |
| 羊 | 粪 | 65.0 | 28.2 | 0.65 | 0.50 | 0.25 |
| | 尿 | 87.0 | 7.2 | 1.40 | 0.30 | 2.10 |
| 马 | 粪 | 76.0 | 20.0 | 0.55 | 0.30 | 0.24 |
| | 尿 | 90.0 | 6.5 | 1.20 | 0.10 | 1.50 |
| 鸡鸭 | 粪 | 50.5 | 25.5 | 1.63 | 1.54 | 0.85 |
| | 尿 | 56.6 | 26.2 | 1.10 | 1.40 | 0.62 |

(1)牛粪。粪质细密,含水量高,通气性差,故腐熟缓慢,肥效迟缓,发酵温度低,俗称“冷性肥料”,一般做底肥施用。

(2)猪粪。养分含量较丰富,质地较细,氨化细菌多,易分解,肥效快但柔和,后劲足,俗称“温性肥料”,适宜于各种作物和土壤,可作基肥和追肥。

(3)马粪。粪中纤维素含量高,粪质粗、疏松多孔,水分易蒸发,含水量少,腐熟快,堆积过程中发热量大,俗称“热性肥料”,可作为高温堆肥和温床的酿热物,并对改良质地黏重土壤有良好效果。

(4)羊粪。质地细密、干燥,肥分浓厚,为“热性肥料”,适用于各种土壤。

(5)禽粪。鸡、鸭、鹅等家禽的排泄物和海鸟粪统称禽粪。由于禽类属杂食性动物,饮水少,故禽粪的有机质含量高,水分少。禽粪中的氮素以尿酸为主,分解过程也易产生高温,属“热性肥料”,既可做基肥,也可做追肥。

3. 厩肥及其施用

厩肥是家畜粪尿和各种垫圈材料混合积制的肥料,北方多称土粪,南方多称圈粪。厩肥的成分依垫圈材料及用量、家畜种类、饲料质量等的不同而不同(表7-8)。

表 7-8　厩肥的平均肥料成分　　　　　　　　　　　　　　　　单位:%

| 家畜种类 | 水 | 有机质 | N | $P_2O_3$ | $K_2O$ | CaO | MgO |
|---|---|---|---|---|---|---|---|
| 猪 | 72.4 | 25.0 | 0.45 | 0.19 | 0.60 | 0.68 | 0.08 |
| 牛 | 77.5 | 20.3 | 0.34 | 0.16 | 0.40 | 0.31 | 0.11 |
| 马 | 71.3 | 25.4 | 0.58 | 0.28 | 0.53 | 0.21 | 0.14 |
| 羊 | 64.6 | 31.8 | 0.83 | 0.23 | 0.67 | 0.33 | 0.28 |

厩肥的积制方法有圈内积肥法和圈外积肥法,也有二者兼用的。

(1)圈内积肥法主要适用于猪的积肥。常用的方式有两种:①垫圈法:将垫料经常撒在圈内,保持湿润状态,因牲畜践踏,使垫料与粪尿充分混合、压紧,每隔一段时间起一次圈,然后在圈外堆积一段时间,使其分解腐熟。用这种方式积肥,肥料常处于嫌气分解条件,分解速度慢,且不完全。②冲圈法:采取用水冲粪的方法将粪尿冲放于圈外粪池中。这种方法可保持圈内清洁,腐熟也快,但肥料多为液状,运输、施用不方便。

(2)圈外积肥法多为喂养牛、马、骡、驴等大牲畜所采用的积肥方式。将牲畜圈中起出的粪在初期疏松堆积,使其在好气条件下分解,几天后(2~3d),堆内温度上升到 60~70℃,大部分病菌、虫卵、草籽被杀死。这时可将肥堆踏实、压紧,再往上堆积新鲜的粪,如此层层堆积,直到高达 2m 左右为止,堆面用泥封严,贮存备用,一般经 2~3 个月为半腐熟状态,4~5个月可完全腐熟。

厩肥常作基肥深施,每 667m² 的用量为 1500~3000kg。施用量大时,全田撒施耕翻入土;施肥量不大时,可开沟集中施在播种行间或栽植垄上。厩肥作基肥时,应配合化学氮、磷肥施用,以更好地发挥厩肥肥效。

(二)堆沤肥及其施用

堆肥和沤肥是用秸秆、落叶、草皮、草炭、绿肥、垃圾和人粪尿等堆制或沤制而成的。北方以堆肥为主,南方以沤肥为主。

1.堆肥及其施用

堆肥是在好气条件下堆制而成的,可分为普通堆肥和高温堆肥两种。普通堆肥一般掺入泥土较多,发酵时温度低,堆腐过程中温度的变化不大,腐熟慢。高温堆肥是以含纤维素多的秸秆为主要原料,加放适量家畜粪尿后,在堆腐过程中产生高温(50~70℃),堆腐时间短,腐熟快,肥料质量好。

堆肥腐熟过程可分为四个阶段,即发热、高温、降温和腐熟阶段。其腐熟程度可从颜色、软硬程度及气味等特征来判断。半腐熟的堆肥材料组织变松软、易碎,分解程度差,汁液为棕色,有腐烂味,可概括为"棕、软、霉"。腐熟的堆肥材料完全变形,呈褐色泥状物,可捏成团,并有臭味,特征是"黑、烂、臭"。

堆肥养分齐全,适合于各种作物和土壤,其施用技术与厩肥相似,一般多用作基肥。撒施后立即翻入土,条施、穴施也应深施覆土。一般用量为 15~30t/hm²,适量配施速效肥料,其增产效果更好。

2.沤肥及其施用

沤肥是在嫌气条件下沤制而成的。如湖南的凼肥,江浙的草塘泥,江西、安徽的窖肥,湖北、广西的垱肥都属于这类肥料。与堆肥相比,沤肥的有机物质分解速度慢,腐熟时间长,有机质和氮素损失少,腐殖质积累多。

沤肥在沤制时要经常保持 3~5cm 的浅水层,沤肥材料中 C/N 和酸碱度应调节适当,并注意经常翻动,促进微生物活动,加快沤肥的腐熟。

沤肥多用作基肥。水田施用沤肥时,施后应立即翻耕上水,或先干耕晒垡,上水后再施肥。旱地施用沤肥,应随撒随翻入土,防止养分损失,同时配施适量氮肥、磷肥,以利于提高肥效。

3.秸秆直接还田

这是指作物秸秆不经腐熟直接施入农田作肥料。秸秆直接还田的作用是增加土壤有机质和养分,改善土壤物理性质,减轻杂草危害,降低生产成本,增加经济效益。其还田方法主要有留高茬、墑沟埋草、农田铺草、整草还田、直接掩青等。秸秆直接还田的技术要点是:

(1)还田时期和方法。秸秆还田前应切碎后翻入土中,与土混合均匀。旱地争取边收边耕埋。水田宜在种植前 7~15d 施用。

(2)还田数量。一般秸秆可全部还田。薄地用量不宜过多,肥地可适当增加用量。一般用量以 4.5~6.0t/hm² 为宜。

(3)配施氮、磷化肥。由于作物秸秆 C/N 大,易发生微生物与作物争夺氮素的现象,因此应配合施用适量氮、磷化肥。北方玉米秸秆的还田用量为 225kg/hm² 碳铵;南方稻田用量为 150~225kg/hm² 碳铵,并配施 375kg/hm² 过磷酸钙。

(三)绿肥及其施用

栽培或野生的植物,利用其植物体的全部或部分作为肥料,称之为绿肥。用作绿肥的栽培植物称绿肥作物。绿肥按生物学特性可分为豆科绿肥和非豆科绿肥;按生长季节可分为春季绿肥、夏季绿肥和冬季绿肥。其中,春季绿肥是指春季播种、夏季利用的绿肥,如油菜、豌豆等;夏季绿肥是夏播秋用的绿肥,如田菁、柽麻等;冬季绿肥是秋季播种、翌年春季再利用的绿肥,如紫云英、苕子等。绿肥还可按生长年限分为一年生绿肥和多年生绿肥,一年生绿肥有田菁、绿豆等;多年生绿肥有紫花苜蓿、沙打旺、紫穗槐等。

绿肥的适应性强,种植范围比较广,可利用农田、荒山、坡地、池塘、河边等种植,也可间作、套种、单种、轮作等。绿肥产量高,平均产鲜草 15~22.5t/hm²。种植绿肥可增加土壤养分,提高土壤肥力,改良低产田。绿肥能提供大量新鲜有机质和钙素营养,根系有较强的穿透能力和团聚能力,有利于水稳性团粒结构的形成。绿肥还可固沙护坡,防止冲刷,防止水土流失和土壤沙化。绿肥还可作饲料,发展畜牧业。

一般稻田绿肥应在插秧前 10~15d 翻压,北方麦田绿肥应在种麦前 30d 左右翻压,马铃薯田一般在播种前 10~15d 翻压。绿肥翻压深度一般以耕翻入土 10~20cm 为宜。绿肥翻压应做到植株不外露,随后耙碎镇压,并及时灌水保墒,做到压严、压实,以利于绿肥腐解后作播种和保肥。此外,翻压时可适量施用磷肥,有利于氮磷养分的平衡供应。

有机肥料除粪尿肥、堆沤肥、绿肥三大类外,还有杂肥。杂肥是种类繁多的一类肥料,主要有城市垃圾、工业三废、饼肥、火土灰、老墙土等。

(四)生物肥料及其施用

生物肥料是人们利用土壤中一些有益微生物制成的肥料,它包括细菌肥料和抗生肥料。生物肥料是一种辅助性肥料,本身不含植物所需要的营养元素,而是通过肥料中的微生物活动改善植物营养条件或分泌激素刺激植物生长和抑制有害微生物活动。

1. 生物钾肥及其施用

这是用能分解矿物质的硅酸盐细菌制成的菌剂肥料。这种细菌能够分解长石、云母等硅酸盐和磷灰石,使难溶性的磷、钾养料转化为有效性磷和钾,供植物吸收利用。

生物钾肥适宜于在马铃薯等喜钾作物和缺钾土壤上施用。其用量为:固体型 7.5~11.25 kg/hm²,液体型 1500~3000mL/hm²。使用时要注意"早"(最好做基肥和种肥),拌种、拌土或拌有机肥要"匀",离根要"近"。

2. 抗生菌肥及其施用

这是由拮抗性微生物-放线菌制成的一种微生物生物肥料。该菌肥能分解土壤有机质，释放氮、磷等养分供植物吸收利用；还可通过分泌的抗生素杀死有害病菌，增强植物的抗病能力。"5406"菌肥能分泌一种激素，刺激细胞分裂和在纵横方向生长。

"5406"抗生菌肥可用作基肥，用饼粉 $225\sim375kg/hm^2$，加菌种 $1.5\sim3.75kg$ 混合，就地拌入少量泥土，条施或穴施后覆土。也可用 $0.5kg$ 菌剂加 $15\sim30kg$ 水，取其浸出液作浸种、浸根用，或先用水浸湿种子，再拌上菌肥。它还可用作追肥，旱田在定苗时施用。

3. 复合微生物菌肥及其施用

这是指两种或两种以上的微生物或一种微生物与其他营养物质复配而成的微生物菌肥。复合的目的在于提高接种效果。这种肥料有两种类型：①两种或两种以上的微生物复合，可以是同一微生物的不同菌系或是不同微生物菌种的混合。②一种微生物与其他营养物质复配，即微生物菌剂可分别与大量元素、微量元素、植物生长激素等复合。

 思考与练习

1. 简述植物必需营养元素的类型与作用。

2. 简述土壤中氮、磷、钾的形态及转化。

3. 简述合理施肥的基本原理。

4. 如何进行马铃薯的科学配方施肥？

 课外实践活动

将全班分为若干组，每组利用业余时间进行下列调查活动，并写出调查报告：
当地主要施用的化学肥料、有机肥料有哪些？存在哪些问题及如何改进？

# 项目八 马铃薯生长与气候环境

1. 了解太阳辐射的基本知识；
2. 了解气压与风的基本知识；
3. 了解季节与昼夜的形成；
4. 了解我国气候的特点及形成；
5. 掌握马铃薯的农田小气候环境；
6. 掌握极端气候环境的类型、发生及预防。

1. 能够进行辐射、气压、风、马铃薯小气候等的观测；
2. 能够运用气象知识进行极端气象灾害的预防。

## 任务一 农业气象要素与气候

地球大气层中不断发生和进行着各种物理化学变化，从而引起千变万化的大气物理现象：阴、晴、雨、雪、寒、暖、干、湿、风、云、雾、露、霜、雷、电、华、虹、晕等。人们将大气层发生的物理现象称为气象。为定性、定量地描述大气的状态和现象，所采用的特征量称为气象要素；研究与农业有关的大气物理状况或气象要素称为农业气象要素。农业气象条件则是一定时期内各种农业气象要素的组合。农业气候是对一定区域内农业气象条件长期统计所总结出的气象特征。

**一、农业气象要素**

气象要素对马铃薯生产的影响很大，直接制约着马铃薯的产量、质量和农事作业的效率。气象要素描述大气中所产生的一系列物理变化和物理过程中常用的既定性又定量的特征量。主要的农业气象要素包括太阳辐射、空气温度、土壤温度、降水量、蒸发量、空气湿度、气压与风等。以下主要介绍太阳辐射、气压与风，其余气象要素在前面已有讲述。

（一）太阳辐射的基本知识

1. 太阳辐射

太阳以电磁波的形式向外发射能量，这种以电磁波传递能量的过程称为太阳辐射。太阳辐射的能量绝大部分集中在可见光范围内，是地球和大气最主要的能量来源。地球主要以光波的形式接受太阳辐射。人们感受到的太阳光由不同波长的光线组成，因此，太阳光又分成三个区域：紫外光区，波长小于 400nm；可见光区，波长为 400～760nm，由红、橙、黄、绿、青、蓝、紫七种颜色的光组成；红外光区，波长大于 760nm。紫外光与红外光都是不可见光。

太阳辐射强度是单位时间内垂直投射到单位面积上的太阳辐射能量，又称太阳辐照度，主要由太阳高度角和昼长决定。太阳高度角是指太阳光线与地表水平面之间的夹角。太阳辐射强度与太阳高度角的正弦成正比。在日变化中，晴天正午时太阳高度角最大，所以太阳辐射强度最大；日落到日出，太阳高度角小于或等于零，所以太阳辐射强度为零。在两回归线之间，太阳位于天顶时，太阳辐射强度最强；太阳高度与太阳赤纬相差最大之日，太阳辐射强度最弱。在空间分布中，一般说来，太阳高度角随纬度的增加而减小，所以太阳辐射强度也随纬度的增加而减弱。

在生产上，虽无法改变太阳高度角，但根据地势改变地面坡度就相当于改变了太阳高度角。在一定条件下，地面坡度越大，地面获得的太阳辐射能就越多，温度就越高，故山的阳坡热量资源总是高于平地。

2. 光照强度

光照强度（简称照度）是衡量太阳光照射到地球某区域表面时的强弱程度，常以勒克斯（lx）表示，可用照度仪测定。在地球大气圈外，光照强度平均为 1400001x。由于地球的自转及围绕太阳的公转，光照强度随季节变化、昼夜变化而变化。同时，光照强度还与天气状况、大气污染程度有关。

3. 光合有效辐射

可见光对绿色植物具有特别重要的意义，在可见光的照射下，植物主要吸收红橙光（0.68～0.73$\mu$m）和蓝紫光（0.47$\mu$m）的光能进行光合作用，制造有机物质。因此，把植物吸收用来进行光合作用的辐射称为光合有效辐射。根据光合有效辐射的照度和总量的时空分布，可确定进入农田、植物群落的能量，对衡量植物群体结构和估算产量等有重要意义。

（二）气压

气压又称大气压强。气压实质上是大气受到地球引力的作用而具有一定的质量。在气象上，气压的大小定义为从观测点高度到大气上界，单位面积上垂直大气柱的质量。海拔越高，空气柱越短，空气密度越小，气压就越低。

1. 气压随高度的变化

气压随高度的升高而减小。当温度一定时，地面气压随海拔高度的升高而降低的速度是不等的。在低空，随高度的增加，气压很快降低，而高空气压的递减较缓慢。

气压通常用水银气压表来测量，因此常用毫米汞柱作为气压单位。国际上规定，将纬度 45°的海平面上，温度为 0℃，大气压为 760mmHg 柱高称为 1 个标准大气压，即 1013.25 hPa。气压的单位有千帕、百帕、帕（kPa、hPa、Pa）。

2. 气压随时间的变化

一日中，夜间气压高于白天，上午气压高于下午。一年中，冬季气压高于夏季。当暖空气来临时，会使气压降低；当冷空气来临，会使气压增高。

3. 气压的水平分布

大气压强不仅在铅直方向上有变化，而且在水平方向上也不一致。要了解和掌握气压在水平方向上的分布，先要了解等压面、等压线的概念及气压的分布形式。通常，气压的水平分布用等压线或等压面来表示。等压线是在海拔高度相同的平面上,气压相等的各点的连线。等压面是指空间气压相等的各点组成的面。气压分布形式有五种:

(1)高气压(简称高压,也叫反气旋)。由一系列闭合等压线构成。中心气压高,四周气压低,等压面形状类似凸起的山丘。在高压中,气流沿顺时针方向由中心向外辐散,同时伴有空气的下沉运动,常多晴好天气。

(2)低气压(简称低压,也叫气旋)。由一系列闭合等压线构成。中心气压低,四周气压高,等压面的形状似于凹陷的盆地。在低压区,气流沿逆时针方向由四周向中心辐合,同时伴有空气的上升运动,常多阴雨天气。

(3)高压脊(简称脊)。是指从高压向外延伸出来的狭长部分或一组未闭合的等压线向气压较低的一方伸出的部分。脊中气压高于两侧,空间分布形如山脊。

(4)低压槽(简称槽)。是指从低压延伸出来的狭长部分或一组未闭合的等压线向气压较高的一方突出的部分。槽线中的气压低于两侧,空间分布形如山谷。

(5)鞍形场。是指由两个高压和两个低压交错相对而形成的中间区域,其空间分布形如马鞍。

(三)风

风是指空气相对地面的水平运动,常用风向和风速表示。风向是指风的来向,常用十六方位表示(图 8-1)。风速是指单位时间内空气质点水平移动的距离,单位为 m/s。

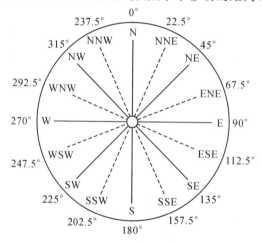

图 8-1　风的十六方位图

1. 风的形成

风的形成受四种作用力影响:①水平气压梯度力,是指由于水平气压梯度的存在,空气从高压流向低压的作用力。②水平地转偏向力,是指地球自转产生的使空气运动方向偏离水平气压梯度力方向的一种力。它只改变风向,不改变风速。③摩擦力,是指相互接触的两个物体在接触面上发生的阻碍运动的一种力。它主要影响风速。④惯性离心力,是指当空气作曲线运动时所受到的与空气运动方向相垂直,并且由曲率中心指向外缘的力。它只改变空气运动方向,不改变速度。在不同的情况下,四种力的作用不同,因此形成了风速和风向各异的风。

2. 风力等级

根据风力大小和地面—物体的征象,通常用 13 个等级表示风速,即风力等级(表 8-1)。

表 8-1　风力等级与风速

| 等级 | 名称 | 陆地地面物象 | 相当于风速(m/s) |
|---|---|---|---|
| 0 | 无风 | 静、烟直上 | 0～0.2 |
| 1 | 软风 | 烟能表示风向,但风标不转动 | 0.3～1.5 |
| 2 | 轻风 | 人面感觉有风,树叶有微响 | 1.6～3.3 |
| 3 | 微风 | 树枝摇动不息,旗展开 | 3.4～5.4 |
| 4 | 和风 | 能吹起地面尘土和纸片,树枝摇动 | 5.5～7.9 |
| 5 | 清风 | 有叶的小树摇摆,内陆水面有小波 | 8.0～10.7 |
| 6 | 强风 | 大树枝摇动,电线呼呼有声,举伞困难 | 10.8～13.8 |
| 7 | 疾风 | 全树摇动,迎风步行感觉困难,大树枝弯下 | 13.9～17.1 |
| 8 | 大风 | 树枝折断,人向前行走阻力很大 | 17.2～20.7 |
| 9 | 烈风 | 草房遭破坏,房瓦被掀起,大树枝可折断 | 20.8～24.4 |
| 10 | 狂风 | 树木可被吹倒,一般建筑物遭破坏 | 24.5～28.4 |
| 11 | 暴风 | 陆地少见,有则必遭重大损毁 | 28.5～32.6 |
| 12 | 飓风 | 陆地少见,其摧毁力极大,房屋成片倒塌 | >32.7 |

3. 季风与地方性风

(1)季风

季风是大范围地区盛行风向随季节转换而有显著性变化的现象。

我们所说的季风通常指的是由于海陆热力差异,在同一半球内引起了冬、夏气压场的相反分布和季节变化,形成明显的季节风,即冬季风和夏季风。冬季,大陆气温低于海洋气温,温度下降使气压升高,风从大陆吹向海洋;夏季则相反,风从海洋吹向大陆。我国的季风很明显,夏季吹东南风或西南风;冬季吹偏北风,北方多数为西北风,南方多数为东北风。

(2)地方性风

地方性风是由于地理环境的影响,局部地区空气受热不均,产生气压的差异而形成的小规模风。常见的地方性风有三种:海陆风、山谷风和焚风。

①海陆风:是指海岸地区由于海陆受热不同而形成的,以一天为周期,随昼夜交替而改变风向的风。白天,大陆气温高于海洋气温,大陆受热,空气上升,地面形成低压,海上温度低,形成高压,因此吹海风;夜间则相反,吹陆风。一般是上午 10—11 时吹海风,午后 13—14 时海风达最强,20 时前后转为吹陆风。

②山谷风:是指山区的山坡和周围空气受热不同而形成的,以一天为周期,随昼夜交替而改变风向的风。白天,山坡上的空气增热比周围空气快,山坡上空气膨胀,周围空气下沉,形成谷风;夜间则相反,形成山风。谷风于 8—9 时开始,午后风速最大;山风于入夜开始,日出前风速最大。

③焚风(又称干热风):是指由于空气下沉,使空气温度升高、湿度下降而形成的又干又热的风。焚风产生的原因有两种:一是当湿空气越过高山后,在背风坡作下沉运动,形成焚风;二是在高压区,空气下沉,形成焚风。强大的焚风易引起植物的高温害或干旱害,但初春期焚风可促使积雪融化,有利于蓄水,夏末可加速谷物和果实的成熟。

## (四)昼夜与四季

昼夜与四季的形成是地球运动的结果。地球的运动包括两个方面:一是地球自转,形成昼夜交替,地球自转一周便是一个昼夜(约 24h);二是地球环绕太阳公转,形成四季变化,地球环绕太阳公转一周便是一年(约 365d)。

### 1. 昼夜的变化规律

当地球自西向东自转时,昼半球东边的区域逐渐进入黑夜,夜半球东边的区域逐渐进入白昼。地球不断地自转就形成了各地昼夜的交替。这样地球每转一周,各地经历了一个白天(从日出到日落)和一个黑夜(从日落到日出),形成了各地的白昼和黑夜。但是在北极圈和南极圈内有时只有白天没有黑夜,或有时只有黑夜没有白天。

昼夜的长短随纬度的不同而变化。冬至日,北半球夜长于昼,且纬度愈高,白昼愈短,黑夜愈长,极圈范围内有夜无昼。夏至日,北半球昼长于夜,且纬度愈高,白昼愈长,黑夜愈短,极圈范围内有昼无夜。春分日和秋分日,全球各地昼夜相等。

昼夜长短随季节的不同而变化。北半球自春分后,日长渐渐大于 12h,夏至日达最长,而后日长渐短,至秋分后又减少到 12h,秋分后日长进一步缩短,冬至日日长为一年中最短,冬至后日长又渐渐增长,直至翌年春分日。如此周而复始,年复一年。

### 2. 四季的变化规律

地球在环绕太阳公转时,地轴与公转轨道面保持 66°33′ 的夹角。地轴的方向不变,这一特点是产生地球上季节交替和日照长短随纬度、季节而变化的根本原因。

地轴与公转轨道面不垂直,致使太阳光线直射点所在的地理纬度在一年中发生变化。冬至日(12 月 22 日左右)太阳直射南纬 23°27′,冬至后太阳直射位置移向赤道,春分日(3 月 21 日左右)太阳直射赤道,春分后太阳直射位置继续向北移,夏至日(6 月 22 日左右)太阳直射北纬 23°27′,夏至后太阳直射位置回返南移,于秋分日(9 月 22 日左右)再次直射赤道。这是四季划分的基本根据。

马铃薯生长发育的主要时期在春分至秋分这段时段内,此时北半球白天长于黑夜,而且纬度愈高,日照时间愈长,故称高纬度(60°以北)地区为长日照地区,低纬度(30°以南)地区为短日照地区,并因此将植物也划分为长日照植物和短日照植物。长日照植物起源于北方地区,在通过阶段发育时,要求一日之中有较长的日照。短日照植物起源于南方地区,在通过阶段发育时,要求一日之中有较短的日照。

## 二、气候及我国的气候特点

气候是指一定地区多年天气的统计状况,通常用各种气候要素,如空气温度、空气湿度、降水量等的平均值和统计量进行描述。马铃薯生产多采用露地栽培形式,从而与气候关系密切。气候对马铃薯的生长发育、产量形成有极大的影响,因此,对当地马铃薯生产的种植种类、品种,生产布局、熟制选择,农时安排、农业技术措施起决定作用。气候的变化在一定程度上制约了马铃薯生产体系的运行,人类的农业活动在很大程度上也改变了气候条件。

### (一)气候的形成因素

气候的形成和变化主要是由辐射因素、下垫面性质和季风环流引起的。但由于人类活动对气候形成的影响越来越明显,已被列为影响气候形成的第四个主要因素。

### 1. 辐射因素

太阳辐射能是地球上一切热量的主要来源。它既是大气、陆地和海洋增温的主要能源，又是大气中一切物理过程和物理现象形成的基本动力。不同地区的气候差异和各地气候的季节变化，主要是太阳辐射在地球表面分布不均及其随时间变化的结果。

我国地域辽阔，南北横跨 49°5′，相距约 5400km。冬季，高纬度地区太阳高度角小，昼短夜长，地表接受的太阳总辐射少；低纬度地区太阳高度角大，昼长夜短，地表接受的太阳总辐射多，因此北方和南方的太阳总辐射差异很大。夏季，北方太阳高度角虽较南方小，但昼长夜短，使得北方和南方的太阳总辐射差异较小。因此，冬季气温南北差异大，自南向北气温迅速降低；夏季南北气温差异小，自南向北每推进一个纬度，气温仅降 2.0℃。

2. 下垫面性质

下垫面是指地球表面的状况，包括海陆分布、地形地势等。

(1)海陆分布

由于海陆特性不同，形成了两种不同的气候类型：海洋性气候和大陆性气候。我国处于欧亚大陆的东南部，东临辽阔的太平洋，南临印度洋，西部和西北部是欧亚大陆。在海陆之间常形成季风环流，因而出现季风气候。夏半年盛行由海洋吹向大陆的暖湿空气，使大陆温暖而湿润。冬半年盛行由大陆吹向海洋的温度低、湿度小的空气，使气候变得干燥而寒冷。此外，在海洋附近还受暖流和寒流的影响。在暖流的影响下，气候暖湿多雨；在寒流的影响下，温度低，降水少，雾日多。

(2)地形地势

地形地势对气候的影响是多种多样的。高大的山脉不仅独立形成山地气候，而且常成为气候的自然分界线。例如，东西走向的高大山脉可以阻滞北来冷空气和南来暖湿空气，造成山脉两侧截然不同的两种气候。秦岭成为我国气候的分界线，原因即在于此。我国的青藏高原对气候的影响也是巨大的，其南面是较暖的次大陆，北面是较冷的西伯利亚和新疆，西伯利亚冷空气和印度洋暖空气的交换，使青藏高原南北形成不同的气候区域。由于青藏高原面积广阔，平均海拔在 4000m 以上，本身可以形成独特的高原气候区，还可以把西风急流分为南、北两支，在它的东侧汇合成一个辐合区，对长江中下游天气的影响极大。

此外，山的坡向、坡度及地表状况等对气候的影响也是极大的。例如，在一定的高度范围内，山地的降水量随高度的增加而增多，但达到一定高度后降水量反而减少。

3. 季风环流

季风环流引导气团移动，使各地的热量、水分得以转移和调整，维持了不同地区间的热量和水分平衡。纬度、地理环境条件相同，但大气环流不同，常形成差别较大的气候特征。例如我国的长江流域与非洲的撒哈拉大沙漠都处在副热带地区，纬度相近，也同样临海。但我国的长江流域，由于夏季的海洋季风带来大量雨水，因此雨量充沛，成为良田沃野。而非洲的撒哈拉大沙漠则因为终年在副高压的控制下，干旱少雨，形成沙漠气候。对一个地区来说，如果环流形势长年趋于平均状态，气候则表现为正常；如果环流形势在个别年份或季节出现极端情况，则气候异常。

除上述三个自然因素对气候起着重要作用外，人类活动对气候也有影响。

(二)气候带和气候型

1. 气候带

气候带是指围绕地球表面呈纬向带状分布、气候特征比较一致的地带。气候带大致与纬圈平行,环绕地球呈带状分布,是地球上最大的气候分区。划分气候带的方法很多,通常把全球划分为 11 个气候带,即赤道气候带,南、北热带,南、北副热带,南、北暖温带,南、北冷温带,南、北极地气候带。各气候带之间最大的差异是温度。

2. 气候型

在同一气候带内或在不同的气候带内,由于下垫面的性质和地理环境的近似,往往出现一些气候特征相似的气候形式,称气候型。常见的气候型及其气候特点如下:

(1)海洋性气候和大陆性气候

海洋性气候的特点是:冬无严寒,夏无酷暑,春温低于秋温;气温的年、日较差均小,气温变化的位相落后于大陆性气候;降水充沛,季节分布比较均匀,相对湿度大,云雾多,日照少。大陆性气候的特点是:冬冷夏热,气温的年、日较差均大;降水稀少,多集中于夏季,季节分布不均匀;气候干燥,相对湿度小,云雾少,终年晴朗。大陆性气候趋于极端时,即为荒漠气候。

(2)季风气候和地中海气候

季风气候的特点是:盛行风向、降水等都有明显的季节变化;冬半年风从大陆吹向海洋,降水稀少,气候寒冷、干燥;夏半年风从海洋吹向陆地,降水充沛,气候炎热、潮湿。地中海气候的特点是:夏季炎热干燥,冬季温和、湿润。

(3)高原气候和高山气候

高原气候的特点是:温度变化激烈,降水少,较为干燥,具有大陆性气候的特点。高山气候的特点是:温度变化缓和,降水多、湿度大,具有海洋性气候的特点。

(4)草原气候和沙漠气候

草原气候和沙漠气候均具有大陆性气候的特点,并比一般大陆性气候更强。共同特点是:降水少且集中于夏季;干燥度大;日照充足,太阳辐射强;温度日较差、年较差变化都大。

(三)我国气候的特点

我国地域辽阔,地形复杂多样,气候类型多样,气候资源丰富。我国气候的主要特点是:季风性显著,大陆性强,气候类型多样,气象灾害频繁。

1. 季风性显著

冬季盛行大陆季风,风由大陆吹向海洋,我国大部分地区天气寒冷而干燥;夏季盛行海洋季风,我国多数地区为东南风到西南风,天气高温多雨。我国季风气候的主要表现为:雨季开始、结束和主要雨带的位置与夏季风始、末进退一致;雨量年际变化大;降雨量集中,雨热同期;降水量自东南向西北递减。

2. 大陆性强

大陆性强主要表现为:气温日、年变化大;冬季寒冷,南北温差大;夏季普遍高温,南北温差小;春温高于秋温。最热月多出现在 7 月,最冷月多出现在 1 月。

3. 气候类型多样

从气候带来说,自南到北有热带、亚热带、温带气候,还有高原寒冷气候。热带、亚热带、温带的面积占 87.0%,其中亚热带和暖温带面积占 41.5%。从干燥类型来说,从东到西有湿润、半湿润、半干旱、干旱、极干旱等类型,其中半干旱、干旱面积占 50%。

4. 气象灾害频繁

气象灾害的特点是种类多,范围广,频率高,持续时间长,群发性突出,连续效应显著,灾情严重,给农业生产造成巨大损失。

# 任务二　马铃薯生长与农业气候资源

## 一、农业气候资源

农业气候资源是指一个地区的气候条件对农业生产所提供的自然物质和能源,是当地农业生产发展的潜在支持能力。农业气候资源包括光、热、水等,是自然资源的一个重要组成部分,是植物生产的基本环境条件。

农业气候资源的特点主要表现在:

1. 有限性

尽管农业气候资源周而复始,年年都有,是一种可再生的资源,但有一定的限量,是有限的。不及时使用会使资源流失,少用会浪费资源,滥用则会导致资源失衡,最终影响到植物生产的可持续性,所以要合理、充分利用。

2. 波动性

每年各种农业气候资源的量不是固定不变的,有时年际变化很大,所以要有农业气候资源的风险意识。一方面要加强预测;另一方面在进行农业决策时,要考虑保证率,减少风险。

3. 空间差异性

空间差异性的表现是在一个不大的地区,如一个乡,存在多种农业气候类型。在这种地区更应强调因地制宜,不可千篇一律。山区情况尤为如此。

4. 整体性

各气候要素之间相互作用,相互制约,形成了各地光、热、水资源的组合,往往影响着农业气候资源整体效应的发挥。

5. 脆弱性

灾害性天气的影响和农业技术措施失当,可使农业气候资源的有效性降低。由于人类活动对自然资源的破坏,农业气候资源往往向着不利于植物生产的方向发展,因此应该保护生态环境,保护农业气候资源,提高农业生产体系的抗灾能力。

## 二、马铃薯生长与气象条件

马铃薯性喜凉爽气候,不耐湿热,具有一定的耐旱、耐瘠能力,故适应性较强,栽培地区较广。影响马铃薯生长的气象因子有光照、温度、水分、风速等,任何一个气象因子都不能单独起作用,而是共同组合起来对马铃薯起综合生态作用。各气象因子之间是相互联系、相互依存、相互制约的。某一气象因子的变化,必将引起其他因子发生不同程度的变化。例如,光照增强影响到温度、湿度和土壤水分的变化;又如风速增大,蒸腾加剧,易于干燥等。因此,要注意气象因子的多变性和各气象因子之间相互联系的综合影响。

(一)光照对马铃薯生长的影响

1. 光照对马铃薯产量的影响

马铃薯是喜光作物,栽培的马铃薯品种基本上是长日照类型的。在生长期间,日照时间长,光照强度大,有利于光合作用。光照充足时枝叶繁茂,生长健壮,块茎大,产量高。特别是在高原与高纬度地区,光照强、温差大,适合马铃薯的生长和养分积累,一般都能获得较高的产量。相反,在树荫下或与玉米等作物间套作时,如果间隔距离小,共生时间长,玉米遮光,而植株较矮的马铃薯光照不足,养分积累少,造成茎叶嫩弱、不开花、块茎小、产量低。在马铃薯单作的条件下,如用植株高大的品种,密度大、株行距小时也常出现互相拥挤,下部枝叶交错,通风、透光差,也会影响光合作用和产量。

2. 光照对马铃薯生理状态的影响

光照可明显地改变马铃薯内部的激素分泌,抑制块茎上芽的生长。如:窖内贮藏的块茎在不见光的条件下,通过休眠期后,由于窖温高而长出又白又长的芽子,如把萌芽的块茎放在散射光下,即使在 15～18℃的温度下,芽子长得也很慢。我国南方架藏种薯和北方播种前催芽,都是利用这一特点来抑制芽子过快生长的。而且在散射光下对种薯催大芽是一项重要的增产措施。

(二)温度对马铃薯生长发育的影响

温度对马铃薯生长发育有很大影响,马铃薯各生育期的三基点温度不尽相同(表 8-2),这关系到安排播种期、生长发育的良好状况等问题。掌握温度与马铃薯发育的关系,可更好地调控其生长发育过程,提高产量,以便于指导生产。经过休眠的马铃薯块茎,在日平均气温 4℃左右时开始萌动,8～10℃时正常发芽生长,10～12℃为出苗最佳温度;由于春季升温较慢,气温对马铃薯产量的影响较大,气温升高 1℃,产量可增加 100kg/hm² 以上。马铃薯从出苗到茎叶生长期,以旬平均气温 15～25℃,特别是 18～21℃最为适宜,在此温度范围内,温度越高,生长越繁茂,出苗至分枝前后是热量对产量影响最不敏感阶段。块茎形成及膨大期,最适宜旬平均气温为 16～18℃,温度达到 20℃时块茎生长缓慢,温度超过 25℃时块茎的膨大基本停止。块茎成熟期,温度以 12～15℃为适宜范围,全生育期≥10℃积温早熟品种 1400～1600℃,中熟品种 2000～2300℃,晚熟品种 2300～2500℃。

表 8-2　马铃薯生长状态与温度的关系　　　　　　　　　　　　　单位:℃

| 生育状态 | 最高温度 | 最低温度 | 最适温度 |
| --- | --- | --- | --- |
| 休眠 | <5 | >-2 | 0 |
| 幼芽 | <18 | >6 | 15 |
| 茎叶 | <42 | >10 | 18～21 |
| 开花 | <38 | >5 | 15～18 |

马铃薯幼苗期不耐霜冻,当温度降到 -2～-1℃时,茎叶易受冻,此后虽能再生侧枝,但对产量的影响较大。一般马铃薯出苗 7～10d 便开始形成匍匐茎,随后茎叶迅速生长,此阶段要求温度逐渐上升以利于茎叶生长。如果实际温度较适宜温度偏低,则致使茎叶生长缓慢,影响产量。块茎形成期(现蕾至开花)是马铃薯营养生长与生殖生长并进阶段,同时也是决定结薯多少与产量高低的关键期,要求温度适宜,水分充足。块茎膨大期(开花盛期至茎叶衰老)是块茎体积膨大和重量增长,以及淀粉积累和品质优劣的关键期。除要求上述适宜温度、水分外,尤其怕夏季高温危害。块茎形成和膨大期旬平均气温均超过适宜温度,对块茎形成和膨大均不利,产量不够稳定,品质欠佳;块茎形成和膨大期旬平均气温均适宜,有利于块茎的形成和膨大,所以产量较高,品质较好。从马铃薯的产量与夏季温度的相关分析得知,马铃薯在块茎膨大期,产量与旬平均气温呈负相关,产量随夏季温度的升高而降低。

（三）水分对马铃薯生长的影响

在马铃薯生长初期，由于植株矮小，蒸腾弱，故比较耐旱，各地的水分条件对产量的影响不大，全生育期耗水量一般为300～450mm，其中以块茎形成和膨大的关键时期要求水分最多，一般每增加1mm降水，产量可增加30～60kg/hm²，此期为马铃薯需水的临界期，如果降水过多，造成热量和光照不足，影响块茎生长；马铃薯块茎增长后期，水分条件对马铃薯产量呈现负效应，降水每增加1mm，产量降低10～35kg/hm²。马铃薯营养生长盛期和生殖生长初期，同样需要较多的水分供应才能满足生育的需要，但水分过多，则容易导致马铃薯病虫害的发生。栽培在潮湿地区的马铃薯根系宽约60.98cm，深约40.72cm；在较干燥的情况下，马铃薯的根深可达70.62cm或更深些。若生育期干旱，则影响淀粉的积累，减弱抗病性。

结薯期降水量与产量的关系如图8-2所示。

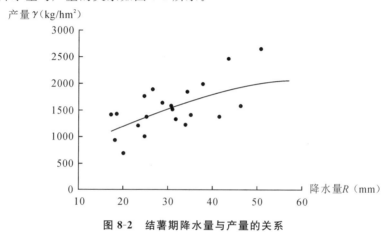

**图8-2　结薯期降水量与产量的关系**

（四）风速对马铃薯生长的影响

风速的相关系数在营养生长盛期多为正，块茎膨大期为负。营养生长中期的风速与产量的关系最为密切。风大有利于增产的原因主要是，在温度高、湿度大的季节，风大可以降低温、湿度，破坏病虫害的生存环境，减轻病虫害。相反，马铃薯块茎膨大期，风大会增加土壤水分的散失和降低温度，增加干旱程度，对产量造成不利影响。

## 三、马铃薯生长小气候

（一）定义

小气候是指在具有相同大气候特点的范围内，局部地区由于下垫面性质不一致，在近地气层和土壤上层形成的小范围内的气候。相对于大气候而言，小气候主要表现在个别气象要素和个别天气现象的不同，不影响整个天气过程。小气候具有"范围小，差别大，稳定性强"等特点。马铃薯生产中，由于自然和人类活动的结果，特别是一些农业技术措施的人为影响，各种下垫面的特征常有很大的差异，光、热、水、气等要素有不同的分布和组合，形成小范围的性质不同的气候特征，称作马铃薯生产小气候。

（二）农业技术措施的马铃薯生产小气候效应

1. 耕作措施的小气候效应

（1）耕翻：耕翻的温度效应为低温时期表层降温，深层升温；高温时期表层升温，深层降温。耕翻具有良好的保墒作用。

（2）镇压：镇压使土壤表层在白天有降温效应，在夜间有增温效应。土壤深层情况恰与表层相反，白天温度比未镇压的高，夜间温度又比未镇压的低。

（3）垄作：垄作土温日较差大于平作。垄作除提高土壤温度外，还有一定的保墒作用。在降水丰富的地区，由于垄作沟台高低悬殊，有利于排水防涝，起降低湿度的作用。植物封垄后，由于垄作沟台的存在，有利于植物群体冠层下部的通风，便于 $CO_2$ 的输送。

2. 栽培技术措施的小气候效应

（1）种植行向：高纬度地区栽培马铃薯一般取南北行向有利，也可根据地势取向。

（2）间作、套种：在间作情况下，因叶片层次多，叶面积大，可变平面用光为立体用光，有利于减少漏光和反射光，使植物上下层能均匀受光，从而增加光能利用率。但也要看到，间作田和套作田不同，因间作田中有受光和遮光并存的矛盾，所以不能增加光合时间。套作既有延长光合作用时间的效果，又能增加光合作用面积，同时还能改善通风条件。它是解决生长季节不足，提高光能利用率的一个重要途径。间作、套作扩大了边行效应。在间作、套作农田，疏密相间，高矮搭配，通风条件比平作大为改善，因而湿度比较低，$CO_2$ 的供应也比较好，再者，套作田的上茬作物对下茬作物能起到一定的保护作用。如山东南部在春季马铃薯田套种玉米，马铃薯可为玉米小苗保湿，提高成活率和壮苗率，玉米田又可套种秋马铃薯，玉米可为马铃薯遮阴保墒。间作、套作能够形成良好的小气候条件，但也存在着不利于作物增产的因素，即作物间存在着争光、争水、争肥的矛盾。

3. 灌溉的小气候效应

灌溉可使地面温度降低，空气湿度增加，导致有效辐射减少，调节辐射平衡，并可影响土壤热交换和土壤的热学特性。

# 任务三　马铃薯生长气象灾害及其防御

我国地域广阔，南北跨度大，农业气象灾害有如下特点：普遍性、区域性、季节性、持续性、交替性和阶段性。东北地区以雨涝、干旱、夏季低温、秋季霜冻危害为主；西北地区以干旱、冷冻害、干热风危害为主；华北及黄淮地区以旱、涝为主，干热风、霜冻等也常见；西南地区常见的有干旱、雨涝、秋季连阴雨、霜冻和冰雹；长江中下游地区主要有洪涝、伏夏和秋季的干旱，春季低温、连阴雨，秋季寒露风、台风、冰雹等也常造成危害；华南地区主要是干旱、雨涝、台风，秋季低温、连阴雨、寒露风、台风、冰雹等。马铃薯生产中遇到的主要气象灾害有低温冷害、旱涝灾害等。

## 一、低温冷害及其防御

（一）冷害及其防御

1. 冷害的类型

在马铃薯生长发育季节，当温度低于生物学下限温度时，尽管温度仍高于 0℃，但会使作物生理活动受阻，引起作物生育期推迟，甚至危害作物繁殖器官的正常形成，导致减产。这种现象称为低温冷害。根据低温对植物危害的特点及植物受害症状，可将冷害分为障碍性冷害、延迟性冷害和混合型冷害等类型。冷害具有明显的地域性和季节性。

2. 冷害的防御

冷害在我国相当普遍,因此各地可根据当地的低温气候规律,因地制宜,安排好不同品种的栽培期,规避低温的影响;利用低温冷害长期趋势预报调整马铃薯避寒的小气候生态环境,如采用地膜覆盖、以水增温和喷洒化学保温剂等方法,来增强马铃薯抗御低温的能力;加强田间管理,合理施肥,提高栽培技术,增强根系活力,使植株健壮,提高冷害防御能力。

（二）霜冻及其防御

1. 霜冻的类型

在马铃薯生长季节,由于土壤表面和作物表面及近地面空气温度短期降到0℃或0℃以下,使马铃薯遭受伤害或者死亡,称霜冻。根据霜冻发生的时期,可将霜冻分为早霜冻和晚霜冻两种。在中纬度平原地区,早霜冻常发生在秋季,也称秋霜冻;在四川盆地、江南丘陵和武夷山脉以南地区,早霜冻常发生在12月以后,也称初霜冻。在中纬度平原地区,晚霜冻常发生在春季,也称春霜冻;在四川盆地、江南丘陵和武夷山脉以南,晚霜冻常发生在2月以前,也称终霜冻。

2. 霜冻的分布

纬度和海拔越高,春霜冻结束越迟,秋霜冻开始越早。我国不同地区无霜期开始及结束时间如表8-3所示。

表 8-3　不同地区无霜期的开始及结束时间

| 地区 | 春霜冻结束时间 | 秋霜冻开始时间 | 无霜期天数(d) |
|---|---|---|---|
| 长城以北地区 | 4中旬—5月中下旬 | 9月上旬—10月上旬 | ＞180 |
| 黄河流域 | 3月中旬—4月中旬 | 10月中旬—11月上旬 | 180～250 |
| 长江流域 | 2月下旬—3月中旬 | 11月下旬—翌年1月上旬 | 250～300 |
| 华南地区 | — | — | 无明显霜冻期 |

3. 霜冻的防御

不同地区可根据当地的无霜期长短和霜冻发生规律采取以下防御措施:①选择背风、向阳、避冷避冻地形种植马铃薯;②分析历史气候资料,参考历年和当年不同时期的天气预报,确定适宜的播种期,做到"霜前播种,霜后出苗",使敏感期育苗避开霜冻;③应用生长抑制剂,可以调节发育速度,降低霜冻危害;④选用耐寒品种,促进抗寒锻炼,可以培育壮苗,提高植株抗寒力;⑤营造防护林、设置风障,采用覆盖法、加热法、烟雾法、灌水法等临时改善局部小气候条件的方法,可使降温幅度减小,减轻霜冻危害。

（三）冻害及其防御

马铃薯冻害主要发生在贮藏期。采取封闭贮存库窗户、减少通风,农户贮藏种薯转移至厨房等温度较高房间、增加覆盖物和铺垫物等措施,提高贮藏温度,避免贮藏商品薯和种薯发生冻害。冻害解除后,及时进行分拣,剔除受冻薯,以免引起更多烂薯。

**二、旱涝灾害及其防御**

（一）旱灾及其防御

1. 干旱的类型

我国疆域辽阔,各地都有程度不同的干旱发生。按干旱发生的季节,可将干旱分为春旱、夏旱、秋旱和冬旱。春旱多发生在 3—5 月,我国华北、东北地区发生的概率为 70％ 左右,西北地区为 44％,华南、西南也常发生。夏旱多发生在 6—8 月,主要发生在甘肃中部、宁夏南部、关东中部、山西南部、河南中北部、河北南部和山东中部等地。秋旱常发生在 9—11 月,以长江中游发生较多,北方也较常见。冬旱常发生在 12 月至翌年 2 月,华南地区常发生。

2. 干旱对马铃薯生产的影响

马铃薯播种期若遇到干旱,则影响适时播种,播种后不出苗或出苗不全。生长发育过程遇到干旱,生长发育受抑制,出现枯萎,严重时大面积枯死。块茎膨大期若遇到干旱,则会抑制块茎的膨大,对产量的影响很大。

3. 旱灾的防御

干旱是世界上发生面积最大、危害最严重的一种气象灾害,其防御的出发点是避免或减轻灾害引起的损失。防御的主要措施有:①搞好农田基本建设,提高土壤肥力,合理耕作保墒,提高马铃薯的抗旱能力。②以小流域为单位,工程措施与生物措施相结合,修建排灌沟渠,干旱时进行灌溉,修梯田,植树种草。③耕作保墒,集水蓄墒,镇压提墒,中耕保墒以及变浅耕为深耕,变浅锄为深锄,"深松耕作"等。④蓄水积水,采用喷灌、滴灌、渗罐等节水灌溉,保证马铃薯关键期用水,提高水分利用率。⑤用地膜、秸秆等材料进行覆盖,抑制水分蒸发。⑥培育、推广抗旱、耐旱、耐瘠马铃薯品种。⑦适量使用化学覆盖剂、保水剂、抗蒸腾剂,减轻干旱危害。

(二)洪涝、湿害及其防御

1. 洪涝、湿害的类型

根据水量大小,以及对植物生产的影响程度,可将洪涝灾害分为洪灾、涝灾和湿害三类。洪涝灾害在我国各地发生的时间不同,华南、东南地区一般发生在 5—9 月,黄淮海平原、长江中下游、四川盆地多发生在 6—8 月,东北地区多发生在 7—8 月,西北地区很少发生。洪涝灾害造成农田积水,湿度过大,易引起马铃薯病害流行。如果积水长时间不能排走,则会造成减产甚至植株死亡,马铃薯完全绝收。

2. 洪涝、湿害的防御

洪涝、湿害是仅次于旱灾的自然灾害,其防御措施主要有:①健全防汛体系。建立洪涝监测预警系统,健全各级防汛机构;多方集资,开展洪水保险。②兴修水利工程。修建堤坝、水库,拦洪蓄水;根治水系,加固堤防,疏通河道,以利排水,减少洪涝。③加强农田基本建设,建立健全农田排灌系统,畅通排水,实行山、水、田、林、路、坡等综合治理,建立旱涝保收、高产稳产农田。④加强涝后管理。涝灾过后,应及时清除淤泥,进行中耕松土,追施化肥,灾后补救,防止病虫害,促进恢复生长。

 **思考与练习**

1. 简述气压场的基本类型。

2. 作用于风的力有哪些?

3. 气候的形成因素有哪些?

4. 我国气候的特点是什么?

5. 常见的灾害性天气及防御措施有哪些?

课外实践活动

将全班分为若干组,每组利用业余时间进行下列调查活动,并写出调查报告:
调查当地的主要灾害性天气并制订相应的防御措施。

# 实　　训

## 实训一　土壤样品的采集与处理

### 一、实验目的

土壤样品(简称土样)的采集与处理是土壤分析工作的一个重要环节,直接关系到分析结果的正确与否。因此,必须按正确的方法采集和处理土样,以便获得符合实际的分析结果。

### 二、实验用具

铁铲、锄头、土壤刀、土壤袋、木槌、研钵、土壤筛(0.25mm、1mm、2mm)、卷尺、广口瓶、标签等。

### 三、土样的采集

分析某一土壤或土层,只能抽取其中有代表性的少部分土壤,这就是土样。采样的基本要求是使土样具有代表性,即能代表所研究的土壤总体。根据不同的研究目的,可有不同的采样方法。

(一)土壤剖面样品

土壤剖面样品用于研究土壤的基本理化性质。应按土壤类型,选择有代表性的地点挖掘剖面,根据土壤发生层次由下而上地采集土样。一般在各层的典型部位采集厚约 10cm 的土壤。但对于耕作层,必须要全层柱状连续采样,每层采 1kg,放入干净的布袋或塑料袋内,袋内、外均应附有标签,标签上注明采样地点、剖面号码、土层和深度。

(二)耕作土壤混合样品

为了解土壤肥力情况,一般采用混合土样,即在一采样地块上多点采土,混合均匀后取出一部分,以减少土壤差异,提高土样的代表性。

1. 采样点的选择

选择有代表性的采样点,应考虑地形基本一致,近期施肥耕作措施、植物生长表现基本相同。采样点为 5~20 个,其分布应尽量照顾到土壤的全面情况,不可太集中,应避开路边、地角和堆积过肥料的地方。根据地形、地块大小、肥力等情况的不同,采样点的分布也不一致,一般可采用以下三种方法:①对角线采样法,适用于地块小、采样点少、肥力均匀、地形平坦、地形端正的地块[图 1(a)];②棋盘式采样法,适用于地块面积中等、采样点较多(约 10 点以上)、地势平坦、地形整齐、肥力稍有差异的地块[图 1(b)];③蛇形采样法,适用于地块面积大、地势不平坦、地形多变、肥力不均匀的地块[图 1(c)]。

2. 采样方法

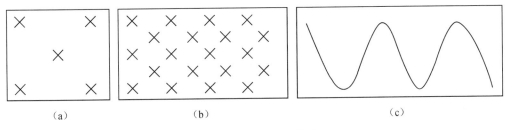

**图 1 采样点的分布方法**

(a)对角线采样法;(b)棋盘式采样法;(c)蛇形采样法

在确定的采样点上,先用小土铲去掉表层 3mm 左右的表土及杂物,然后倾斜向下切取一片片的土壤(图 2)。将各采样点的土样集中,混合均匀,按需要量装入袋中带回。

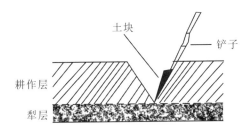

**图 2 采样方法**

（三）土壤物理分析样品

测定土壤的某些物理性质,如土壤容重和孔隙度等,须采原状土样。对于研究土壤结构性的样品,采样时须注意湿度,最好在不粘铲的情况下采取。此外,在取样过程中须保持土块不受挤压而变形。

（四）研究土壤障碍因素的土样

为查明植株生长失常的原因,所采土壤要根据植物的生长情况确定。大面积危害者,应取根际附近的土壤,多点采样混合;局部危害者,可根据植株生长情况,按好、中、差分别取样(土壤与植株同时取样),单独测定,以保持各自的典型性。

（五）采样时间

土壤的某些性质可因季节不同而有变化,因此应根据不同的目的确定适宜的采样时间。一般在秋季采样能更好地反映土壤对养分的需求程度,因而建议在定期采样时,一年一熟农田的采样期以前茬作物收获后和后茬作物种植前为宜;一年多熟农田的采样期,以一年作物收获后为宜。不少情况下均以秋季为宜。当然,只需采一次样时,则应根据需要和目的确定采样时间。在进行大田长期定位试验的情况下,为了便于比较,每年的采样时间应固定。

**四、土样的数量**

一般 1kg 左右的土样即够化学物理分析之用。如果采集的土样太多,可用四分法淘汰。四分法的方法是:将采集的土样弄碎,除去石砾和根、叶、虫体,并充分混匀,铺成正方形,画对角线分成四份,淘汰对角两份,再把留下的部分合在一起,即为平均土样。如果所得土样仍太多,可再用四分法处理,直到留下的土样达到所需数量(1kg),将保留的平均土样装入干净布袋或塑料袋内,并附上标签。

### 五、土壤样品的处理

**（一）风干处理**

野外取回的土样，除田间水分、硝态氮、亚铁等需用新鲜土样测定外，一般分析项目都用风干土样。方法是将新鲜湿土样平铺于干净的纸上，弄成碎块，摊成薄层（厚约 2cm），放在室内阴凉通风处自行干燥。切忌阳光直接暴晒和酸、碱、蒸气以及尘埃等污染。在风干的过程中拣去粗大的植物残体、石块、结核等。

**（二）磨细和过筛**

用木槌将土块研碎，切勿打碎石砾，然后取出一定土样（800g 左右），用 2mm（10 号筛）筛孔过筛称量不能通过的石砾，计算其百分含量。从过筛的土样中取出 100g 左右，作为机械分析用（可用通过 1mm 筛孔的土样）。反复辗细其余的土样，用 1mm 筛子过筛，称量不能通过的粗砂粒，计算其百分含量。将通过 1mm（18 号筛）的土样混匀后铺成薄层，划成若干小格，用骨匙从每一方格中取出少量土样，总量约 50g。将其置于研钵中反复研磨，使其全部通过孔径为 0.25mm（60 号筛）的土筛，然后混合均匀。

**（三）保存**

经处理后的土样，分别装入广口瓶，贴上标签。

### 六、思考题

1. 采集与处理土样的基本要求是什么？

2. 处理土样时，为什么必须反复研磨小于 1mm 和小于 0.25mm 的细土，使其全部过筛？

3. 处理通过孔径 1mm 及 0.25mm 土筛的两种土样，能否将两种筛套在一起过筛，分别收集两种土筛下的土样进行分析测定？为什么？

# 实训二　土壤有机质含量的测定——油浴加热重铬酸钾氧化法

### 一、实验目的

土壤有机质既是植物矿质营养和有机营养的源泉，又是土壤中异养微生物的能量来源物质，同时也是形成土壤结构的重要条件。它直接影响着土壤的保肥性、保墒性、缓冲性、耕性、通气状况和土壤温度等。所以，土壤有机质含量是土壤肥力高低的重要指标之一。

### 二、实验原理

在强酸溶液中，土壤与过量的重铬酸钾共同加热，氧化土壤中的有机质，以邻啡罗啉为指示剂，用标准硫酸亚铁滴定剩余的重铬酸钾，根据重铬酸钾的消耗量计算有机碳含量，进而计算土壤有机质含量。

$$2K_2Cr_2O_7 + 8H_2SO_4 + 3C \longrightarrow 2K_2SO_4 + 2Cr_2(SO_4)_3 + 3CO_2 \uparrow + 8H_2O$$

$$K_2Cr_2O_7 + 6FeSO_4 + 7H_2SO_4 \longrightarrow K_2SO_4 + Cr_2(SO_4)_3 + 3Fe_2(SO_4)_3 + 7H_2O$$

### 三、仪器设备

分析天平、硬质试管（18mm×180mm）、试管夹、300℃温度计、烧杯（1000mL）、可调电炉、三角瓶（250mL）、酸式滴定管（50mL）、洗瓶、滴定管、移液管、注射器。

### 四、试剂配制

1. 重铬酸钾-硫酸标准溶液[$c(K_2Cr_2O_7)$]＝0.4mol/L：将 40.0g 重铬酸钾（$K_2Cr_2O_7$，分析纯）加入 600～800mL 蒸馏水，加热溶解，冷却后用水定容至 1L。另取密度为 1.84g/L 的浓硫酸 1L，慢慢倒入重铬酸钾溶液内，并不断搅拌。此溶液可长期保存。

2. 硫酸亚铁溶液[$c(FeSO_4)$＝0.2mol/L]：将 55.60g 硫酸亚铁（$FeSO_4 \cdot 7H_2O$，化学纯）加入 600～800mL 蒸馏水，加 20mL $H_2SO_4$，用水定容至 1L，保存于棕色瓶中备用。

3. 邻啡罗啉指示剂：将 1.485g 邻啡罗啉（$C_{12}H_8N_2 \cdot H_2O$）及 0.695g 硫酸亚铁（$FeSO_4 \cdot 7H_2O$）溶于 100mL 蒸馏水中，贮于棕色瓶中。

4. 硫酸（$H_2SO_4$，$\rho$＝1.84g/cm，化学纯）。

5. 植物油或浓磷酸 2.5kg。

### 五、实验步骤

准确称取通过 60 目筛的风干土样 0.1～0.5g（精确至 0.0001g），放入清洁、干燥的硬质试管中，准确加入重铬酸钾-硫酸标准溶液 10mL。预先将油浴锅温度升到 185～190℃，将试管放在油浴锅中加热，温度应控制在 170～180℃，从试管溶液沸腾时计算时间，加热 5min，取出试管，擦净外壁，冷却，将试管内容物洗入 250mL 三角瓶中，使瓶内溶液总体积在 60～80mL 之间，然后加入邻啡罗啉指示剂 3～5 滴，用 0.2mol/L $FeSO_4$ 溶液滴定，溶液由黄色经过绿色突变到棕红色即为终点。另外，同时做两个空白实验，可以用石英砂代替，取其平均值。

### 六、结果计算

$$有机质（g/kg）＝\frac{c×(V_0－V)×0.003×1.724×1.1}{m}×1000$$

式中　$c$——硫酸亚铁标准溶液浓度；

$V$——滴定土样用去硫酸亚铁溶液的体积，mL；

$V_0$——空白实验用去硫酸亚铁溶液的体积，mL；

0.003——1/4C 原子的毫摩尔质量；

1.724——由土壤有机碳换算成有机质的系数（按土壤有机质的平均含碳量为 58％计）；

1.1——校正系数；

1000——换算成每千克含量；

$m$——风干土样质量，g。

### 七、注意事项

1. 此法必须根据有机质含量多少来决定称样重量。有机质含量小于 2％的称 0.5g 以上,2%～4%的称0.2～0.5g,4%～7%的称0.1～0.2g,7%～15%的称0.05～0.1g。有机质含量为15%者不适用此法,宜改用干烧法。

2. 煮好的溶液应是黄色或黄中稍带绿色。若以绿色为主,则说明重铬酸钾的量不够,称样过多。

3. 此法测有机质是用氧化剂氧化有机质中的碳素,以有机碳占有机质的58%推算有机质含量,故乘以1.724。此法测得的有机碳仅为实际量的90%,故须乘以校正系数1.1。

### 八、思考题

1. 若滴定时所耗$FeSO_4$的量小于空白实验的1/3,误差来源于哪步操作?

2. 用油浴加热重铬酸钾氧化法测有机质含量时,计算时为什么乘以1.724?

# 实训三　土壤容重的测定(环刀法)和孔隙度的计算

### 一、实验目的

土壤容重用来表示单位容积原状土壤固体的烘干重量,是衡量土壤松紧状况的指标。容重大小是土壤质地、结构、孔隙等性状的综合反映。土壤过松或过紧都不满足作物生长发育的要求。测定容重能反映土壤或土层之间物理状态的差异,还可以计算土壤含水量、三相比和总孔隙度等。

### 二、实验原理

容重是在田间自然状态下,单位容积土壤的干重。测定时将一定容积的采土器插入土壤中采取土样,经烘干后求出干土重,由采土器的容积算出单位容积的干土重量。

### 三、仪器与设备

天平(称量200g和500g)、环刀(100cm³)、大铝盒、切土刀、尺子、铁锹、锤子、烘箱。

### 四、操作方法

在田间选择挖掘土壤剖面的位置,按使用要求挖掘土壤剖面。一般如只测定耕层土壤容重,则不必挖土壤剖面。用刀修平土壤剖面,按要求深度将环刀向下垂直压入土中,直至环刀筒中充满土样为止,然后用刀切开环刀周围的土样,取出已充满土的环刀,细心削平环刀两端多余的土,并擦净环刀外围的土,将筒内的土壤无损失移入已知重量的铝盒内,记下处理位置、层次、铝盒号,放入烘箱内,用105℃烘干至恒重。

### 五、结果计算

1. 容重

$$容重(g/cm) = \frac{干土重(g)}{环刀(cm^3)}$$

2. 孔隙度

土壤孔隙度也称孔度,指单位容积土壤中孔隙容积所占的分数或百分数。土壤孔隙度可根据土壤的容重和密度计算出来:

$$孔隙度(\%) = \left(1 - \frac{土壤容重}{土壤密度}\right) \times 100\%$$

式中　土壤密度——2.65g/cm。

土壤孔隙的多少,是由土壤质地和土壤结构决定的,结构性愈好,则孔隙率愈高。一般耕作层的孔隙率在50%左右,心土的孔隙率降到40%左右,而紧密底土的孔隙率可低到35%。

### 六、思考题

1.测定土壤容重时为什么要保持土样的自然状态?

2.测定土壤容重时应注意哪些问题?

# 实训四　土壤 pH 值测定——电位法

### 一、实验目的

土壤的 pH 值是土壤的重要化学性质,它对土壤中养分的存在状态和有效性,对土壤中微生物活动以及作物的发育和产量都有很大的影响。因此,测定土壤 pH 值具有十分重要的意义。

### 二、实验原理

用 pH 计测定土壤悬液的 pH 值时,以玻璃电极为指示电极,甘汞电极为参比电极。当玻璃电极和甘汞电极插入土壤悬液中时,构成一电池反应,两者之间产生电位差,由于参比电极的电位是固定的,该电位差的大小取决于试液中的氢离子活度,氢离子活度的负对数即 pH 值。因此,可以用电位测定仪测定其电动势,再换算成 pH 值。一般酸度计均可直接读出 pH 值。

### 三、仪器

pH 计、玻璃电极、甘汞电极或复合电极、天平(1/100)、烧杯(50mL)、玻璃棒、量筒(25mL)。

### 四、试剂配制

1. pH4.01 标准缓冲液:称10.21g 在 105℃烘过的邻苯二甲酸氢钾($KHC_8H_4O_4$,分析纯),用水溶解后定容至 1L。

2. pH6.87 标准缓冲液:称3.39g 在 50℃烘过的磷酸二氢钾($KH_2PO_4$,分析纯)和3.53g 无水磷酸氢二钠($Na_2HPO_4$,分析纯),溶于水后定容至 1L。

3. pH9.18 标准缓冲液:称3.80g 硼砂($Na_2B_4O_7 \cdot 10H_2O$,分析纯),溶于无二氧化碳的冷水中,定容至 1L。此溶液的 pH 值易于变化,应注意保存。

4. 氯化钙溶液[$c(CaCl_2 \cdot 2H_2O) = 0.01mol/L$]：称 147.02g 氯化钙（化学纯），溶于 200mL 水中，定容至 1L。吸取 10mL 此溶液于 500mL 烧杯中，加 400mL 水，用少量氢氧化钙或盐酸调节 pH 值为 6 左右，然后定容至 1L。

### 五、操作步骤

1. 待测液的制备：称取 1mm 风干土样 5g，放入 50mL 烧杯中，用量筒加无二氧化碳蒸馏水 25mL 或氯化钙溶液（中性、石灰性或碱性土测定用）。用玻璃棒剧烈搅拌 2min，放置平衡 30min 后，用 pH 计测定。

2. 仪器校正：把电极插入与土壤浸提液 pH 值接近的缓冲液中，使标准溶液的 pH 值与仪器标度上的 pH 值一致。然后移出电极，用水冲洗、滤纸吸干后插入另一标准缓冲溶液中，检查仪器的读数。最后移出电极，用水冲洗、滤纸吸干后待用。

3. 测定：把电极小心插入待测液中，并轻轻摇动，使溶液与电极密切接触，待读数稳定后，记录待测液的 pH 值。每个样品测完后，立即用水冲洗电极，并用滤纸将水吸干再测定下一个样品。每测定 5~6 个样品后用 pH 标准缓冲溶液重新校正仪器。

### 六、结果计算

| 重复 | I | II |
|---|---|---|
| 风干样重(g) | | |
| pH 值(H₂O) | | |
| 平均值 | | |
| 相对偏差 | | |

### 七、注意事项

1. 测定土样严禁受室内氨气或其他酸类气体的影响。

2. 玻璃电极在使用前要用蒸馏水浸泡 24h。电极不用时，可放在 3mol/L KCl 中保存。长期不用时可放在纸盒中保存。

3. pH 计的使用参照仪器说明书。

### 八、思考题

测定土壤酸碱度有何意义？

# 实训五　土壤水分的测定

### 一、实验目的

测定土壤水分是为了了解土壤水分状况，以作为土壤水分管理（如确定灌溉定额）的依据。在分析工作中，由于分析结果一般是以烘干土为基础表示的，也需要测定湿土或风干土的水分含量,以便进行分析结果的换算。

### 二、实验方法

土壤水分的测定方法很多,实验室一般采用烘干法,野外则可采用简易酒精燃烧法。

### 三、仪器和试剂

1. 仪器:烘箱、分析天平、角匙、铝盒、干燥器、蒸发皿、镊子、玻璃棒、10mL 量筒。
2. 试剂:乙醇。

### 四、烘干法

1. 实验原理:将土样置于(105±2)℃的烘箱中烘至恒重,即可使其所含水分(包括吸湿水)全部蒸发殆尽,以此求算土壤水分含量。在此温度下,有机质一般不致大量分解损失而影响测定结果。

2. 操作步骤

(1)取干燥铝盒称重为 $W_1$(g)。

(2)加土样约 5g 于铝盒中称重为 $W_2$(g)。

(3)将铝盒放入烘箱,在 105～110℃下烘烤 8h 称重为 $W_3$(g)。一般可达恒重,取出放入干燥器内,冷却 20min 可称重。必要时,如前法再烘 1h,取出冷却后称重,两次称重之差不得超过 0.05g,取最低一次计算。

注:质地较轻的土壤,烘烤时间可以缩短,即 5～6h。

3. 结果计算

$$土壤水分含量(\%) = \frac{W_2 - W_3}{W_3 - W_1} \times 100\%$$

### 五、酒精燃烧法

1. 实验原理:酒精可与水分互溶,并在燃烧时使水分蒸发。土壤烧后损失的重量即为土壤含水量(有机质大于 5% 时不宜采用此法)。

2. 操作步骤

(1)取铝盒称重为 $W_1$(g)。

(2)取湿土约 10g(尽量避免混入根系和石砾等杂物)与铝盒一起称重为 $W_2$(g)。

(3)加酒精于铝盒中,至土面全部浸没即可,稍加振摇,使土样与酒精混合,点燃酒精,待燃烧将尽,用小玻璃棒来回拨动土样,助其燃烧(但过早拨动土样会造成土样毛孔闭塞,降低水分蒸发速度),熄火后再加酒精 3mL 燃烧,如此进行 2～3 次,直至土样烧干为止。

(4)冷却后称重为 $W_3$(g)。

3. 结果计算

同烘干法。

土壤分析一般以烘干土计重,但分析时又以湿土或风干土称重,故需进行换算,计算公式为:

$$烘干土样重 = 湿土土样重/(1 + 水分)$$

## 实训六　土壤田间持水量的测定——实验室法

### 一、实验目的

土壤田间持水量,在地势高、水位深的地方是毛管悬着水最大含量。但在地下水位高的低洼地区,它则接近毛管持水量。它的数值反映土壤保水能力的大小,常作为灌水定额的最高指标,对指导生产具有重要意义。

### 二、实验原理

在自然状态下,用一定容积的环刀(一般为 100cm³)取土,到室内加水至毛管全部充满。取一定量湿土放入 105～110℃烘箱中,烘至恒重。水分占干土重的百分数即为土壤田间持水量。

### 三、仪器

环刀(100cm³)、滤纸、纱布、橡皮筋、玻璃皿、天平(1/100)、剖面刀、铁锹、小锤子、烘箱、烧杯、滴管。

### 四、方法与步骤

在田间选择挖掘的土壤位置,用土刀修平土壤表面,按要求深度将环刀向下垂直压入土中,直至环刀筒中充满土样为止,然后用土刀切开环刀周围的土样,取出已充满土的环刀,细心削平环刀两端多余的土,并擦净环刀外围的土,将筒内的土壤无损失带入室内。在环刀底端放大小合适的滤纸 2 张,用纱布包好后用橡皮筋扎好,放在玻璃皿中,玻璃皿中事先放 2～3 层滤纸。将装土环刀放在滤纸上,用滴管不断地滴加水于滤纸上,使滤纸经常保持湿润状态,至水分沿毛管上升而全部充满达到恒重为止。取出装土环刀,去掉纱布和滤纸,取出一部分土壤放入已知重量的铝盒内称重,放入 105～110℃烘箱中烘至恒重,取出称重。

### 五、结果计算

$$土壤田间持水量(\%) = \frac{湿土重 - 烘干土重}{烘干土重} \times 100\%$$

| 重复 | I | II |
|---|---|---|
| 铝盒号 | | |
| 铝盒加湿土重(g) | | |
| 铝盒加干土重(g) | | |
| 铝盒重(g) | | |
| 平均(%) | | |
| 相对偏差 | | |

### 六、思考题

用环刀取土时,如果压实土壤,实验中会出现什么现象?

# 实训七　土壤碱解氮含量的测定——扩散法

### 一、实验目的

氮是作物体中含量较多的元素,是蛋白质、核酸、叶绿素、酶和维生素等多种重要化合物的组成成分。作物从土壤中主要吸收无机态氮,土壤中的氮多以有机态存在,无机态氮的含量很少,易分解的、比较简单的有机态氮对作物也是有效的。碱解氮(亦称有效性氮)包括铵态氮、硝态氮、氨基酸、酰胺和易水解的蛋白质。碱解氮的含量与有机质的含量及土壤的水热条件有关。有机质含量高,熟化程度高,土壤墒情好,土温高,微生物活动旺盛时,碱解氮的含量亦高。反之,有机质含量低,熟化程度低,土壤水热条件不好,碱解氮的含量亦低。碱解氮含量的高低,能大致反映出近期土壤氮素的供应情况,与作物生长和产量有一定的相关性。测定碱解氮的含量,对氮肥的合理施用具有一定的指导意义。

### 二、实验原理

碱解扩散法是测定碱解氮的一种方法。在密封的扩散皿中,用氢氧化钠水解土壤样品,在恒温条件下,使有效态氮碱解转化为氨气状态,并不断扩散逸出,由硼酸吸收,再用标准酸滴定,计算出碱解氮的含量。旱地土壤中硝态氮的含量高,需加硫酸亚铁还原成铵态氮。由于硫酸亚铁本身中和部分氢氧化钠,故须提高碱的浓度,使碱保持 1.8mol/L。水稻土中硝态氮的含量极少,没有必要加硫酸亚铁,可直接用 1.8mol/L 氢氧化钠水解。

### 三、试剂配制

1. 氢氧化钠溶液$[c(NaOH)=1.8mol/L]$:称取化学纯氢氧化钠 72.0g,用蒸馏水溶解,定容至 1L。

2. 2％硼酸溶液:称取 20g 硼酸,用热蒸馏水(约 60℃)溶解,冷却后稀释至 1000mL,最后用稀盐酸或稀氢氧化钠调节 pH 值至 4.5(定氮混合指示剂显淡红色)。

3. 氮混合指示剂:分别称取 0.1g 甲基红和 0.5g 溴甲酚绿指示剂,放入玛瑙研钵中,并用 100mL 95％酒精研磨溶解,用稀盐酸或稀氢氧化钠调节 pH 值至 4.5。

4. 盐酸溶液$[c(HCl)=0.01mol/L]$:用装有洗耳球的 10mL 刻度吸管吸取盐酸(相对密度 1.19)8.3mL,注入盛有 150～200mL 蒸馏水的烧杯中,搅匀,然后洗入 1L 容量瓶中,定容至刻度,摇匀,并用分析纯硼砂($Na_2B_4O_7 \cdot 10H_2O$)标定之。

5. 盐酸的标定$[c(HCl)=0.01mol/L]$:用分析天平称取分析纯硼砂 0.4767g 于 100mL 烧杯中。用少量蒸馏水溶解后小心转入 100mL 容量瓶中,再用蒸馏水洗涤烧杯几次,同时转入 100mL 容量瓶中,然后加蒸馏水至刻度,摇匀。吸取上述溶液 10mL 于 100mL 三角瓶中,滴加定氮混合指示剂 1 滴,再加 25mL 蒸馏水,摇匀,用待标定的盐酸滴定至微红色为终点,计算盐酸的准确浓度。

$$HCl(mol/L) = \frac{m \times 0.1}{0.1907 \times V}$$

式中　$m$——硼砂的重量,g;

　　　0.1907——每摩尔 1/2 $Na_2B_4O_7 \cdot H_2O$ 的质量除以 1000;

　　　$V$——滴定用去盐酸溶液的体积,mL;

　　　0.1——分取倍数。

6. 特制胶水:阿拉伯胶(称取 10g 粉状阿拉伯胶,溶于 15mL 蒸馏水中)10 份、饱和碳酸钾 10 份、甘油 10 份,混合即成(最好是放置在盛有浓硫酸的干燥器中以除去氨)。

7. 硫酸亚铁(粉状):将分析纯硫酸亚铁磨细,保存于阴凉、干燥处。

### 四、仪器与设备

天平(感量 1/10g)、恒温培养箱、半微量酸式滴定管(5mL)、直径 90mm 扩散皿、注射器(5～10mL)、移液管(10mL)。

### 五、操作步骤

1. 称取通过 1mm 筛的风干土样 2g(精确到 0.01g)和 1g 硫酸亚铁粉剂,均匀铺在扩散皿外室内,轻轻水平旋转扩散皿,使样品铺平(水稻土样品不加硫酸亚铁)。

2. 在扩散皿内室加入 2mL 2%硼酸溶液,并加 1 滴定氮混合指示剂,在扩散皿外室边缘涂上特制胶水,盖上盖玻片,并旋转几次,使玻片与皿边完全黏合密闭,再慢慢转开盖玻片的一边,使扩散皿露出一条狭缝,迅速加入 10mL 1.8mol/L 氢氧化钠溶液于扩散皿的外室中并立即用盖玻片盖严。

3. 水平地轻轻旋转扩散皿,使溶液与土壤样品充分混匀后用皮套套上,随后放入(40±1)℃的恒温箱中,碱解扩散(24±0.5)h 后取出,再以 0.01mol/L 盐酸标准液,用半微量滴定管滴定内室硼酸所吸收的氨量(由蓝色滴到微红色)。

4. 在样品测定的同时进行空白实验,校正试剂和滴定误差。

### 六、结果计算

$$碱解氮(mg/kg) = \frac{(V-V_0) \times c \times 14}{m} \times 1000$$

式中　$c$——标准盐酸的浓度,mol/L;

　　　$V$——滴定土壤样品时用去盐酸标准液的体积,mL;

　　　$V_0$——空白实验时用去盐酸标准液的体积,mL;

　　　$m$——土壤样品重,g;

　　　14——氮的摩尔质量;

　　　1000——换算成每千克土壤样品中氮的毫克数。

### 七、注意事项

1. 为加速氨的扩散吸收,可提高温度,但最高不超过 45℃。

2. 滴定时切不可摇动扩散皿,应用玻璃棒小心搅动内室溶液。

3. 特制胶水绝不能沾污内室溶液。

4. 在扩散过程中,扩散皿必须盖严,不得漏气。

### 八、思考题

1. 用扩散法测定的土壤碱解氮包括哪些形态?

2. 用扩散法测定不同土壤碱解氮的含量时,所用的碱的浓度不同,为什么?

# 实训八　土壤速效磷的测定——碳酸氢钠浸提-钼锑抗比色法

### 一、实验目的

磷是作物营养生理的重要元素,磷素以多种方式参与作物体内的生理过程,土壤中速效磷的供应状况直接影响着作物的生长发育。

不同土壤性质,特别是不同土壤反应,其速效磷的变化很大,因此测定方法很多。石灰性土壤和中性土壤用碳酸氢钠或碳酸铵提取,若用酸性液浸提,则必有部分酸和碱中和,使结果偏低。酸性土壤一般可用酸性浸提液。根据实验结果,用酸性氟化铵浸提所得的有效磷含量与生物试验的相关性最好。另外,用 0.2mol/L 盐酸浸提,所得数值与田间试验也有较好的相关性。选择恰当的方法测定土壤速效磷的含量,对于指导施肥有一定的意义。

本法适用于中性、石灰性土壤测定速效磷,同时可试用于酸性土壤。在进行比色测定时,采用硫酸钼锑抗混合显色剂,操作方法简单,显色稳定,有较宽的酸度范围,干扰离子的影响小,但灵敏度略低于氯化亚锡还原法。

### 二、实验原理

石灰性、中性土壤中的速效磷多以磷酸一钙和磷酸二钙的状态存在,可用 0.5mol/L 碳酸氢钠提取到溶液中;酸性土壤中的速效磷多以磷酸铁和磷酸铝的状态存在,0.5mol/L 碳酸氢钠同时能提取磷酸铁和磷酸铝表面的磷,故也可试用于酸性土壤中速效磷的提取。

待测液中的磷酸与钼锑抗混合显色剂作用,在一定酸度和三价锑离子的存在下,磷酸与钼酸铵形成黄色锑磷钼混合杂多酸,易为抗坏血酸还原为磷钼蓝,进行比色。

### 三、试制配制

1. 碳酸氢钠溶液$[c(NaHCO_3)=0.5mol/L]$:称取分析纯碳酸氢钠 42g 溶于 800mL 蒸馏水中,以 0.5mol/L 氢氧化钠调 pH 值至 8.5,洗入 1L 容量瓶中,定容至刻度,贮存于试剂瓶中。

2. 无磷活性炭:为了除去活性炭中的磷,先用 0.5 mol/L 碳酸氢钠浸泡过夜,然后在平板瓷漏斗上抽气过滤,再用 0.5 mol/L 碳酸氢钠溶液洗 2～3 次,最后用蒸馏水洗去碳酸氢钠并检查到无磷为止,烘干备用。

3. 7.5mol/L 硫酸钼锑贮存液:取蒸馏水约 100mL,放入 1L 烧杯中,将烧杯浸在冷水内,缓缓注入分析纯浓硫酸 208.3mL,并不断搅拌,冷却至室温。另称取分析纯钼酸铵 20g,溶于 60℃ 的 200mL 蒸馏水中,冷却。然后将硫酸溶液徐徐倒入钼酸铵溶液中,不断搅拌,再加入 100mL 0.5％ 的酒石酸锑钾溶液,用蒸馏水稀释至 1L,摇匀,贮于试剂瓶中。

4. 钼锑抗混合显色剂:1.5g 抗坏血酸,左旋(旋光度＋21°～＋22°)加入到 100mL 钼锑贮存液中。此试剂的有效期为 24h,宜用前配制。

5. 磷(P)标准溶液:称取于 45℃烘干过 4～8h 的分析纯磷酸二氢钾 0.2197g 于小烧杯中,以 400mL 蒸馏水溶解,加浓硫酸 5mL,将溶液全部洗入 1L 容量瓶中,用水定容至刻度,充分摇匀,此溶液即为 50mg/L 的磷基准溶液。吸 50mL 此溶液,稀释至 500mL,即为 5mg/L 的磷标准溶液(此溶液不能长期保存)。

### 四、仪器与设备

天平(1/100)、分析天平、分光光度计、振荡机、容量瓶(50mL)、三角瓶(250mL、150mL)、漏斗及一般玻璃器皿。

### 五、操作步骤

1. 称取通过 1mm 筛孔的风干土样品 2.5g,置于 250mL 三角瓶中,加入一角勺无磷活性炭、0.5mol/L 碳酸氢钠溶液 50mL,用橡皮塞塞紧瓶口,振荡 30min,然后用无磷滤纸过滤,滤液承接于 100mL 三角瓶中。若滤液不清,可将滤液倒回漏斗,重新过滤。

2. 吸取滤液 10mL(含磷高时吸取 2.5～5mL,同时应补加 0.5mol/L 碳酸氢钠溶液至 10mL)于 50mL 容量瓶中,沿容量瓶壁慢慢加入 7.5mol/L 硫酸钼锑抗混合显色剂 5mL,充分摇匀,排出二氧化碳后加水定容至刻度,再充分摇匀。

3. 放置 30min 后,在分光光度计上用 700nm 波长比色,以空白实验溶液为参比液调零点,读取消光值,在工作曲线上查出显色液的读数。颜色稳定时间为 8h。

4. 绘制磷标准曲线:分别吸取磷标准溶液 0mL、1mL、2mL、3mL、4mL、5mL 于 50mL 容量瓶中,再逐个加入 0.5mol/L 碳酸氢钠溶液 10mL 和 7.5mol/L 硫酸钼锑抗混合显色剂 5mL,充分摇匀,排出二氧化碳后加蒸馏水定容至刻度,充分摇匀,此系列溶液磷的浓度分别为 0mg/L、0.1mg/L、0.2mg/L、0.3mg/L、0.4mg/L、0.5mg/L。静置 30min,然后同待测液一起进行比色。以溶液浓度作横坐标,以消光值的读数作纵坐标(在方格坐标纸上)绘制标准曲线。

### 六、结果计算

$$土壤速效磷(P)(mg/kg) = \frac{\rho \times V \times ts}{m}$$

式中　$\rho$——从标准曲线上查得磷的浓度,mg/kg;

　　　$V$——显色溶液体积,mL;

　　　$ts$——分取倍数,浸提液总体积/吸取滤液体积;

　　　$m$——风干土样重,g。

### 七、注意事项

1. 活性炭一定要洗到无磷反应,否则不能应用。

2. 显色时,加入 7.5mol/L 硫酸钼锑抗混合显色剂 5mL(取量要准确),除中和 10mL

0.5mol/L碳酸氢钠溶液外,最后酸度为 0.65mol/L。

3. 温度低于 20℃时,显色后的钼蓝有沉淀产生(磷大于 0.4 mg/L),此时可将容量瓶放入 40～50℃的恒温箱或热水中保温 20min,稍冷 30min 后比色。

### 八、思考题

1. 为什么报告有效磷测定结果时必须同时说明所用的测定方法?

2. 测定过程中要想获得比较准确的数据,应注意哪些问题?

## 实训九　土壤速效钾的测定——醋酸铵浸提-火焰光度计法

### 一、实验目的

钾为作物生育必需的营养元素之一。根据钾在土壤中存在的形态和作物吸取利用情况,可将钾分为水溶性钾、代换性钾、缓效性钾和难溶性钾四部分。前两种为速效钾,可为作物直接吸收利用。速效钾仅占土壤全钾的 1％～2％,其含量为 20～200mg/L。

不同作物喜钾的程度及各种土壤供钾的状况有很大差异,为了解土壤钾素的供应情况和满足作物对钾素的需要,测定土壤中速效钾的含量是十分必要的。

### 二、实验原理

用 1mol/L 醋酸铵为土壤浸提剂,浸提后的待测液直接用火焰光度计或原子吸收分光光度计测定。此法操作简便,干扰离子少,快速、准确。

土壤中速效性的水溶性钾和代换性钾,用醋酸铵溶液浸提,$NH_4^+$ 与土壤胶体表面的 $K^+$ 进行交换,连同水溶性 $K^+$ 一起进入溶液。反应式如下:

$$\boxed{土壤胶体}\begin{matrix}H^+\\Ca^{++}\\Mg^{++}\\K^+\end{matrix}+nNH_4OAc \rightleftharpoons \boxed{土壤胶体}\begin{matrix}NH_4^+NH_4^+\\NH_4^+\\NH_4^+\\NH_4^+NH_4^+\end{matrix}+(n-6)NH_4OAc+Ca(OAc)_2$$

$$+Mg(OAc)_2+KOAc$$

在醋酸铵溶液中的钾,可用火焰光度计直接测定其含量。为了抵消 $NH_4Ac$ 的影响,标准钾溶液也需用 1mol/L 的 $NH_4Ac$ 溶液配制。

### 三、试剂配制

1. 中性醋酸铵溶液[$c(NH_4Ac)=1.0mol/L$]:称取 77.08g $NH_4Ac$ 溶于近 1L 水中,用稀 HAc 或 NaOH 调至 pH 值 7.0(绿色),然后稀释至 1L。具体方法如下:取出 50mL 1mol/L $NH_4Ac$ 溶液,用溴百里酚蓝作指示剂,以 1：1 $NH_4OH$ 或稀 HAc 调至绿色即为 pH 值 7.0(也可以在酸度计上调节)。根据 50mL 所用 $NH_4OH$ 或 HAc 的毫升数,算出所配溶液大概需要量,最后调至 pH 值 7.0。

2. 钾标准溶液:称取 0.1907g KCl(二级,110℃烘干 2h)溶于 1mol/L $NH_4Ac$ 溶液中,并用它定容至 1L,此溶液的含钾量为 100mg/L。分别吸取此溶液 2mL、5mL、10mL、20mL、

40mL 放入 100mL 容量瓶中,用 1mol/L $NH_4Ac$ 定容,即得 2mg/L、5mg/L、10mg/L、20mg/L、40 mg/L 钾标准系列溶液。

### 四、仪器与设备

百分之一天平、万分之一分析天平、振荡机、火焰光度计、容量瓶、三角瓶(250mL、100mL)、漏斗及一般玻璃器皿。

### 五、操作步骤

称取通过 1mm 筛孔的风干土 5.00g 于 150mL 三角瓶中,加入 50mL 1mol/L 中性 $NH_4Ac$ 溶液,塞紧橡皮塞,振荡 30min,用干的普通定性滤纸过滤。滤液盛于小三角瓶中,同钾标准系列溶液一起在火焰光度计上测定,记录其检流计上的读数,在方格纸上绘制标准曲线,再查出相对应的读数,计算土壤中速效钾的含量。

### 六、结果计算

$$速效钾(K)(mg/kg) = \frac{\rho \times V \times ts}{m}$$

式中　$\rho$——从标准曲线上查得钾的浓度,mg/L;

　　　$V$——测定液定容体积毫升数,本例为 50mL;

　　　$ts$——原待测液总体积和吸取的待测液体积之比,以原液测定时此值为 1;

　　　$m$——样品重,g。

土壤速效钾的供应指标(11.0mol/L $NH_4Ac$ 浸提)如下表所示。

| 土壤速效钾(ppm) | <30 | 30~60 | 60~100 | 100~160 | >160 |
|---|---|---|---|---|---|
| 等级 | 极低 | 低 | 中 | 高 | 极高 |

### 七、注意事项

1. 醋酸铵提取剂必须是中性的,土样加入醋酸铵后不宜放置过久,否则可能使结果偏高。

2. 钾标准溶液不宜放置过久。

# 实训十　无机肥料的定性鉴定

### 一、实验目的

化肥出厂时都标有肥料的名称、成分、产地等,但在运输和贮存过程中,常因包装不慎或其他原因失去标记而混杂不清,对肥料的种类难以识别,使肥料得不到合理施用。为了切实做好化肥的合理贮存、保管和施用,避免不必要的损失,必须了解肥料的品种、成分及理化性质。因此应当掌握无机肥料品质鉴定的方法。

### 二、实验原理

各种无机肥料都具有一定的物理和化学性质,如颜色、气味、结晶形状、吸湿性、溶解度、火焰的颜色反应等。根据这些特性,按其主要成分,就可以鉴定出化肥的种类、成分和名称。

### 三、试剂配制

1. 石灰或氢氧化钠。

2. 10%HCl:将 263mL 浓 HCl 加入 100mL 容量瓶中,用蒸馏水稀释至刻度。

3. 1%$AgNO_3$:将 1g $AgNO_3$ 溶于 100mL 蒸馏水中。

4. 5%$BaCl_2$:将 5g $BaCl_2$ 溶于 100mL 蒸馏水中。

5. 35%$Na_3Co(NO_2)_6$:将 35g $Na_3Co(NO_2)_6$ 溶于 50mL 水中,加冰醋酸 2.5mL,稀释至 100mL。

6. 钼酸铵溶液

(1)保存剂:称取钼酸铵 25g,溶于 200mL 蒸馏水中,稍加热溶解,如显混浊,需过滤。另取相对密度为 1.84 的浓硫酸 275mL,缓缓加入 400mL 蒸馏水中,待溶液冷却后,把钼酸铵溶液缓缓加入硫酸溶液中,冷却至室温,加蒸馏水定容至 1000mL,移入棕色瓶中,长期保存。此溶液的浓度为 2.5%。

(2)使用剂:量取 2.5%硫酸钼酸铵保存剂一份,稀释一倍。使用期限为 3 个月。

7. 氯化亚锡

(1)保存剂:第一配法,称取氯化亚锡 20g 溶于 100mL 浓盐酸,贮于棕色瓶中,并加入 1mm 厚的液体石蜡,此溶液可保存 3～4 个月;第二配法,称取氯化亚锡 2.5g,加浓盐酸(相对密度 1.19)10mL,在沸水浴上加热,促使溶解,再加化学纯甘油 90mL,摇匀,贮于棕色瓶中,置于暗处。此溶液可保存半年左右。

(2)使用剂:宜用前临时配制。吸取 20%原液 10 滴,加蒸馏水 20mL,摇匀。

8. 二苯胺试剂:将 0.5g 二苯胺溶于 20mL 水中,再徐徐加入浓 $H_2SO_4$ 100mL。

9. 奈氏试剂:在天平上称取碘化钾 17.5g,溶于 50mL 蒸馏水中,另取氯化汞 8.5g,溶于 15mL 蒸馏水中,稍加热溶解后,将此液不断搅动,并徐徐加入碘化钾溶液中直至红色沉淀不再消失为止。然后加入 30%KOH(或 20%NaOH)300mL,不断搅动,再加数滴氯化汞至稍有沉淀为止,静置过夜,倾倒出上部清液,贮于棕色瓶中。

10. 硝酸试粉

(1)保存剂:甲,称取柠檬酸 150g,对胺基苯磺酸 4g 和甲奈胺 2g,混匀、磨细,贮于棕色瓶中;乙,称取锌粉 4g 和硫酸锰 20g,混合均匀、磨细,贮于另一棕色瓶中。

(2)使用剂:取保存剂甲 15g 和乙 1g 充分混合均匀,贮于棕色瓶中备用,2 个月内有效。

11. 草酸铵水溶液:浓度为 2.5%。

12. 浓硝酸。

### 四、仪器与设备

磁研钵一套、酒精灯一只、牛角勺数支、试管(15mm×150mm)、小量筒、表玻璃、燃烧匙(或碎玻璃片、铁片等)、试管夹、试管架、点滴板、玻璃棒。

**五、操作步骤**

首先对无机肥料进行物理性质鉴定，大致区分出氮肥、磷肥、钾肥和钙肥。然后再鉴定化学性质，主要是鉴定阴阳离子反应，从而确定肥料的名称。

1. 外形观察

（1）颜色

氮肥：大部分为白色，个别为黑色，如石灰氮。

磷肥：颜色不一，如过磷酸钙为灰白色，磷矿粉为土黄色或黄褐色。

钾肥：一般呈白色，草木灰为灰白色。

钙肥：石灰、石膏为白色。

（2）形状

大多数氮肥和钾肥为结晶形，如硝酸铵、尿素为圆形粒状结晶，硫酸钾和氯化钾为细小结晶；磷肥和钙肥为非结晶形，一般为粉状，如普钙、磷矿粉、石灰、石膏等。

2. 溶解度

一般氮肥和钾肥易溶于水，磷肥和钙肥多半不溶于水。通过观察样品在水中的溶解性能大体上把磷肥、钙肥从氮肥、钾肥中分辨出来。

取少许肥料样品（约 0.5g，半角勺）置于试管内，加 10～15mL 水，振摇，必要时在酒精灯上略加温，以观察其溶解情况，加温后全部溶解者也属于可溶范围之内。

$$
溶解情况\begin{cases}
全部溶解\begin{cases}钾肥\\氮肥（石灰氮、硝酸钙除外）\end{cases}\\
不溶解或部分溶解\begin{cases}磷肥\\氮肥中的石灰氮、硝酸钙\end{cases}
\end{cases}
$$

3. 灼烧试验

通过灼烧可以把氮肥从磷肥、钾肥中区分出来，并且把氮肥的各品种粗略分类。取试样少许，置于燃烧匙中（或凹形的小铁片、碎玻璃片上），放在酒精灯上灼烧，观察其熔融情况。

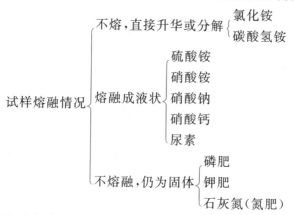

熔融和升华氮肥的反应过程是：

$$NH_4Cl \xrightarrow{\Delta} 升华 \uparrow$$

$$NH_4HCO_3 \xrightarrow{\Delta} NH_3 \uparrow + H_2O + CO_2 \uparrow$$

$$3(NH_4)_2SO_4 \xrightarrow{\Delta} 4NH_3\uparrow + 3SO_2\uparrow + 6H_2O + N_2\uparrow$$

$$NH_4NO_3 \xrightarrow{\Delta} N_2O\uparrow + 2H_2O$$

$$2NaNO_3 \xrightarrow{\Delta} 2NaNO_2 + O_2\uparrow$$

$$Ca(NO_3)_2 \xrightarrow{\Delta} Ca(NO_2)_2 + O_2\uparrow$$

$$2CO(NH_2)_2 \xrightarrow[150\sim160℃]{\Delta} (CONH_2)_2NH + NH_3\uparrow$$

4. 阳离子检查

(1)氨离子($NH_4^+$)

①加碱性物质(石灰或氢氧化钠)

取试样少许,与碱性物质(少量 NaOH 也可)一起放入研钵,加水湿润,研磨,嗅有无氨味发生,如有氨味,就证明有氨离子($NH_4^+$)存在。其反应式为:

$$NH_4^+ + OH^- \longrightarrow NH_3\uparrow + H_2O$$

在有 $NH_4^+$ 存在时,氨味比较浓烈,嗅其味时须小心。每一样品检验完毕,一定要把研钵冲洗干净,方可进行其他样品的检验。

②加奈氏试剂

取少许肥料于点滴板上,加 2～3 滴水使之溶解,然后加 2～3 滴奈氏试剂,如有红棕色沉淀产生,就证明有 $NH_4^+$ 存在。其反应式如下:

$$NH_4^+ + 4OH^- + 2K_2HgI_4 \longrightarrow \underset{(红棕色)}{NH_2IHg_2O}\downarrow + 4KI + 3I^- + 3H_2O$$

(2)钾离子($K^+$)

取少量肥料溶液的清液于试管中,加入 35% 亚硝酸钴钠溶液 2～3 滴,如出现亚硝酸钴钠钾的黄色沉淀,就证明有 $K^+$ 存在。其反应式如下:

$$2K^+ + Na_3Co(NO_2)_6 \longrightarrow \underset{(黄色)}{K_2NaCo(NO_2)_6}\downarrow + 2Na^+$$

(3)钙离子($Ca^{2+}$)

取少量肥料溶液的清液于试管中,加入饱和草酸铵溶液 3～4 滴,如出现草酸钙的白色沉淀,就证明有 $Ca^{2+}$ 存在。其反应式如下:

$$Ca^{2+} + (NH_4)_2C_2O_4 \longrightarrow \underset{(白色)}{CaC_2O_4}\downarrow + 2NH_4^+$$

5. 阴离子检查

(1)硫酸根离子($SO_4^{2-}$)

取少量肥料溶液的清液于试管中,加入 5% 氯化钡溶液 2～3 滴,如出现硫酸钡白色沉淀,就证明有 $SO_4^{2-}$ 存在。其反应式如下:

$$SO_4^{2-} + BaCl_2 \longrightarrow \underset{(白色)}{BaSO_4}\downarrow + 2Cl^-$$

(2)氯离子($Cl^-$)

取少量肥料溶液的清液于试管中,加入 1% 硝酸银溶液 2～3 滴,有絮状白色沉淀者为含 $Cl^-$ 的样品。其反应式如下:

$$Cl^- + AgNO_3 \longrightarrow AgCl\downarrow + NO_3^-$$

(3)硝酸根离子($NO_3^-$)

取少许肥料于点滴板上,加 2～3 滴水溶解,再加 2～3 滴二苯胺溶液,如出现蓝紫色,就

证明有 $NO_3^-$ 存在。其反应式如下：

$$2 \phantom{xxx}\text{（二苯胺）} \xrightarrow{HNO_3}$$

$$\text{（二苯联苯胺）} \xrightarrow{HNO_3}$$

$$\text{苯胺蓝（蓝紫色）}$$

取少量肥料于点滴板上，加 2～3 滴水溶解，再稍加硝酸试粉于肥料溶液中，有玫瑰红色出现者为含有 $NO_3^-$ 的肥料。其反应式如下：

$$NO_3^- + 2Zn^{2+} + 2H \longrightarrow NO_2^- + 2Zn^{2+} + H_2O$$

$$\text{（对氨基苯磺酸）} + NO_3^- + 2H^+ \longrightarrow \text{（重氮盐）} + 2H_2O$$

$$\text{（重氮盐）} + \text{（α-萘胺）} \longrightarrow \text{（红色偶氮化合物）}$$

（4）磷酸根离子（$PO_4^{3-}$）

取少量肥料于试管中，稍加水溶解，再加 2～3 滴钼酸铵溶液，加氯化亚锡溶液 1～2 滴，如出现蓝色，即为含 $PO_4^{3-}$ 的肥料。其反应式如下：

$$(NH_4)_2MoO_4 \xrightarrow{2H^+} H_2MoO_4 \longrightarrow H_2O \cdot MoO_3$$

$$MoO_3 \xrightarrow{Sn^{2+}} MoO_2$$

$$2MoO_2 + 8MoO_3 \cdot H_2O + H_3PO_4 \longrightarrow (MoO_2 \cdot 4MoO_3)_2 H_3PO_4 \cdot 8H_2O$$
$$\text{磷钼蓝（蓝色）}$$

（5）碳酸根离子（$CO_3^{2-}$）

取少量肥料于点滴板上，再加 10% 盐酸，如发生气泡，就证明有 $CO_3^{2-}$ 存在。其反应式如下：

$$CO_3^{2-} + 2HCl \longrightarrow CO_2 \uparrow + H_2O + 2Cl^-$$

6. 尿素的检查

尿素与上述试剂不起反应，但是它能与浓硝酸作用，生成硝酸尿素白色细小结晶。

取少量肥料于点滴板上，稍加水使其溶解，再加浓硝酸 2～3 滴，如出现白色细小结晶，此肥料即为尿素。其反应式如下：

$$CO(NH_2)_2 + HNO_3 \longrightarrow CO(NH_2)_2 \cdot HNO_3$$
（白色细小结晶）

## 六、样品检查结果及分析

样品检查结果可按下面的表格加以反映和进行分析，对样品所具有的特性和所含离子以"√"表示或附简单说明。

| 样品号 | 颜色 | 形状 | 水溶试验 | 灼烧 | 大体分类 | $NH_4^+$ | $K^+$ | $Ca^{2+}$ | $SO_4^{2-}$ | $Cl^-$ | $NO_3^-$ | $PO_4^{3-}$ | $CO_3^{2-}$ | 与浓硝酸反应生成白色细小结晶 | 肥料名称 |
|---|---|---|---|---|---|---|---|---|---|---|---|---|---|---|---|
| 1 2 … | | | | | | | | | | | | | | | |

## 七、注意事项

本实验只对一般的无机肥料进行定性鉴定，复合肥料未包括在内。若几种离子都与某一种试剂作用，发生同样的反应，就须进一步检查并区分。如钾离子和铵离子都能与亚硝酸钴钠作用产生黄色沉淀现象，这就难以区别是哪种离子，需要进一步与 NaOH 作用，如产生氨味，就证明此离子是铵离子而不是钾离子。

## 主要参考文献

[1] 门福义,刘梦芸.马铃薯栽培生理[M].北京:中国农业出版社,1995.

[2] 宋志伟,张宝生.植物生产与环境[M].北京:高等教育出版社,2006.

[3] 邹良栋,吕冬霞.植物生长与环境[M].北京:高等教育出版社,2004.

[4] 李合生.现代植物生理学[M].北京:高等教育出版社,2006.

[5] 许大全.光合作用效率[M].上海:上海科学技术出版社,2002.

[6] 娄成后,王学臣.作物产量形成的生理基础[M].北京:中国农业出版社,2001.

[7] 吉中礼.农林应用气象[M].西安:天则出版社,1993.

[8] 程天庆.马铃薯栽培技术[M].2版.北京:金盾出版社,1999.

[9] 李世奎.中国农业灾害风险评价与对策[M].北京:气象出版社,1999.

[10] 黄昌勇,徐建明.土壤学[M].3版.北京:中国农业出版社,2010.

[11] 胡云海,蒋先明.不同糖类和 BA 对马铃薯试管薯的影响[J].马铃薯杂志,1989(3).

[12] 胡云海,蒋先明.植物激素对微型薯形成的影响[J].马铃薯杂志,1992(1).

[13] 谢从华.马铃薯块茎的生长模型及块茎生长率与细胞分裂的关系[J].马铃薯杂志,1990(3).

[14] 孙慧生,杨元军.环境对马铃薯生育的影响[J].青海农技推广,2001(4).